JN029152

量子コンピューティング

基本アルゴリズムから量子機械学習まで

●監修————情報処理学会 出版委員会

●著————嶋田義皓

Ohmsha

本書を発行するにあたって，内容に誤りのないようできる限りの注意を払いましたが，本書の内容を適用した結果生じたこと，また，適用できなかった結果について，著者，出版社とも一切の責任を負いませんのでご了承ください．

はじめに

　世の中を賑わせている "量子コンピュータ". ちゃんと知りたいけれど, そもそも何を勉強すればいいのか分からず, 困ったことはありませんか？

　量子コンピュータは人工知能やブロックチェーンなどと並んで IT のプログラマやエンジニアの方たちの間でも話題となるトピックスです. ニュースや解説記事もたくさんありますが, 情報は断片的でわかりやすさや正確さもまちまちです. そもそも, 量子コンピュータの "何を知るべきなのか" を知っていないと, どの本やサイトを見れば知りたいことが書いてあるか分かりません. これは, キーワードを思いつかなければ優れた検索エンジンを使っても何も探せないのと同じです.

　この本は, 量子コンピュータを使ってみようと考える多くの人に知っておいて欲しい概念をできる限り網羅しています. 話題の網羅性を重視したため, 大学 1 ～ 2 年生の数学（線形代数, 微積分, 確率統計など）の知識からはかなり背伸びした内容もあります. ガイドとして, 各節の難易度を**図 1** に示しました.

　コンピュータサイエンスは, 今や小学生向けから最先端のエンジニア向けまでさまざまな難易度の学ぶ機会が充実しています. しかし量子コンピュータについては, 多くの人がクラウド越しで実物の量子コンピュータを触れる時代となった今でも, 物理の専門書から学ぶかチュートリアルやハンズオンの Web 記事を読んで勉強するかしかありません. これから量子の力をフル活用できる人や, 量子情報の考え方を利用してコンピュータサイエンスを良くしていく人材が必要になるというのに, 入門書と専門書の間には大きな隔たりがあります.

　本書ではそのような量子コンピュータの入門書と専門書の間を橋渡しする役割を担うべく, 発展的な内容も数多く扱います. どのようなトピックスがあり, それらが全体像の中でどのような位置づけの事柄なのかを理解することが, 本書の内容そのものを理解することと同じくらい大切だと考えています. 詳細な解説を省略した部分もありますので, 本書を読んでより深く知りたいと思ったら, ぜひ他の本や引用文献に当たってください. もちろんオススメは（この分野の定番教科書である）"ニールセン & チャン"[1, 2] です.

量子コンピュータに関する概念のいくつかの部分はまだ研究開発途上で，本書ではそのことも包み隠さずなるべく中立的なスナップショットとして書き留めることにしました．したがって，本書の内容のいくつかは著者の意見や思い込みの部分もありますが，量子コンピュータと量子情報科学が拓く広大な未来への期待の裏返しだと思って大目に見ていただければ幸いです．

　2020 年 10 月

嶋田義皓

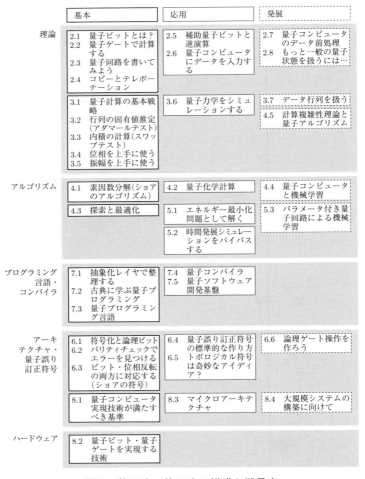

図 1　第 2 章〜第 8 章の構成と難易度

目　　次

第8章　量子コンピュータのアーキテクチャ　　231

第9章　量子コンピューティングでひらく未来　　247

●COLUMN●

第 1 章

なぜ量子コンピュータ？

　みなさんはなぜ量子コンピュータに興味があるのでしょうか？ 最もポピュラーな理由は，量子コンピュータは難しい問題でも高速に計算できるということでしょう．では，この "難しい" や "高速" というのはどのような意味でしょうか？

　この章ではまず，コンピュータの歴史の中での量子コンピュータの位置付けを紹介します．そのうえで，量子コンピュータの研究開発の歴史を振り返り，最後に今の量子コンピュータにできること・できないことを考えます．

とても難しい問題を高速に解く

　過去半世紀以上の長きにわたり，コンピュータの演算能力の指数関数的な向上は，私たちの暮らしを豊かにしてきました．量子コンピュータはコンピュータの性能向上をさらに加速させる期待の星の技術ですが，うまくいく場合もそうでない場合もあることがわかっています．今のコンピュータとの違いは最先端の研究テーマでもあり，この "うまくいく場合" は第 3 章や第 4 章で紹介します．

　量子コンピュータは現代物理学の基盤中の基盤である**量子力学**の性質を利用して，最新鋭のスパコンでも実行不可能な計算を可能とする次世代のコンピュータです．現代のコンピュータは**古典コンピュータ**と呼ばれますが，この "古典（Classical）" は量子ではないという意味で，古臭いという意味はありません．

　量子力学の世界では，あらゆるものは粒子と波の性質の両方をもち，この 2 面性の間を自由に行き来できます．例えば，粒子のはずの電子が波の性質である干渉縞を示したり，波であるはずの光を粒子として 1 粒ずつ数えたりできます [*1]．粒子の性質に由来する "量子もつれ" と，波の性質に由来する "干渉" の 2 つを巧みに使って情報処理を減らすのが，量子コンピューティングの基本指針です．

　量子コンピュータの魅力である計算スピードには主に 2 つの意味があります．1 つは計算タスクの難易度を上げていったときに，必要な計算ステップ数の増加が，古典コンピュータに比べて量子コンピュータの方が緩やかだろうという**スケーリング**においての速さです．もう 1 つは 2050 年頃までに登場するどんなスパコン [*2] でさえ現実的な時間で計算できないような計算タスクも，量子コンピュータなら数分〜数時間で計算できるという実際の計算時間での高速性です．いずれも，問題設定やアルゴリズムの仮定などによって "高速化" の意味するところが変わってくるので，注意が必要です．

---

*1　これらは，不思議ではあるものの，さまざまな実験で確かめられており，疑う余地はありません．

*2　スパコンの性能向上ペースはこれまで 10 年で約 1000 倍だったので，2050 年頃に実現しそうな性能（の上限）はある程度予測できます．

1.2　ポストムーア時代

　半導体技術は**ムーアの法則**に従う微細化による性能向上とコストダウンを同時達成し，半世紀以上に渡って私たちの豊かな暮らしを支える基盤となってきました．ハードウェアの性能向上はあまりにも早く，多少のソフトウェア的な工夫よりも，ハードウェアの進歩を待つほうが処理速度を向上させられることもしばしばでした．しかし，このような "フリーランチ" の性能向上は，物理的・経済的な限界にさしかかっており，性能向上の伸びは減速してきています．

　ムーアの法則は半導体チップ製造の経済的な経験則で，その終焉が幾度となく指摘されてきました．現在の CPU に使われるトランジスタ内の最も小さい部分のサイズは既に 10 nm を下回っており，シリコンの 2 つの原子間距離（約 0.5 nm）に達するのも時間の問題です．結局，どこまでいくと "終焉" なのかは言い当てられませんが，数個の原子しかないトランジスタが今と同じスイッチ特性を示すことはなさそうなので，微細化による性能向上は必ずいつか限界になります [*3]．

　コンピュータの性能向上の足元がぐらつく中，その応用範囲は広がっています．人工知能・ビッグデータは大きなトレンドとなり，コンピュータに向けられる計算要求は高まるばかりです．このままなにも対策されず利用だけが増えていけば，早晩，世界の電力消費量の大半を IT システムが占めることになるでしょう．

　このような危機感と期待感の入り混じる中で，**ドメイン指向アーキテクチャ**の考え方が注目されています [3, 4]．その代表例は，GPU（Graphic Processing Unit）や深層学習アクセラレータでしょう．GPU はもともと画像処理用のプロセッサでしたが，その並列性を活かして大量の積和演算を含む多層のニューラルネットワークの学習（深層学習）を効率よく行えるとわかり，近年では機械学習向けのGPU や専用チップも登場しました．

　コンピュータの歴史を紐解けば，CPU の性能が未発達であった時期に，浮動小数点演算を高速処理するコプロセッサも存在しました．汎用 CPU では必要な性能が得られにくい場面での専用チップ利用は常套手段です．アーキテクチャが

[*3]　トランジスタサイズの限界は，コンピュータの性能向上が止まることを直接的には意味しません．例えば，3 次元方向にトランジスタを積み上げれば単位面積当たりのトランジスタ数を増やすことができます．計算に伴う発熱の問題があるため，この方法にも限界はあります．

現在ことさら脚光を浴びているのは，ムーアの法則に頼らず，なるべく長期にわたって安価に性能向上する方法論が必要となったためでしょう．

このように，コンピュータサイエンスの文脈では量子コンピュータは，半導体微細加工のみに頼る性能向上の行き詰まりと急速に増加・多様化する計算ニーズとの間で，飛躍的な計算性能向上達成の一手段と認識されています[5)]．もちろん，量子コンピュータのハードウェアの多くも半導体の微細加工技術に依存しており，ムーアの法則から完全に逃れることはできません．また，量子コンピュータの動作には，高速な古典コンピュータの力が不可欠です．演算性能の指数関数的な向上には量子コンピュータの規模を大きくする必要がありますが，その技術的難易度や経済的なコストが指数関数的に上昇するようでは元も子もありません．

このように，量子コンピュータはムーア法則の終焉という問題を完全に解決することはできませんが，社会が求める方向性として，1つの重要な可能性ではあります．もちろん，量子コンピュータの研究開発の途中で，コンピュータの発展や科学的発見に貢献できるものがたくさん生み出されることでしょう．

1.3　量子コンピュータの歴史

1.3.1　誕生前夜〜量子チューリングマシン

量子力学と情報の出会いは，20世紀前半まで遡ります．この頃，アインシュタイン，ポドルスキー，ローゼンらは，ある巧妙な思考実験によって量子力学と特殊相対性理論の間の矛盾を指摘しました．アインシュタインは，量子もつれの状態にある2つの量子の間に距離と無関係にはたらく瞬間的な相互作用を"不気味な遠隔作用"と表現しました．長らく研究者を悩ませましたが，1982年にアスペらによりベルの不等式の破れが実験検証され，今ではその存在を疑う余地はありません（実は，相対性理論は超光速の情報伝播を禁止しますが，遠くの2つの量子状態の間の不気味な相互作用の存在を否定していません）．

1980年代には，ベニオフ，ファインマン，ドイチュらの興味が量子力学という物理法則と計算の効率性の関係に向けられました．ベニオフは量子力学の原理に基づいて古典コンピュータと同じ計算を行えることを示し，ファインマンは，古典コンピュータでは指数関数的な時間がかかる量子系のシミュレーションを量子

力学に基づいて動作するコンピュータで効率的に行える可能性を示しました.

　"量子計算" の生みの親ともいえるドイチュは量子力学の重ね合わせの原理によってある種の並列計算が実現できると考えました. ドイチュにより定式化された**量子チューリングマシン**は, 通常のチューリングマシンとほぼ同じ構造の計算モデルで, 多くの計算機科学者が量子コンピュータに注目するきっかけを作りました. 量子チューリングマシンのテープの1マスは量子ビットに対応し, 0と1の重ね合わせ状態が利用できます. 量子チューリングマシンはチューリングマシンと計算可能性の点では等価であり, チューリングマシンの任意の動作をプログラムにより模倣できます (万能性).

1.3.2　ショアのアルゴリズム〜量子の冬

　量子コンピュータ研究の第1次ブームのきっかけはショアの素因数分解アルゴリズム (1994年) とグローバーの検索アルゴリズム (1996年) という2大アルゴリズムの登場です (第4章). ハードウェアの技術課題に明るい見通しはなかったものの, カルダーバンク, ショア, スティーンらによって Calderbank-Shor-Steane (CSS) 符号と呼ばれる具体的な誤り訂正符号も提案され, 理論的研究が2000年代初頭にかけての量子コンピュータ研究の駆動力となりました. 当時 NEC の中村・蔡らの超伝導回路による量子ビット実現[6]もこの時期でした. 誤り訂正符号がハードウェアに要求する量子ビット数・エラー率は非現実的な値であり, スケールアップの技術的な見通しの悪さからブームは次第に下火となりました.

　量子誤り訂正の方法はさまざまな提案がありますが, 量子ゲート操作のエラー率があまりにも大きいと, 誤りを検出・訂正するまさにそのゲート操作でエラーが発生してしまい, 効率的にシステム全体からエラーを取り除くことができなくなってしまいます (第6章). 量子誤り訂正がうまくいかなくなる限界の物理誤り率はしきい値と呼ばれ, 2000年代に入って新しい誤り訂正符号がいくつか発見され, 当初 0.001% しか許されなかったしきい値は 1% 程度まで緩和されました. 誤り耐性量子コンピュータ開発の技術的ハードルの高さが認識される中, 2011年に D-wave Systems 社[7]が量子アニーリングマシンを発表, Google や NASA などが購入して試験をすると, にわかにブームが再燃しました (この計算機はそれまでの量子コンピュータと異なる計算原理で動くもので, "量子アニーラ" とも呼ばれ量子コンピュータとは区別されています).

1.3.3 NISQ 時代～量子超越

　第2次ブームの火付け役は米国カリフォルニア大学サンタバーバラ校（UCSB）のマルティニスのグループです．彼らは2014年に直列結合の5量子ビットデバイスで，1量子ビットゲート忠実度99.92%，2量子ビットゲート忠実度99.4%，測定忠実度99%という高い忠実度（＝低いゲートエラー率）の基本量子ゲートを実現しました [8]．これらの値は，このまま系を大規模化できれば，理論上は誤り耐性量子コンピュータが実現できること意味していました．このことは，研究者や投資家が抱いていた量子コンピュータ実現に対する心理的バリアを取り除いたようです [9]．論文発表と同年，Google がマルティニスのグループを丸抱えする形で研究支援すると第2次のブームに火がつきました．

　第2次ブームは，理論・実験の両面で"量子コンピュータをいかに創るか"という工学的なフェーズに入ったことが大きな特徴です [10]．米国のIT企業が量子コンピュータへの研究開発投資を拡大し，スタートアップも次々立ち上がりました．この時代を象徴する50～100量子ビットのサイズの小規模な量子コンピュータはNISQ（Noisy Intermediate-Scale Quantum）と呼ばれます [11]．量子誤り訂正符号の実装がないためスケーラブルな計算機ではなく，計算能力も限定的ですが，何らか量子コンピュータにしかできないタスクの実行に期待が寄せられています．問題の分割や，小さい量子プログラム（浅い量子回路）と統計処理・最適化を組み合わせて演算するアルゴリズムなど，NISQ量子コンピュータを賢く使う方法が精力的に探索されています（第5章）．

　アーキテクチャ（第8章）の重要性も再認識され，コンピュータサイエンスのトップカンファレンスでの量子コンピュータに関する招待講演やチュートリアルも増えています．超伝導回路やイオントラップ以外のさまざまな実装方法も提案されていますが，どの技術にも一長一短あり，いずれも決め手に欠く状況です．

　シミュレータによって量子コンピューティングを気軽に試せるソフトウェア開発環境もオープンソースなどで提供され，裾野が拡大していることも近年の特徴です（第7章）．これまで量子コンピュータは物理の世界の理論上のコンピュータに過ぎなかったわけですが，シミュレータとはいえ実際に量子プログラムを書いて実行できる時代になりました．学習・トレーニングプログラムも少しずつ充実しつつあります．量子コンピュータに関するオンラインのコース提供も始まりました．

究極の目標である誤り耐性量子コンピュータに至る研究開発には，まだ無数の紆余曲折が待ち受け，ソフトウェア・ハードウェアとも多くのブレークスルーが必要でしょう．このような中，ハードウェアとしての実現可能性が見えてきた NISQ 量子コンピュータが，理論・実験の両側面で量子コンピュータ研究を活性化させています [11-13]．もちろん，NISQ 量子コンピュータはスケーラブルではなく，誤り耐性量子コンピュータとは計算機システムとしての構造もかなり異なっています（第 8 章）．それでも，NISQ 量子コンピュータによって実用的な計算タスクを実行する方向性と，NISQ 量子コンピュータを誤り訂正符号のテストベッドとして利用しようという，2 つの方向性が量子コンピュータの研究コミュニティを元気付けています（第 9 章）．

1.4 今の量子コンピュータで何ができる？

世の中にある技術の中で，量子コンピュータの開発は最もチャレンジングなテーマでしょう．大規模な誤り耐性量子コンピュータは，素因数分解や検索などの問題を現在のどんなコンピュータよりも効率よく計算できることがわかっていますが，実現への道のりは長そうです．NISQ 量子コンピュータで実用的な計算をするには，ハードウェア由来のエラーに対してロバストなアルゴリズムや，量子ビット数に合わせて問題サイズを小さくするなど，賢く使う工夫が必要です．

ただし，50〜100 量子ビット規模でも量子コンピュータの動作をスパコンでシミュレーションするのは大変になってくるため，量子コンピュータにとって有利な問題設定であれば，スパコンを凌駕できそうです．2019 年に Google の研究グループによる"量子超越"の実験検証は，スパコンでは非現実的な時間がかかるなど事実上計算不可能で量子コンピュータなら可能というタスクが確かに存在し，そのような計算をする機械を実現できることが示されました（9.1 節）[14]．

NISQ 量子コンピュータ上で動作する新しいアルゴリズムも登場し（第 5 章），量子化学計算や機械学習などへの応用に期待が高まっています．量子化学計算の心臓部である多数の電子の量子力学的な振る舞いの計算は，古典コンピュータにとっては厄介な代物ですが，量子コンピュータであれば効率よく近似計算できそうです．量子コンピュータ版の近似法が従来法より高精度という保証はなく，一度に扱える分子サイズも小さいので，良い問題設定や分割法が重要でしょう．

　機械学習の問題設定は基本的には量子力学と関係ありません．しかし，機械学習に頻出する線形代数の計算は，量子力学がもつ線形代数構造を使えば効率的に計算できそうです．パラメータ付きの量子回路とニューラルネットワークとの類似も指摘されています（5.3.1項）．こちらも従来法と比べて量子版の機械学習が優れている保証は不十分ですが，機械学習にはかなり広範な応用があり，量子コンピュータの研究開発を駆動するキラーアプリとして注目されています．

　表 1.1 に量子コンピュータと，関連するコンピュータを "量子力学を計算原理に使っている度" で左から並べました．この本では誤り耐性量子コンピュータとNISQ 量子コンピュータについて扱います．量子シミュレータはいわば量子版の風洞実験を実行するアナログ機械です．量子アニーリングマシンは組合せ最適化問題をある物理系の最低エネルギー探索問題に帰着させ，自然現象を利用して（アナログで）近似解を求めます．量子アニーリングマシンは比較的大規模の量子シミュレータや量子性を加えたモデルの実装による指数加速の達成などが期待されています[13]．イジングマシンは量子力学効果を用いずに組合せ最適化を行う専用コンピュータです．通常の CMOS 技術によって実装されるため，問題サイズや精度の面で量子アニーリングマシンより有利とされています．

表 1.1　どれが "量子コンピュータ"？

	大←物理的な量子性を計算原理に使っている度→小				
	誤り耐性量子コンピュータ	NISQ 量子コンピュータ	量子シミュレータ	量子アニーリングマシン	イジングマシン
演算方式	ディジタル	アナログ	アナログ	アナログ	ディジタル/アナログ
計算モデル	量子回路型，測定型，断熱型 etc.	量子回路型，測定型	自然計算（ハバードモデルなど）	量子アニーリング（イジングモデル）	シミュレーテッドアニーリング（イジングモデル）
実　装	（未定）	超伝導回路，イオントラップ，シリコン，光	冷却原子，イオントラップ，超伝導回路，光	超伝導回路	CMOS，光

第 2 章

量子コンピュータの基本

　この章では量子コンピュータによる計算の基本を紹介します．基本単位である "量子ビット" と古典コンピュータの "ビット" と何が違うのでしょうか？ ここでは，量子力学的な性質である "重ね合わせ状態" と "干渉" の詳細には立ち入らず，天下り的に "そういうものだ" という一種の公理として導入します．ベクトルや行列といった線形代数の知識を使い，量子コンピュータによる高速計算がどのように可能になるか，その基礎を少しずつ紐解いていくことにします．

2.1 量子ビットとは？

2.1.1　ブロッホ球とブラケット記法

　通常のコンピュータが扱う情報の基本単位はビットです．ビットの取りうる状態は 0 か 1 かのどちらかのみです．例えば，スイッチのオン・オフ，電圧の高い・低い，磁石の N 極・S 極などで 0 か 1 かの 2 つの状態を表現します．量子コンピュータでの計算は**量子ビット**を基本単位にします．これに対応して，以降では先ほどの通常のビットは**古典ビット**と呼ぶことにしましょう．

　さて，量子ビットでは異なる 2 つの状態の**重ね合わせ状態**が許されます．どのような状態を使ってもよいのですが，古典ビットとのアナロジーから，通常は 0 でラベルされる量子状態 $|0\rangle$ と，1 でラベルされる量子状態 $|1\rangle$ の 2 つの状態の重ね合わせを基本的な量子ビットの状態としましょう．互いに直交するベクトル $|0\rangle$ と $|1\rangle$ の重ね合わせ状態として，量子ビットの状態は

$$|\psi\rangle = \alpha |0\rangle + \beta |1\rangle$$

と書くことができます．これが量子コンピュータにおける計算の基本単位です．α と β は複素数で，$|hoge\rangle$ は量子状態を表す複素ベクトルを表しています．この独特のベクトル表現方法は，ディラックの**ブラケット記法**と呼ばれています．列ベクトル $|\psi\rangle$ は**ケット**，行ベクトル $\langle\psi|$ は**ブラ**と呼ばれ，要素をあらわに書くと

$$|\psi\rangle = \begin{bmatrix} \alpha \\ \beta \end{bmatrix}, \ \langle\psi| = \left(|\psi\rangle\right)^{\dagger} = \begin{bmatrix} \alpha^* & \beta^* \end{bmatrix}$$

です．ダガー（†）は転置と要素の複素共役を同時に取る操作**エルミート共役**です．ベクトル $\langle\psi|$ と $|\phi\rangle$ の内積 $\langle\psi|\phi\rangle$ は "ブラケット" と呼ばれ

$$\langle\phi|\psi\rangle = \begin{bmatrix} \gamma^* & \delta^* \end{bmatrix} \begin{bmatrix} \alpha \\ \beta \end{bmatrix} = \gamma^*\alpha + \delta^*\beta$$

と定義されます（これで "ブラ" "ケット" という不思議な名前の由来がようやくわかりましたね！）．ブラケット記法を用いると，量子ビットの状態 $|\psi\rangle$ は古典ビット 0 に対応するベクトル $|0\rangle$ と 1 に対応するベクトル $|1\rangle$

$$|0\rangle = \begin{bmatrix} 1 \\ 0 \end{bmatrix}, \quad |1\rangle = \begin{bmatrix} 0 \\ 1 \end{bmatrix}$$

を正規直交基底とする 2 次元の複素内積空間内の単位ベクトルで，大きさは

$$\langle \psi | \psi \rangle = \begin{bmatrix} \alpha^* & \beta^* \end{bmatrix} \begin{bmatrix} \alpha \\ \beta \end{bmatrix} = \alpha^* \alpha + \beta^* \beta = |\alpha|^2 + |\beta|^2 = 1$$

と 1 に規格化されています．このようにブラケット記法は省スペースです．

　量子ビットの状態は，**ブロッホ球**と呼ばれる可視化手法もよく使われます．複素数 1 つにつき実部と虚部の 2 自由度あり α と β では計 4 自由度あることになります．これに，規格化条件 $|\alpha|^2 + |\beta|^2 = 1$ を加えると，残る自由度 3 つを 3 次元空間に上手にマップできそうです．実際，α と β を実数 Φ, θ, ϕ を使って

$$|\psi\rangle = e^{i\Phi} \left(\cos \frac{\theta}{2} |0\rangle + \sin \frac{\theta}{2} e^{i\phi} |1\rangle \right)$$

と書き直し，全体にかかる位相（**グローバル位相**）Φ を無視すると，量子ビットの状態は**図 2.1** のように緯度 θ（$-\pi \sim \pi$）と経度 ϕ（$0 \sim 2\pi$）で指定される球面上の 1 点として表せます．

　基底ベクトル $|0\rangle$ と $|1\rangle$ はブロッホ球では Z 軸上の点として表されます．この正規直交基底の取り方は Z 基底（**計算基底**）と呼ばれます．基底の取り方にはほかにもあり X 軸上の正規直交基底 $\{|+\rangle, |-\rangle\}$（$+, -$ は単に記号（ラベル）です）

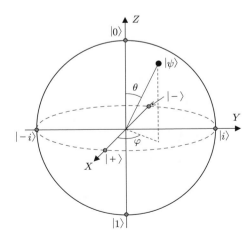

図 2.1　ブロッホ球

$$|+\rangle := \frac{1}{\sqrt{2}}\Big(|0\rangle + |1\rangle\Big), \quad |-\rangle := \frac{1}{\sqrt{2}}\Big(|0\rangle - |1\rangle\Big)$$

は X 基底（アダマール基底）と呼ばれます．Y 軸上の正規直交基底 $\{|+i\rangle, |-i\rangle\}$

$$|+i\rangle := \frac{1}{\sqrt{2}}\Big(|0\rangle + i\,|1\rangle\Big), \quad |-i\rangle := \frac{1}{\sqrt{2}}\Big(|0\rangle - i\,|1\rangle\Big)$$

は Y 基底（円基底 [*1]）と呼ばれます．

　さて，1 つの量子ビットがもつ情報は量子状態 $|\psi\rangle$ そのものにほかならないので，この量子ビットの情報を完全に保つということは，α と β という 2 つの複素数を保つということです．この観点からは，量子ビットはアナログな情報を記録しているメモリと考えることができます．ただし，私たちはこのアナログ情報に直接アクセスできません．後述する "測定" 操作により 0 または 1 の離散的な状態にジャンプし，この部分はある意味でディジタルともいえます．後の章で登場する "量子誤り訂正符号" はこの離散性を使っています．

　重要なポイントは，量子ビットは物理的な構成単位であって，古典ビットのように情報量の単位ではないという点です．古典ビットは物理的な単位であると同時に情報量の単位でしたが，量子ビットは違います．例えば，古典ビットを 2 個用意すると，1 個のときの 2 倍の情報を表現できますが，量子ビット 2 個と 1 個を比べた場合にはそう単純に計算できません．実は（とても残念なことに！）1 個の量子ビットに乗せられる情報量は最大でも 1 ビットです．

2.1.2　量子ビットの不思議な性質

　量子ビットの状態を表す 2 つの複素数 α と β にはどのような意味があるのでしょうか？　感覚的には，$|\psi\rangle$ は $|0\rangle$ と $|1\rangle$ の重ね合わせ状態ですから，それぞれが重み α と β で共存しているようなものと思ってよいでしょう．α, β は**確率振幅**と呼ばれ，確率そのものではなく，絶対値の 2 乗が確率になる量です．

　厄介なことに，私たちはこの確率振幅を直接知ることができません．量子ビットの状態を**測定**すると，測定結果は 0 か 1 かのどちらかです．測定するたびに 0 が出たり 1 が出たするだけで 1 回の測定から α や β を知る手がかりはありません．同じ状態になるように同じプログラムを何度も実行して測定結果の統計分布をとることはできます．すると，0 と 1 が出る確率 p_0, p_1 はそれぞれ

$$p_0 = |\alpha|^2, \quad p_1 = |\beta|^2$$

[*1]　Circular basis

というように確率振幅の絶対値の2乗に等しくなると決めてあります．このように，量子ビットの測定は，偏りのあるコインを振って，表が出るか裏が出るかを見るような操作です．量子ビットの状態を測定すると必ず0か1が出てくるはずですから，確率 p_0 と p_1 の和は必ず1に等しくなっているはずです．先述した規格化条件 $|\alpha|^2 + |\beta|^2 = 1$ はこのことを意味しています．このように，測定を行った結果，0や1などの値が得られる確率を確率振幅（の絶対値の2乗）に対応づける規則は，**ボルンの規則**と呼ばれる量子力学上の基本的な原理 [*2] です．

別の基底で測定するとどうなるでしょうか？　例えばアダマール基底 $\{|+\rangle, |-\rangle\}$ での測定を考えます．状態 $|\psi\rangle = \alpha |0\rangle + \beta |1\rangle$ はアダマール基底では

$$|\psi\rangle = \alpha |0\rangle + \beta |1\rangle = \frac{1}{\sqrt{2}}\Big((\alpha + \beta) |+\rangle + (\alpha - \beta) |-\rangle\Big)$$

と書けるので，ボルン規則より $|+\rangle$ が確率 $|\alpha + \beta|^2/2$ で，$|-\rangle$ が確率 $|\alpha - \beta|^2/2$ で測定されることになります．

ケットに具体的な数値を入れて，様子を見ていきましょう．例えば

$$|\psi_0\rangle = \frac{1}{\sqrt{2}}\Big(|0\rangle + |1\rangle\Big) = \begin{bmatrix} \frac{1}{\sqrt{2}} \\ \frac{1}{\sqrt{2}} \end{bmatrix}$$

という $|0\rangle$ と $|1\rangle$ が同じ重みで重ね合わさった状態は，計算基底で測定すると0と1が確率 $1/2$ でランダムに得られます．また

$$|\psi_1\rangle = \frac{4}{5} |0\rangle + \frac{3}{5} |1\rangle = \begin{bmatrix} 0.8 \\ 0.6 \end{bmatrix}$$

$$|\psi_2\rangle = \frac{4}{5} |0\rangle + \frac{1}{5} |1\rangle = \begin{bmatrix} 0.8 \\ 0.2 \end{bmatrix}$$

のうち，$|\psi_1\rangle$ は一見ルール違反に見えますが $0.8^2 + 0.6^2 = 1$ なのでOKです．逆に，状態 $|\psi_2\rangle$ は $0.8^2 + 0.2^2 \neq 1$ なのでダメです．確率振幅は複素数なので

$$|\psi_3\rangle = \frac{4}{5} |0\rangle + \frac{3i}{5} |1\rangle = \begin{bmatrix} 0.8 \\ 0.6i \end{bmatrix}$$

$$|\psi_4\rangle = \frac{1}{\sqrt{2}}\Big(|0\rangle + i |1\rangle\Big) = \begin{bmatrix} \frac{1}{\sqrt{2}} \\ \frac{i}{\sqrt{2}} \end{bmatrix}$$

[*2] 物理学で"原理"とは，他の基本原理から導出できず，反する実験事実もないので，"それを疑っても仕方ない""そういうものだと思って先に進もう"という意味です．

なども OK です．どちらも $|0\rangle$ の確率振幅に対して，$|1\rangle$ の確率振幅は複素平面上で回転しています．このような重ね合わせ状態における確率振幅の間の相対角は **位相** と呼ばれ，量子計算のさまざまな場面で重要な役割を果たします．面白いことに測定結果には位相の効果が直接は現れません．先ほどのボルンの規則に従うと，$|\psi_1\rangle$ と $|\psi_3\rangle$ のどちらの場合にも，1 が測定される確率は 36% です．

さて，測定を行うと量子ビットの重ね合わせ状態は壊れ，測定結果に対応する状態へと変化してしまいます（量子状態でなくなってしまうわけではありません）．具体的には，測定結果が 0 の場合は $|0\rangle$ に，測定結果が 1 の場合には $|1\rangle$ に変化します．測定する前には $|0\rangle$ と $|1\rangle$ の重ね合わせ状態だったはずが，いったん測定をしてしまうと，その測定結果に応じて $|0\rangle$ または $|1\rangle$ に変化してしまうのです．

この測定は，$|0\rangle$, $|1\rangle$ という正規直交基底への **射影** なので，**射影測定** と呼ばれます．$|0\rangle$, $|1\rangle$ への射影測定は $M_0 = |0\rangle\langle0|, M_1 = |1\rangle\langle1|$ で表され，$|\psi\rangle = \alpha|0\rangle + \beta|1\rangle$ の状態の量子ビットの測定は，量子力学では

$$\langle\psi|M_0|\psi\rangle = \langle\psi|0\rangle\langle0|\psi\rangle = \begin{bmatrix} \alpha^* & \beta^* \end{bmatrix} \begin{bmatrix} 1 \\ 0 \end{bmatrix} \begin{bmatrix} 1 & 0 \end{bmatrix} \begin{bmatrix} \alpha \\ \beta \end{bmatrix} = |\alpha|^2$$

と表され，確率 $|\alpha|^2$ で $|0\rangle$ が観測されることに対応づけられます．量子コンピュータでは，量子ビットを測定すると確率 $\langle\psi|M_0|\psi\rangle = |\alpha|^2$ で $|0\rangle$ が，確率 $\langle\psi|M_1|\psi\rangle = |\beta|^2$ で $|1\rangle$ が測定されるということです [*3]．基底の取り方は $\{|0\rangle, |1\rangle\}$ 以外にもあるので，どの基底での測定なのか注意する必要があります．

量子計算には，量子ビットの重ね合わせ状態や位相の情報が重要ですが，これらの性質は外乱により失われてしまいます．これを **デコヒーレンス** といいます．例えば $|1\rangle$ という状態で用意したはずが一定時間経過後には $|0\rangle$ 状態になってしまっていたり，$|0\rangle$, $|1\rangle$ の重ね合わせ状態が壊れて確率的に 0 か 1 の値をとる古典ビットになってしまっていたりすることを指します．

量子ビットが量子性を保っていられる時間は **コヒーレンス時間** と呼ばれ，上の 2 つの例はそれぞれ T_1 と T_2 という量子ビットの重要な性能指標です．T_1 は $|1\rangle$ が $|0\rangle$ になってしまう時間，T_2 は重ね合わせが壊れてしまうまでの時間です．量子ビットから量子性が失われると，量子コンピュータの特性ともいえる重ね合わせ状態や干渉を使った計算ができなくなってしまいます．

[*3] このような $M := M_0 + M_1$ は量子力学では **オブザーバブル** と呼ばれる特別な操作（演算子）なのですが，ここでは深く立ち入りません．

2.2 量子ゲートで計算する

2.2.1 1量子ビットゲート

　量子コンピュータは，量子ビットに対し**量子ゲート**操作をすることで，計算を進めます．これはちょうど，**AND** や **OR** などの論理ゲートの量子版の演算です．

　量子コンピュータ上で許された操作は，ケットベクトルに対する線型変換です．前節で紹介したように，1個の量子ビットの状態は2次元複素ベクトルで表すので，1つの量子ビットに対する量子ゲート操作（1個の量子ビットの状態を，ある状態からある状態に変換する操作）は 2×2 の複素行列です．

　さらに，$|0\rangle$ が測定される確率と $|1\rangle$ が測定される確率の合計が1であるという条件（規格化条件）を，ゲート操作前と後の両方に課すことで，量子ゲート操作を表す行列にさらなる制限を導くことができます．確率振幅 α と β の絶対値の2乗の和は，状態ベクトルの（自分自身との）内積に等しいので，規格化条件は

$$\begin{bmatrix} \alpha^* & \beta^* \end{bmatrix} \begin{bmatrix} \alpha \\ \beta \end{bmatrix} = |\alpha|^2 + |\beta|^2 = 1$$

と書き直せます．ある量子ゲート操作 U を施すと，量子ビットの状態は

$$U \begin{bmatrix} \alpha \\ \beta \end{bmatrix}$$

と書けるので，上記の規格化条件を課すと

$$\begin{bmatrix} \alpha^* & \beta^* \end{bmatrix} U^\dagger U \begin{bmatrix} \alpha \\ \beta \end{bmatrix} = 1$$

が要請されます（アスタリスク $*$ は複素共役，ダガー $\dagger$ はエルミート共役を表す）．この関係式がどんな α, β についても成り立つためには，複素行列 U は

$$U^\dagger U = U U^\dagger = I$$

を満たす**ユニタリ行列**である必要があります（I は恒等演算子）．量子力学では，量子状態を表すベクトルに対する線型変換のことを**演算子**と呼び，一般にはユニ

タリとは限りません [*4].

さて，最も基本的なゲート操作である**パウリゲート**は

$$X = \begin{bmatrix} 0 & 1 \\ 1 & 0 \end{bmatrix}, \ Y = \begin{bmatrix} 0 & -i \\ i & 0 \end{bmatrix}, \ Z = \begin{bmatrix} 1 & 0 \\ 0 & -1 \end{bmatrix}$$

のような行列で表現できます．X ゲートは量子コンピュータ版の **NOT** 演算で

$$X \ket{0} = \ket{1}, \ X \ket{1} = \ket{0}$$

のように作用します．Z ゲートは $\ket{0}$ と $\ket{1}$ の位相を反転させる操作で

$$Z \ket{0} = \ket{0}, \ Z \ket{1} = -\ket{1}$$

と作用する量子コンピュータ特有の演算です．例えば，Z ゲートを $\ket{0}$ と $\ket{1}$ の重ね合わせ状態に作用させてみると

$$Z \frac{1}{\sqrt{2}} \Big(\ket{0} + \ket{1} \Big) = \frac{1}{\sqrt{2}} \Big(\ket{0} - \ket{1} \Big)$$

というように，相対的な位相を反転できます．Y ゲートは $Y = iXZ$ と書け，ビット反転と位相反転を組み合わせた操作です．

1量子ビットゲート操作はブラケット記法ではケットとブラを背中合わせにして

$$\ket{\phi}\bra{\psi} = \begin{bmatrix} \gamma \\ \delta \end{bmatrix} \begin{bmatrix} \alpha^* & \beta^* \end{bmatrix} = \begin{bmatrix} \gamma\alpha^* & \gamma\beta^* \\ \delta\alpha^* & \delta\beta^* \end{bmatrix}$$

のように書けます．X と Z はブラケット記法ではそれぞれ

$$X = \ket{0}\bra{1} + \ket{1}\bra{0}, \ Z = \ket{0}\bra{0} - \ket{1}\bra{1}$$

です．ブラケット記法を使えば

$$X \ket{0} = \Big(\ket{0}\bra{1} + \ket{1}\bra{0} \Big) \ket{0} = \ket{0}\braket{1|0} + \ket{1}\braket{0|0} = \ket{1}$$

$$Z \ket{1} = \Big(\ket{0}\bra{0} - \ket{1}\bra{1} \Big) \ket{1} = \ket{0}\braket{0|1} - \ket{1}\braket{1|1} = -\ket{1}$$

のように，わざわざ行列を書かず $\braket{i|j} = \delta_{ij}$ から計算できるので便利です．

アダマールゲート（H）は，$\ket{0}$ と $\ket{1}$ の重ね合わせ状態を作り出す操作で

$$H = \frac{1}{\sqrt{2}} \begin{bmatrix} 1 & 1 \\ 1 & -1 \end{bmatrix}$$

[*4] 後で見るように量子力学に使われるユニタリで<u>ない</u>演算子を量子コンピュータ上で利用したい場合には，ユニタリになるようなちょっとした工夫が必要です．

という行列で書けます. $|0\rangle$ や $|1\rangle$ に作用させると

$$H|0\rangle = \frac{1}{\sqrt{2}}\Big(|0\rangle + |1\rangle\Big) = |+\rangle$$

$$H|1\rangle = \frac{1}{\sqrt{2}}\Big(|0\rangle - |1\rangle\Big) = |-\rangle$$

となり, 基底の変換だとわかります. また $H = \frac{1}{\sqrt{2}}(X + Z)$ です. ブロッホ球上で任意の軸 $\boldsymbol{n} = [n_x\ n_y\ n_z]^T$ の周りに θ 回転させる回転ゲート $R_{\boldsymbol{n}}(\theta)$ は

$$R_{\boldsymbol{n}}(\theta) := e^{-i\theta(n_x X + n_y Y + n_z Z)/2}$$

$$= \cos\frac{\theta}{2}I - i\sin\frac{\theta}{2}(n_x X + n_y Y + n_z Z)$$

と書けるので, ブロッホ球の X, Y, Z 軸周りの θ 回転操作はそれぞれ

$$R_x(\theta) := e^{-i\theta X/2} = \begin{bmatrix} \cos\frac{\theta}{2} & -i\sin\frac{\theta}{2} \\ -i\sin\frac{\theta}{2} & \cos\frac{\theta}{2} \end{bmatrix}$$

$$R_y(\theta) := e^{-i\theta Y/2} = \begin{bmatrix} \cos\frac{\theta}{2} & -\sin\frac{\theta}{2} \\ \sin\frac{\theta}{2} & \cos\frac{\theta}{2} \end{bmatrix}$$

$$R_z(\theta) := e^{-i\theta Z/2} = \begin{bmatrix} e^{-i\theta/2} & 0 \\ 0 & e^{i\theta/2} \end{bmatrix}$$

で表されます. この中で, 特に Z 軸周りの $\pi/2$ 回転と $\pi/4$ 回転はそれぞれ S ゲート, T ゲートと呼ばれ, 量子アルゴリズムではよく登場します. 行列表記は

$$R_z(\frac{\pi}{2}) = \begin{bmatrix} e^{-i\frac{\pi}{4}} & 0 \\ 0 & e^{i\frac{\pi}{4}} \end{bmatrix} = e^{-i\frac{\pi}{4}}\begin{bmatrix} 1 & 0 \\ 0 & i \end{bmatrix} := e^{-i\frac{\pi}{4}}S$$

$$R_z(\frac{\pi}{4}) = \begin{bmatrix} e^{-i\frac{\pi}{8}} & 0 \\ 0 & e^{i\frac{\pi}{8}} \end{bmatrix} = e^{-i\frac{\pi}{8}}\begin{bmatrix} 1 & 0 \\ 0 & e^{i\frac{\pi}{4}} \end{bmatrix} := e^{-i\frac{\pi}{8}}T$$

とグローバル位相を除いた行列部分のみで表します. 定義から明らかなように

$$TT = S$$

$$SS = Z$$

です. これまでに紹介した 1 量子ビットゲートを**表 2.1** にまとめました.

表 2.1 代表的な 1 量子ビットゲート

ゲート	意 味	量子回路	行 列
X	ビット反転 (X 軸周りの回転)	$-\boxed{X}-$	$\begin{bmatrix} 0 & 1 \\ 1 & 0 \end{bmatrix}$
Y	位相・ビット反転 (Y 軸周りの回転)	$-\boxed{Y}-$	$\begin{bmatrix} 0 & -i \\ i & 0 \end{bmatrix}$
Z	位相反転 (Z 軸周りの回転)	$-\boxed{Z}-$	$\begin{bmatrix} 1 & 0 \\ 0 & -1 \end{bmatrix}$
H	重ね合わせ (X-Z 軸の変換)	$-\boxed{H}-$	$\frac{1}{\sqrt{2}}\begin{bmatrix} 1 & 1 \\ 1 & -1 \end{bmatrix}$
S	位相シフト (Z 軸周り $\pi/2$ 回転)	$-\boxed{S}-$	$\begin{bmatrix} 1 & 0 \\ 0 & i \end{bmatrix}$
T	位相シフト (Z 軸周り $\pi/4$ 回転)	$-\boxed{T}-$	$\begin{bmatrix} 1 & 0 \\ 0 & e^{i\pi/4} \end{bmatrix}$
$R_x(\theta)$	X 軸周りの θ 回転	$-\boxed{R_x(\theta)}-$	$\begin{bmatrix} \cos\frac{\theta}{2} & -i\sin\frac{\theta}{2} \\ -i\sin\frac{\theta}{2} & \cos\frac{\theta}{2} \end{bmatrix}$
$R_y(\theta)$	Y 軸周りの θ 回転	$-\boxed{R_y(\theta)}-$	$\begin{bmatrix} \cos\frac{\theta}{2} & -\sin\frac{\theta}{2} \\ \sin\frac{\theta}{2} & \cos\frac{\theta}{2} \end{bmatrix}$
$R_z(\theta)$	Z 軸周りの θ 回転	$-\boxed{R_z(\theta)}-$	$\begin{bmatrix} e^{-i\theta/2} & 0 \\ 0 & e^{i\theta/2} \end{bmatrix}$

2.2.2 2 量子ビットゲート

2 量子ビットゲートは 2 つの量子ビットを操作する 2 入力 2 出力の論理ゲートです. 具体的な 2 量子ビットゲートを紹介する前に, まず量子ビットが複数個ある場合の量子状態をベクトルで書き下したり, そのときの量子計算を手計算で追ったりするときに便利なツールである**テンソル積**（記号は $\otimes$）を導入しましょう. 量子力学では $|\psi\rangle$ と $|\phi\rangle$ で表される 2 つの量子系が複合した量子系の状態は $|\psi\rangle \otimes |\phi\rangle$ とテンソル積を使って書きます. 量子ビット A と B からなる複合系は

$$\left(a_0 |0\rangle_{\mathrm{A}} + a_1 |1\rangle_{\mathrm{A}}\right) \otimes \left(b_0 |0\rangle_{\mathrm{B}} + b_1 |1\rangle_{\mathrm{B}}\right)$$

と書けます. 基本的には多項式と同じようにカッコを開いて計算でき

$$a_0b_0 \ket{0}_A \otimes \ket{0}_B + a_0b_1 \ket{0}_A \otimes \ket{1}_B + a_1b_0 \ket{1}_A \otimes \ket{0}_B + a_1b_1 \ket{1}_A \otimes \ket{1}_B$$

$$:= a_0b_0 \ket{0}_A \ket{0}_B + a_0b_1 \ket{0}_A \ket{1}_B + a_1b_0 \ket{1}_A \ket{0}_B + a_1b_1 \ket{1}_A \ket{1}_B$$

$$:= a_0b_0 \ket{00} + a_0b_1 \ket{01} + a_1b_0 \ket{10} + a_1b_1 \ket{11} \tag{2.1}$$

と書けます．ここで，$\ket{0} \otimes \ket{0} = \ket{0}\ket{0} = \ket{00}$ です．ケットに複数の数が入っているときは，テンソル積が省略されていることを思い出しましょう．例えば $\ket{000}$ は 6 次元ベクトルではなく 8 次元ベクトルです．列ベクトルで書くと

$$\begin{bmatrix} a_0 \\ a_1 \end{bmatrix} \otimes \begin{bmatrix} b_0 \\ b_1 \end{bmatrix} = \begin{bmatrix} a_0b_0 \\ a_0b_1 \\ a_1b_0 \\ a_1b_1 \end{bmatrix}$$

と 2 次元ベクトルどうしのテンソル積によって要素が $\ket{00}, \ket{01}, \ket{10}, \ket{11}$ の係数に対応する 4 次元ベクトルが得られます．なお，テンソル積はベクトルの次元が揃っていなくても計算できます．

　量子ゲート操作を表す行列のテンソル積も，何番目の量子ビットに作用させるかということの表現に使えます．例えば 2 量子ビットの系で，1 つめの量子ビットに 1 量子ビットゲート U を，2 つめの量子ビットに別の 1 量子ビットゲート V を作用させる $U \otimes V$ は

$$\begin{bmatrix} u_{11} & u_{12} \\ u_{21} & u_{22} \end{bmatrix} \otimes \begin{bmatrix} v_{11} & v_{12} \\ v_{21} & v_{22} \end{bmatrix} = \begin{bmatrix} u_{11}v_{11} & u_{11}v_{12} & u_{12}v_{11} & u_{12}v_{12} \\ u_{11}v_{21} & u_{11}v_{22} & u_{12}v_{21} & u_{12}v_{22} \\ u_{21}v_{11} & u_{21}v_{12} & u_{22}v_{11} & u_{22}v_{12} \\ u_{21}v_{21} & u_{21}v_{22} & u_{22}v_{21} & u_{22}v_{22} \end{bmatrix}$$

と 4×4 の行列で表すことができます．

　さて，2 量子ビットゲートは $\{\ket{00}, \ket{01}, \ket{10}, \ket{11}\}$ の 4 つのベクトルを基底とする 4×4 行列で表され，最も重要な CNOT（制御 NOT）ゲートは

$$\text{CNOT} := \begin{bmatrix} 1 & 0 & 0 & 0 \\ 0 & 1 & 0 & 0 \\ 0 & 0 & 0 & 1 \\ 0 & 0 & 1 & 0 \end{bmatrix}$$

と書けます．各行は $\bra{00}, \bra{01}, \bra{10}, \bra{11}$ に，各列は $\ket{00}, \ket{01}, \ket{10}, \ket{11}$ に対応

しています．1 つ目の量子ビットが $|0\rangle$ の状態に CNOT ゲートを作用させると

$$\begin{bmatrix} \alpha_{00} \\ \alpha_{01} \\ 0 \\ 0 \end{bmatrix} \xrightarrow{\text{CNOT}} \begin{bmatrix} 1 & 0 & 0 & 0 \\ 0 & 1 & 0 & 0 \\ 0 & 0 & 0 & 1 \\ 0 & 0 & 1 & 0 \end{bmatrix} \begin{bmatrix} \alpha_{00} \\ \alpha_{01} \\ 0 \\ 0 \end{bmatrix} = \begin{bmatrix} \alpha_{00} \\ \alpha_{01} \\ 0 \\ 0 \end{bmatrix}$$

と 2 つ目の量子ビットは変化しない一方で，1 つ目の量子ビットが $|1\rangle$ の場合には

$$\begin{bmatrix} 0 \\ 0 \\ \alpha_{10} \\ \alpha_{11} \end{bmatrix} \xrightarrow{\text{CNOT}} \begin{bmatrix} 1 & 0 & 0 & 0 \\ 0 & 1 & 0 & 0 \\ 0 & 0 & 0 & 1 \\ 0 & 0 & 1 & 0 \end{bmatrix} \begin{bmatrix} 0 \\ 0 \\ \alpha_{10} \\ \alpha_{11} \end{bmatrix} = \begin{bmatrix} 0 \\ 0 \\ \alpha_{11} \\ \alpha_{10} \end{bmatrix}$$

のように $|10\rangle$ と $|11\rangle$ の確率振幅が入れ替わります．1 つ目の量子ビットをコントロール量子ビット，2 つ目の量子ビットをターゲット量子ビットと呼びます．ターゲット量子ビットの確率振幅の入れ替えは X ゲート操作に相当します．

　以上をまとめると，CNOT ゲートはコントロールビットが $|1\rangle$ の場合のみターゲット量子ビットを反転させる（X ゲート操作）分岐処理です．古典の場合と異なり，例えば $|0\rangle$ と $|1\rangle$ の重ね合わせ状態をコントロール量子ビットに入力すると

$$\begin{bmatrix} \frac{1}{\sqrt{2}} \\ 0 \\ \frac{1}{\sqrt{2}} \\ 0 \end{bmatrix} \xrightarrow{\text{CNOT}} \begin{bmatrix} 1 & 0 & 0 & 0 \\ 0 & 1 & 0 & 0 \\ 0 & 0 & 0 & 1 \\ 0 & 0 & 1 & 0 \end{bmatrix} \begin{bmatrix} \frac{1}{\sqrt{2}} \\ 0 \\ \frac{1}{\sqrt{2}} \\ 0 \end{bmatrix} = \begin{bmatrix} \frac{1}{\sqrt{2}} \\ 0 \\ 0 \\ \frac{1}{\sqrt{2}} \end{bmatrix} = \frac{1}{\sqrt{2}}\Big(|00\rangle + |11\rangle\Big)$$

のように，それに応じて出力も重ね合わせ状態で処理されます（コントロール量子ビットの測定による分岐処理ではありません）．ブラケット記法では

$$\frac{1}{\sqrt{2}}\Big(|0\rangle + |1\rangle\Big)|0\rangle \xrightarrow{\text{CNOT}} \frac{1}{\sqrt{2}}\Big(|00\rangle + |11\rangle\Big)$$

です．CNOT ゲートは，古典計算での XOR（排他的論理和）を可逆にしたもので

$$|ij\rangle \xrightarrow{\text{CNOT}} |i\ (i\ \text{XOR}\ j)\rangle$$

と書けます（i, j は 0 または 1）．量子ゲート操作はすべてユニタリ行列（$U^\dagger U = UU^\dagger = I$）で，量子ゲート操作はすべて可逆である必要があります．可逆とは出力の状態から入力の状態にいつでも戻れることをいいます．古典の XOR ゲートは

$$0\ \text{XOR}\ 0 = 0, \quad 0\ \text{XOR}\ 1 = 1, \quad 1\ \text{XOR}\ 0 = 1, \quad 1\ \text{XOR}\ 1 = 0$$

と作用する 2 入力 1 出力の論理ゲートで不可逆です。例えば出力が 1 の場合に，入力が 01 と 10 のどちらだったのかを知る術はありません。

　そのため，量子コンピュータで XOR 相当のゲートを使うには，出力から入力が必ず逆算できるようにしておく必要があります。ややズルい気もしますが，1 つ目の入力値をそのまま出力する 2 入力 2 出力のゲートに改造してしまいます。こうすれば，出力される XOR 演算結果と 1 つの入力値から，もともとの 2 つの入力値を確実に逆算できるようになります。この改造ゲート XOR_R は

$$0 \text{ XOR}_R 0 = 00, \quad 0 \text{ XOR}_R 1 = 01, \quad 1 \text{ XOR}_R 0 = 11, \quad 1 \text{ XOR}_R 1 = 10$$

のように作用します。これはまさしく CNOT ゲートの振る舞いです。CNOT ゲートでは，コントロールビットの情報はそのまま出力され，ターゲットビットにはコントロールビットとの XOR 演算の結果が出力されます。古典の XOR との違いは，CNOT ゲートでは入力に重ね合わせ状態が許されることです。

　量子ビットの状態を入れ替える SWAP ゲートもよく使われます。行列では

$$\text{SWAP} := \begin{bmatrix} 1 & 0 & 0 & 0 \\ 0 & 0 & 1 & 0 \\ 0 & 1 & 0 & 0 \\ 0 & 0 & 0 & 1 \end{bmatrix}$$

と定義されます。2 量子ビット系の任意の状態 $a_0 b_0 |00\rangle + a_0 b_1 |01\rangle + a_1 b_0 |10\rangle + a_1 b_1 |11\rangle$（式 (2.1)）に SWAP ゲート操作を施すと

$$\begin{bmatrix} a_0 b_0 \\ a_0 b_1 \\ a_1 b_0 \\ a_1 b_1 \end{bmatrix} \xrightarrow{\text{SWAP}} \begin{bmatrix} a_0 b_0 \\ a_1 b_0 \\ a_0 b_1 \\ a_1 b_1 \end{bmatrix} = \Big(b_0 |0\rangle_{\text{A}} + b_1 |1\rangle_{\text{A}} \Big) \otimes \Big(a_0 |0\rangle_{\text{B}} + a_1 |1\rangle_{\text{B}} \Big)$$

と確かに量子ビット A と B の確率振幅が入れ替わります。なお，SWAP ゲートは

$$\text{SWAP}_{i,j} = \text{CNOT}_{i,j} \text{CNOT}_{j,i} \text{CNOT}_{i,j}$$

と CNOT ゲート 3 つに分解できます（$\text{CNOT}_{i,j}$ は量子ビット i をコントロール量子ビット，量子ビット j をターゲット量子ビットとする CNOT ゲート）。

●COLUMN●

コラム 2.1　エルミート行列とユニタリ行列

　要素が実数の正方行列 A について，転置行列 A^T が A 自身と等しいとき（$A = A^T$）に A は対称行列，$AA^T = I$（I は単位行列）のとき A は直交行列と呼ばれます．

　要素を複素数に拡張したものがエルミート行列とユニタリ行列です（量子ゲート操作を表す行列の要素は一般には複素数なのでした）．正方行列 A について A がエルミート行列であるとは，転置して要素の複素共役をとった行列 $A^\dagger$ が A 自身と等しくなる（$A = A^\dagger$）行列を意味します．A がユニタリ行列であるとは $AA^\dagger = I$ を指します．すなわち，ユニタリ行列 A では $A^\dagger = A^{-1}$（A の逆演算）です．エルミート行列もユニタリ行列も $AA^\dagger = A^\dagger A$ を満たします．

　対称行列，直交行列，エルミート行列，ユニタリ行列は具体的には

$$\begin{bmatrix} 1 & 2 \\ 2 & 3 \end{bmatrix}, \quad \begin{bmatrix} \frac{1}{\sqrt{2}} & \frac{1}{\sqrt{2}} \\ -\frac{1}{\sqrt{2}} & \frac{1}{\sqrt{2}} \end{bmatrix}, \quad \begin{bmatrix} 1 & 2+i \\ 2-i & 3 \end{bmatrix}, \quad \begin{bmatrix} \frac{1}{\sqrt{2}} & \frac{i}{\sqrt{2}} \\ \frac{i}{\sqrt{2}} & \frac{1}{\sqrt{2}} \end{bmatrix}$$

のような行列です．重要な性質として，以下が挙げられます．

- ・エルミート行列は，ユニタリ行列で対角化できる（固有値は実数）
- ・ユニタリ行列の行ベクトルや列ベクトルは，正規直交基底をなす

　また，エルミート行列 A を指数化（Exponentiation）した $U := e^{iA}$ はユニタリ行列になることも量子コンピュータでよく使われる面白い性質です．エルミート行列 A はあるユニタリ行列 V によって $A = V\Theta V^\dagger$ と対角化（Θ は A の固有値を対角成分にもつ対角行列）できることを利用すると

$$U = 1 + (iA) + \frac{(iA)^2}{2!} + \cdots = \sum_k \frac{1}{k!}(iA)^k = \sum_k \frac{i^k}{k!}\left(V\Theta V^\dagger\right)^k$$

$$= \sum_k \frac{i^k}{k!} V\Theta^k V^\dagger = V \sum_k \frac{i^k}{k!}\Theta^k V^\dagger = Ve^{i\Theta}V^\dagger$$

と書くことができます（ユニタリ行列の性質 $V^\dagger V = VV^\dagger = I$ を用いました）．U の逆行列は

$$U^{-1} = e^{-iA} = Ve^{-i\Theta}V^\dagger$$

と書けます．一方で U のエルミート共役は $\Theta^\dagger = \Theta$ を使うと

$$U^\dagger = \left(Ve^{i\Theta}V^\dagger\right)^\dagger$$
$$= \left(V^\dagger\right)^\dagger \left(e^{i\Theta}\right)^\dagger V^\dagger$$
$$= Ve^{-i\Theta}V^\dagger$$

と書けるので，行列 U は $U^{-1} = U^\dagger$ を満たすユニタリ行列であると示せました．

2.3 量子回路を書いてみよう

2.3.1 量子回路の書き方

ブラケット記法に加えて量子計算の表現方法として一般的な**量子回路**の記法も便利なのでここで紹介しておきます．量子回路は古典コンピュータでの論理回路に似たもので，どの量子ビットにどの量子ゲートをどのような順番で施すかの手順を表します．低水準言語で書かれた量子プログラムともいえます．**図 2.2** に示した 3 量子ビット系での量子回路を例に，その読み方を見ていきましょう．

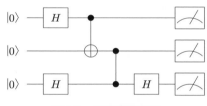

図 2.2　量子回路の例

まず量子回路は楽譜（五線譜）のように左から右に読みます．横線 1 本 1 本はそれぞれ 1 つの量子ビットを表しています．量子ビットはコピーできないので，この線は分岐しません．この図は 3 本の線があるので，3 量子ビットに操作する量子回路であるとわかります．左端の $|0\rangle$ は，この量子回路への入力が $|0\rangle$ であることを表しています．右端のメータのような記号は，それぞれの量子ビットに対する測定（特に指定がなければ計算基底での測定）です．

量子回路図の線上にある箱や $\bullet$, $\oplus$ などの記号，横線間を渡る縦線は，量子ゲートを表しています．n 本の横線にまたがる "箱" は，n 量子ビットゲートを意味します．**表 2.2** のように特別に記法が決まっているゲートもいくつかあります．

量子回路では左から順にゲート操作が行われますが，ブラケット記法では右にあるベクトル（ケット）に左から行列（量子ゲート）をかけていくため，操作順の見た目は逆転することに注意しましょう．量子コンピュータのプログラミングは多くの場合，量子回路を書くことと等価です（第 7 章）．

図 2.2 の量子回路の実行により量子ビットの状態がどのように変化するか，ス

テップごとに見ていきます.

まず，初期状態 $|000\rangle$ にアダマールゲートを作用させると

$$|000\rangle \xrightarrow{H_1, H_3} \left(\frac{1}{\sqrt{2}}(|0\rangle + |1\rangle)\right) |0\rangle \left(\frac{1}{\sqrt{2}}(|0\rangle + |1\rangle)\right)$$

$$= \frac{1}{2}\Big(|000\rangle + |001\rangle + |100\rangle + |101\rangle\Big)$$

となります．次に第 1 量子ビットをコントロール量子ビットとする **CNOT** ゲートを第 2 量子ビットに作用させます．第 1 量子ビットが $|1\rangle$ のときだけ第 2 量子ビットを反転するので，状態は

$$\xrightarrow{\text{CNOT}_{1,2}} \frac{1}{2}\Big(|000\rangle + |001\rangle + |\mathbf{1}\mathbf{1}0\rangle + |\mathbf{1}\mathbf{1}1\rangle\Big)$$

となります（変化したビットを太字で示しました）．さらに，第 2 量子ビットをコントロール量子ビットとする制御 **Z** ゲートを第 3 量子ビットに作用させます．**Z** ゲートの作用は $Z|0\rangle = |0\rangle$, $Z|1\rangle = -|1\rangle$ なので量子ビットの状態は

$$\xrightarrow{\text{CZ}_{2,3}} \frac{1}{2}\Big(|000\rangle + |001\rangle + |110\rangle - |111\rangle\Big)$$

のように変化します（$|111\rangle$ の符号が反転）．最後にアダマールゲートを第 3 量子ビットに作用させます．アダマールゲートは $H|0\rangle = \frac{1}{\sqrt{2}}(|0\rangle + |1\rangle)$, $H|1\rangle = \frac{1}{\sqrt{2}}(|0\rangle - |1\rangle)$ のように作用するので

$$\xrightarrow{H_3} \frac{1}{2} \frac{1}{\sqrt{2}} \Big(|00\rangle(|0\rangle + |1\rangle) + |00\rangle(|0\rangle - |1\rangle)$$

$$+ |11\rangle(|0\rangle + |1\rangle) - |11\rangle(|0\rangle - |1\rangle)\Big)$$

$$= \frac{1}{2} \frac{1}{\sqrt{2}} \Big(|000\rangle + \cancel{|001\rangle} + |000\rangle - \cancel{|001\rangle}$$

$$+ \cancel{|110\rangle} + |111\rangle - \cancel{|110\rangle} + |111\rangle\Big)$$

$$= \frac{1}{\sqrt{2}}\Big(|000\rangle + |111\rangle\Big)$$

のように $|001\rangle$ と $|110\rangle$ の項が消え（確率振幅の干渉），最後に計算基底で測定すると $|000\rangle$ または $|111\rangle$ がそれぞれ 50% の確率で現れます．ベクトル形式（**状態ベクトル**とも呼ばれます）で量子ビットの状態変化を表すと

$$
\begin{bmatrix} 1 \\ 0 \\ 0 \\ 0 \\ 0 \\ 0 \\ 0 \\ 0 \end{bmatrix}
\xrightarrow{H_1,H_3}
\begin{bmatrix} 0.5 \\ 0.5 \\ 0 \\ 0 \\ 0.5 \\ 0.5 \\ 0 \\ 0 \end{bmatrix}
\xrightarrow{CNOT_{1,2}}
\begin{bmatrix} 0.5 \\ 0.5 \\ 0 \\ 0 \\ 0 \\ 0 \\ 0.5 \\ 0.5 \end{bmatrix}
\xrightarrow{CZ_{2,3}}
\begin{bmatrix} 0.5 \\ 0.5 \\ 0 \\ 0 \\ 0 \\ 0 \\ 0.5 \\ -0.5 \end{bmatrix}
\xrightarrow{H_3}
\begin{bmatrix} \frac{1}{\sqrt{2}} \\ 0 \\ 0 \\ 0 \\ 0 \\ 0 \\ 0 \\ \frac{1}{\sqrt{2}} \end{bmatrix}
$$

と書けます．この量子回路全体は 1 つの 8×8 行列で書けます．

表 2.2　特別な記法のある量子ゲート

ゲート	意　味	量子回路	行　列
CNOT	コントロール量子ビットが $\lvert 1 \rangle$ のときターゲット量子ビットをビット反転（量子版 XOR）		$\begin{bmatrix} 1 & 0 & 0 & 0 \\ 0 & 1 & 0 & 0 \\ 0 & 0 & 0 & 1 \\ 0 & 0 & 1 & 0 \end{bmatrix}$
SWAP	2 つの量子ビットの交換		$\begin{bmatrix} 1 & 0 & 0 & 0 \\ 0 & 0 & 1 & 0 \\ 0 & 1 & 0 & 0 \\ 0 & 0 & 0 & 1 \end{bmatrix}$
制御 Z（CZ）	コントロール量子ビットが $\lvert 1 \rangle$ のときターゲット量子ビットを位相反転		$\begin{bmatrix} 1 & 0 & 0 & 0 \\ 0 & 1 & 0 & 0 \\ 0 & 0 & 1 & 0 \\ 0 & 0 & 0 & -1 \end{bmatrix}$
Toffoli	2 個のコントロール量子ビットが両方とも $\lvert 1 \rangle$ のときターゲット量子ビットをビット反転（量子版 NAND）		$\begin{bmatrix} 1 & 0 & 0 & 0 & 0 & 0 & 0 & 0 \\ 0 & 1 & 0 & 0 & 0 & 0 & 0 & 0 \\ 0 & 0 & 1 & 0 & 0 & 0 & 0 & 0 \\ 0 & 0 & 0 & 1 & 0 & 0 & 0 & 0 \\ 0 & 0 & 0 & 0 & 1 & 0 & 0 & 0 \\ 0 & 0 & 0 & 0 & 0 & 1 & 0 & 0 \\ 0 & 0 & 0 & 0 & 0 & 0 & 0 & 1 \\ 0 & 0 & 0 & 0 & 0 & 0 & 1 & 0 \end{bmatrix}$

2.3.2　量子コンピュータ版 NAND ゲート（Toffoli ゲート）

ブール代数を使って論理演算を行う任意の**論理回路**は AND，NOT，XOR の 3 種類の論理ゲートがあればすべて作れますが，NAND ゲートを用いると，これら 3 つのゲートも作り出すことができるので，NAND ゲートは万能ゲートです[*5]．単純な演算要素が単に多数あるだけでどんな複雑な計算でも実行できるということは，実装の面からも重要です（NAND ゲートの物理実装の容易さがポイント）．

量子コンピュータ版の NAND ゲートは 3 量子ビットゲートである Toffoli ゲート（CCNOT ゲート）です．量子回路では**図 2.3**（左）のように書き，コントロール量子ビット $|a\rangle$，$|b\rangle$ が両方とも $|1\rangle$ のときのみターゲット量子ビット $|c\rangle$ に反転操作（X ゲート操作）を施します．真理値表は**表 2.3** のようになります．

行列では $2^3 \times 2^3$ の行列で表 2.2 のように書けます．行列の行と列はそれぞれ $|000\rangle$，$|001\rangle$，$\cdots$，$|111\rangle$ に対応しています．CNOT ゲートと同様に Toffoli ゲートも 3 入力 3 出力の可逆ゲート操作で，コントロール量子ビット $|a\rangle$，$|b\rangle$ の値はそ

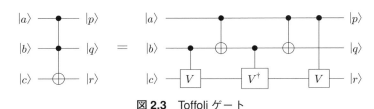

図 2.3　Toffoli ゲート

表 2.3　Toffoli ゲートの真理値表

入力			出力		
a	b	c	p	q	r
0	0	0	0	0	0
0	0	1	0	0	1
0	1	0	0	1	0
0	1	1	0	1	1
1	**0**	**0**	**1**	**0**	**0**
1	0	1	1	0	1
1	**1**	**0**	**1**	**1**	**1**
1	1	1	1	1	0

[*5]　NOT $a = a$ NAND a，a AND $b =$ NOT $(a$ NAND $b)$，a OR $b = ($NOT $a)$ NAND $($NOT $b)$，a XOR $b = (a$ OR $b)$ AND $(a$ NAND $b)$ です．

のまま $|p\rangle = |a\rangle$, $|q\rangle = |b\rangle$ として出力され,出力値から入力値に遡れます.

Toffoli ゲートは図 2.3(右)のとおり制御ユニタリゲートと CNOT ゲートに分解できます.ここで使われるユニタリゲート V は,2 回連続して操作を行うと X ゲートになる量子ゲート($VV = X$)です($V^\dagger$ は V の逆変換)です.

2.3.3 量子コンピュータ版足し算回路

古典の論理回路では NAND ゲートから足し算回路を作ることができます.量子回路でも NAND ゲートに相当する Toffoli ゲートを使って量子コンピュータ版の足し算回路を作ることができます.古典の場合と異なり注意が必要な点は,Toffoli ゲートが NAND ゲートとして振る舞うだけでは不十分で,1 つの線を流れる値を 2 つの線に分岐させることが必要です.例えば 2 入力 1 出力の NAND から 1 入力 1 出力の NOT を作るには,入力値 a を NAND の 2 つの入力に分岐させて同じ値を入力する必要がありました.電気回路で実装する場合には,このような分岐は直感的に実装できそうだとわかります.しかし量子コンピュータの場合には後で見るように量子ビットの状態をコピーする操作が原理的に許されていないので,量子ビットの状態を表す量子回路図上の実線は決して分岐・合流しません.

Toffoli ゲートは巧妙にこの分岐操作を実現可能です.図 2.3 で $c = 1$ のときには r に a NAND b の結果が出力されます.量子版 NAND ゲートである Toffoli ゲートは可逆で,入力値 a と b はそのまま p と q にそれぞれ出力されることは前節で説明したとおりです.ここで,$a = 1$, $c = 0$ の場合を考えてみます.表 2.3 に太字で表したとおり,b の値が q と r に出力されます.これはまさしく $|b\rangle$ を $|q\rangle$ と $|r\rangle$ に分岐する分岐操作です.

以上のことから,Toffoli ゲートを使えば古典コンピュータで使われるあらゆる論理回路の量子版が作れそうです.量子版ではビットを使ったブール代数の実行だけでなく,ビットの重ね合わせ状態でブール代数の演算をすることもできるので,いわば上位互換になっています.ただし,量子回路で古典コンピュータの論理回路と同じものを構成できるからといって,ただちに量子コンピュータのほうが超並列計算や高速計算の点で優れているということにはなりません.

さて,量子版の半加算器は**図 2.4**(上)のように 3 入力 3 出力の量子回路で表現できます.最初の CCNOT で繰り上がり桁の有無を 3 番目の量子ビット(補助量子ビット)に入力し,続く CNOT で入力 a と b の(2 進数での)足し算を実行し,

結果は 2 番目の量子ビットに書き込まれます.

　2 桁以上の数の足し算は，半加算器を数珠つなぎにして組み合わせた回路で計算します（図 2.4(下)）. 最初の Toffoli ゲートと CNOT ゲートでまず a と b の足し算の結果を 3 番目の量子ビットに出力する部分は先述の半加算器と同じです. 続く Toffoli ゲートで，下の桁から来た繰り上がりと $a+b$ との足し算によってさらなる繰り上がりが発生するときには 4 番目のビットを反転します. 最後に CNOT ゲートで，下からの繰り上がりと $a+b$ との足し算を実行し，最終的な計算結果を 3 番目の量子ビットに出力します. 古典の論理回路と同様の足し算が可能で，かつ量子版では重ね合わせ状態で入力すると答えも重ね合わせ状態で出力されます.

　このように，古典の論理回路でできることはすべて量子回路で実現できますが，これだけでは同じ計算に必要なゲート個数はそれほど大きく変わらず，量子コンピュータだと効率化されるようには見えません. また，Toffoli ゲートの物理実装も古典コンピュータの NAND ゲートのよう簡単ではありません. 等価な算術演算ができるという意味では量子コンピュータは古典コンピュータの上位互換といえますが，そのご利益はそれほど自明ではありません.

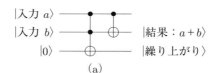

(a)

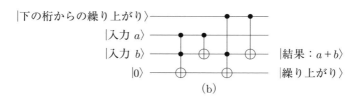

(b)

図 2.4　量子版半加算器 (a) と量子版全加算器 (b)

2.3.4　量子コンピュータ版算術論理演算

Toffoli ゲートを使った量子回路によって加算器が構成できたように，古典コンピュータ上のあらゆる計算は量子コンピュータ上でも計算できます．量子コンピュータ版の算術論理演算は Quantum Arithmetic と呼ばれ，関数のような複雑な演算であっても重ね合わせ状態を使って並列計算することが可能です．

例えば，ある量子回路 U_f によって

$$|x\rangle |00\cdots0\rangle \xrightarrow{U_f} |x\rangle |f(x)\rangle$$

のように，ビット列 x を引数としてビット列を返す関数 $f(x)$ の値を計算して量子ビットとして出力できるとしましょう．関数の計算には補助量子ビットが大量に必要になりますが，ここでは省略しています．$f(x)$ が古典の論理回路として効率的に実装可能なら，量子回路でも効率的に計算できます．加算器で見たように，算術論理演算について古典と量子の論理回路は等価です．

量子回路による関数 $f(x)$ の計算では，入力には重ね合わせ状態も許されます．例えば，N 個のビット列の重ね合わせ状態

$$|x\rangle = \frac{1}{\sqrt{N}} \sum_{i=1}^{N} |x_i\rangle$$

を入力として U_f を実行すると

$$\frac{1}{\sqrt{N}} \sum_{i=1}^{N} |x_i\rangle |00\cdots0\rangle \xrightarrow{U_f} \frac{1}{\sqrt{N}} \sum_{i=1}^{N} |x_i\rangle |f(x_i)\rangle$$

という，ある種の N 並列計算ができます（補助量子ビットは省略）．この状態を測定して演算結果を取り出したいところですが，何も工夫をしなければ N 個ある計算結果は，ボルン規則よりそれぞれ $1/N$ の確率でランダムに測定されるだけで，1 回の測定で N 個すべての計算結果を取り出すことはできません．

$f(x^*) = 0$ になる x^* を探す探索問題も，すべての可能な x_i を重ね合わせ状態として入力し量子回路の並列計算による総当たりで簡単に解けそうに思えますが，うまくいきません．なぜなら，解となる結果もそうでない結果も均一に $1/N$ の確率で測定されるので，確率的には解があってもよい N 個の中から解を見つけられません．このように，重ね合わせ状態を使った並列計算が可能というだけでは，量子コンピュータが古典より高速ということにはならないのです．

2.3.5 万能量子計算

　古典コンピュータでは，NAND ゲートさえあれば，それを組み合わせることで，AND や OR などの任意の論理ゲートを作れることが知られています．このように，どのような演算もできるという性質は**万能**と呼ばれます．量子コンピュータでは H, T, CNOT の3種類の量子ゲートあれば，これらを組み合わせることで任意の量子計算を実行できることがわかっています．このようなゲートの組は**ユニバーサルゲートセット（万能ゲートセット）**と呼ばれます．

　量子コンピュータによる計算は量子回路（量子ゲート操作の列）で表されますが，すべてを1つの大きなゲート操作として巨大なユニタリ行列にまとめることができます（n 量子ビットの系であれば $2^n \times 2^n$ 行列）．これを細かいゲート操作に分解し，最終的に先ほど述べた3種類の量子ゲートがあればよいという流れを確認します[2]．

　まず，任意の量子計算を表す n 量子ビットの量子回路 U_{QC} は，いくつかの2準位ユニタリゲート V_k の積に必ず分解できます（**図 2.5**）．2準位ユニタリゲートとは，2^n 次元空間のうち2次元の部分空間ではたらくゲート操作です．例えば $n = 3$ 量子ビットの場合，$2^3 = 8$ 次元空間のうち $\{|000\rangle, |111\rangle\}$ や $\{|001\rangle, |101\rangle\}$ など2つのベクトルで張られる部分空間のみに作用する量子ゲート操作です．必要な個数 k は U_{QC} を $d \times d$ 行列として $k \leq d(d-1)/2$ です[*6]．

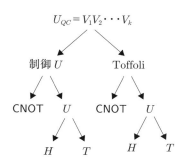

図 2.5　任意の量子計算の分解

　この2準位ユニタリゲート V_k は，制御ユニタリゲートと Toffoli ゲートから構成でき，実はどちらも1量子ビットゲート U と CNOT ゲートから構成できること

[*6]　一般の n 量子ビットのユニタリ変換 U_{QC} では $d = 2^n$ と指数関数的な個数です．

が知られています．さらに，任意の 1 量子ビットゲート U は，アダマールゲートと T ゲート（位相シフトゲート）の 2 つの組合せによって十分良い精度で近似できることが **Solovay-Kitaev の定理**によって保証されています．任意の 1 量子ビットゲート操作はブロッホ球上での任意の（アナログ角度の）回転操作に相当します．ブロッホ球上での任意角度の回転は，X, Z 軸周りの 2 つの回転ゲート $R_x(\theta)$, $R_z(\theta)$ を使えば常に実現できますが，これでは量子コンピュータはいつまでもアナログコンピュータのままです．Solovay-Kitaev の定理は，アダマールゲートと T ゲートという π の有理数倍の回転操作だけを使って，π の無理数倍の任意角度の回転ゲートを，十分良い精度で近似できることを保証しています．必要な H, T の個数は近似精度に対して多項式個で済み，例えば 10^{-4} 精度の $R_z(-\pi/8)$ ゲート操作は

$$HTHTTTHTTTHTTTHTTTHTTTHTHTHTTT$$
$$HTHTTTHTHTHTTTHTTTHTTTHTTTHTTTHT$$
$$TTHTTTHTTTHTTTHTHTTTHTHTTTHTHTHT$$
$$TTHTTTHTTTHTHTHTHTTTHTTTHTHTTTHX$$

と 128 個の 1 量子ビットゲートに分解できます [15]．このような分解は基本的にはコンパイラの仕事ですが，万能ゲートセットのうち T ゲートは，誤り訂正符号のもとで直接サポートされないゲート（6.4 節）のため，コンパイル後に多数の T ゲートが必要とならないように，プログラマも注意する必要があります（7.4 節）．

以上のことから，1 量子ビットゲート H, T と 2 量子ビットゲート **CNOT** の 3 種類のゲートセットがあれば，n 量子ビット系の任意の量子計算が可能になることがわかります．これは n 個の量子ビットにはたらく任意の量子回路を数種類の基本ゲート操作で近似できることを意味しますが，これまでその効率については考えてきませんでした．

量子ビット数 n に対して指数関数的なサイズの任意のユニタリ行列 U_{QC} を，いつでも n の多項式個の量子ゲート列（n の多項式サイズの量子回路）で近似できる保証はありません．むしろ，ほとんどの場合で非効率的（n の指数関数個のゲートが必要）にしか実行できないと考えるべきでしょう [2]．どのような場合に効率よく（多項式個の量子ゲートで）実行できるかは，量子コンピュータが古典コンピュータよりも強力であるかどうかと密接に関わっており，計算複雑性理論によるアプローチなど精力的な研究が進められています（4.5 節）．

2.4 コピーとテレポーテーション

2.4.1 量子もつれ（エンタングルメント）とは？

　量子力学で最も奇妙な現象が**量子もつれ（エンタングルメント）**でしょう．エンタングルした状態とは，2 つの量子状態が互いに関係しあい切っても切れない関係の双子のような状態です．具体的に，エンタングルとは 2 つの量子ビットの状態 $|\psi\rangle_{\mathrm{A}}$ と $|\psi\rangle_{\mathrm{B}}$ からなる状態 $|\Psi\rangle_{AB}$ が，個別の量子状態のテンソル積で書き表せない状態を指します．例えば，量子ビット A と B が**ベル状態**と呼ばれる

$$|B_{00}\rangle := \frac{1}{\sqrt{2}}\Big(|00\rangle + |11\rangle\Big) = \frac{1}{\sqrt{2}}\Big(|0\rangle_A |0\rangle_B + |1\rangle_A |1\rangle_B\Big) \qquad (2.2)$$

という状態を共有していることと考えます．個別の量子ビットの状態をそれぞれ $|\psi\rangle_{\mathrm{A}} = a_0 |0\rangle + a_1 |1\rangle$，$|\psi\rangle_{\mathrm{B}} = b_0 |0\rangle + b_1 |1\rangle$ として，量子ビットの状態は

$$|\psi_{\mathrm{A}}\rangle \otimes |\psi_{\mathrm{B}}\rangle = a_0 b_0 |00\rangle + a_0 b_1 |01\rangle + a_1 b_0 |10\rangle + a_1 b_1 |11\rangle \qquad (2.3)$$

とテンソル積で書くきまりでした．式 (2.2) と式 (2.3) を見比べると

$$a_0 b_0 = \frac{1}{\sqrt{2}}, \quad a_0 b_1 = 0, \quad a_1 b_0 = 0, \quad a_1 b_1 = \frac{1}{\sqrt{2}}$$

という 4 つの関係式が得られます．$a_0 b_1 = 0$ より a_0 または b_1 のどちらかが 0 です．仮に $a_0 = 0$ とすると $0 = a_0 b_0 = \frac{1}{\sqrt{2}}$ となって矛盾します．なので $b_1 = 0$ ですが，今度は $0 = a_1 b_1 = \frac{1}{\sqrt{2}}$ となり，やはり矛盾です．したがって，状態 $|B_{00}\rangle$ は任意の 1 量子ビット状態のテンソル積では書けないといえます．逆に，テンソル積で書けるのであれば，その量子状態はエンタングル状態ではありません．

　例えば一見エンタングル状態に見える $|B'\rangle = \frac{1}{\sqrt{2}}(|10\rangle + |11\rangle)$ という状態は $|1\rangle \otimes \frac{1}{\sqrt{2}}(|0\rangle + |1\rangle)$ のように個別の量子ビットの状態のテンソル積に分解できるので，エンタングル状態ではありません．

　ベル状態 $|B_{00}\rangle$ にある量子ビットの間には次のような特別な相関があります．

・量子ビット A を計算基底で測定した結果 0 だとすると，量子ビット B は $|0\rangle$ 状態に決まる．もし量子ビット A を計算基底で測定した結果 1 だとすると，量子ビット B は $|1\rangle$ 状態に決まる．

・量子ビット B を計算基底で測定した結果 0 だとすると，量子ビット A は $|0\rangle$ 状態に決まる．もし量子ビット B を計算基底で測定した結果 1 だとすると，量子ビット A は $|1\rangle$ 状態に決まる．

これらの特別な相関関係は，この双子の量子状態が保たれている限り量子ビット A と量子ビット B がどんなに遠く離れた場所にあっても成立します．A か B のどちらか片方の状態が測定されるまでは $|00\rangle$ と $|11\rangle$ の重ね合わせ状態のままでどちらとも確定せず，どちらかの量子ビットが測定されることではじめて 2 個の量子ビットの状態がある状態に決まります．このことは量子ビット A の測定結果が遠く離れた量子ビット B へ瞬時に伝わるように見えるので，エンタングル状態を通信路として使えば光速を超えた通信ができるのではないかと誤解されることもあります．しかし，これは物理法則に反しており，光速を超えて情報を伝えることは不可能です [2)]．

ベル状態は全部で

$$|B_{00}\rangle = \frac{1}{\sqrt{2}}\Big(|00\rangle + |11\rangle\Big), \ |B_{10}\rangle = \frac{1}{\sqrt{2}}\Big(|00\rangle - |11\rangle\Big)$$

$$|B_{01}\rangle = \frac{1}{\sqrt{2}}\Big(|01\rangle + |10\rangle\Big), \ |B_{11}\rangle = \frac{1}{\sqrt{2}}\Big(|01\rangle - |10\rangle\Big)$$

の 4 種類あり，$|B_{ij}\rangle = Z_1^i X_2^j |B_{00}\rangle$ のような関係にあります [16)]．

また，ベル状態は基底を変えてもエンタングルしたままです．別のベル状態 $|B_{11}\rangle$ をアダマール基底 $\{|+\rangle, |-\rangle\}$ で書くと

$$\frac{1}{\sqrt{2}}\Big(|0\rangle \otimes |1\rangle - |1\rangle \otimes |0\rangle\Big)$$

$$= \frac{1}{2\sqrt{2}}\bigg\{\Big(|+\rangle + |-\rangle\Big) \otimes \Big(|+\rangle - |-\rangle\Big) - \Big(|+\rangle - |-\rangle\Big) \otimes \Big(|+\rangle + |-\rangle\Big)\bigg\}$$

$$= \frac{1}{\sqrt{2}}\Big(|-+\rangle - |+-\rangle\Big)$$

となり，これも個別の量子状態 $|\psi'\rangle_A = a_+ |+\rangle + a_- |-\rangle$ と $|\psi'\rangle_B = b_+ |+\rangle + b_- |-\rangle$ のテンソル積に分解できません．ただし，測定結果の間の特別な相関関係は，A と B を同じ基底で測定したときにのみ生じます．例えば量子ビット A を計算基底で測定して $|0\rangle$ であるとわかった後で，量子ビット B をアダマール基底で測定しても $|+\rangle$ または $|-\rangle$ がそれぞれ 50%の確率で得られるだけです．

2.4.2　量子データはコピーできない？

　古典コンピュータ上ではデータを自由にコピーできますが，量子コンピュータ上では**量子複製不可能 (No-Cloning) 定理**によって任意の量子状態のコピーは原理的に禁じられています．ここでは，1 量子ビットの任意の状態 $|\psi\rangle_A$ を，量子ビット $|0\rangle_B$ にコピーするユニタリ操作 U_{COPY} が存在すると仮定し矛盾を導くことで，そのよう操作が存在しないことを証明します [2]．

　まずユニタリ操作 U_{COPY} が存在したすると，任意の状態 $|\psi\rangle, |\phi\rangle$ について

$$
\begin{cases}
U_{\mathrm{COPY}}\left(|\psi\rangle_A |0\rangle_B\right) = |\psi\rangle_A |\psi\rangle_B \\
U_{\mathrm{COPY}}\left(|\phi\rangle_A |0\rangle_B\right) = |\phi\rangle_A |\phi\rangle_B
\end{cases}
$$

が成り立ちます．この 2 つの式の左辺の内積は $U_{\mathrm{COPY}}^\dagger U_{\mathrm{COPY}} = I$ を使って

$$
\left(\langle\psi|_A \langle 0|_B\right) U_{\mathrm{COPY}}^\dagger U_{\mathrm{COPY}}\left(|\phi\rangle_A |0\rangle_B\right) = \langle\psi|\phi\rangle
$$

と計算できます．一方，右辺の内積をとると

$$
\left(\langle\psi|_A \langle\psi|_B\right)\left(|\phi\rangle_A |\phi\rangle_B\right) = \left(\langle\psi|\phi\rangle\right)^2
$$

です．結局 $(\langle\psi|\phi\rangle)^2 = \langle\psi|\phi\rangle$ より $\langle\psi|\phi\rangle$ は 0 か 1 ですが，$|\psi\rangle$ と $|\phi\rangle$ は任意だったので，これは矛盾です．したがって，任意の状態をコピーするユニタリ操作 U_{COPY} は存在しないといえます．

　このように，量子ビットの状態はコピーできないため，量子データの取扱いは古典データと大きく異なります．量子データの移動・転送には，**SWAP** ゲート操作を繰り返して運ぶ方法や 2.4.3 項で紹介する方法があります．

2.4.3　量子データを転送する

　前節で見たように量子ビットの状態の複製は原理的に許されていませんが，ある量子ビットの状態を別の量子ビットに移すことはできます [*7]．このような操作は**量子テレポーテーション**と呼ばれます．エンタングルした 2 つの量子ビット A と B に加えて，送信したい状態をもつ $|\psi\rangle = \alpha|0\rangle + \beta|1\rangle$ を用意します．私たちはメッセージの中身である α と β の値を盗み見ず，かつこの量子ビットそのものを送ることもなく，別の場所に $|\psi\rangle$ の"状態"を送信したいわけです．

---

*7　写す（転写する）のほうが適切でしょうか．

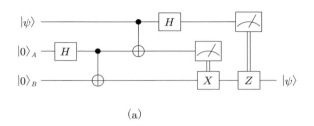

(a)

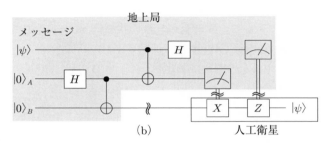

(b)

図 2.6 量子テレポーテーション

　量子テレポーテーションの量子回路は**図 2.6**(a) のように書けます．まず量子ビット A と量子ビット B のエンタングル状態を作ります．$|0\rangle$ と初期化された量子ビットにアダマールゲートを施し，続いて CNOT ゲートを作用させることで量子ビット A と量子ビット B の状態はベル状態 $|B_{00}\rangle = \frac{1}{\sqrt{2}}(|00\rangle + |11\rangle)$ になります．これにメッセージ量子ビットの状態を加えた 3 量子ビットの状態は

$$|\psi\rangle |B_{00}\rangle = \left(\alpha |0\rangle + \beta |1\rangle\right)\left(\frac{1}{\sqrt{2}}(|00\rangle + |11\rangle)\right)$$
$$= \frac{1}{\sqrt{2}}\left(\alpha |000\rangle + \alpha |011\rangle + \beta |100\rangle + \beta |111\rangle\right)$$

と表すことができます．

　送信するには，まずメッセージ量子ビット $|\psi\rangle$ をコントロール量子ビットとする CNOT ゲートを量子ビット A に適用します．CNOT ゲートを作用させたあと 3 量子ビットの状態は $\frac{1}{\sqrt{2}}\left(\alpha |000\rangle + \alpha |011\rangle + \beta |110\rangle + \beta |101\rangle\right)$ となります．次にメッセージ量子ビットにアダマールゲートを作用させます．量子ビットの状態は

$$\frac{\alpha}{\sqrt{2}}\left(\frac{1}{\sqrt{2}}\left(|0\rangle + |1\rangle\right)\right)|00\rangle + \frac{\alpha}{\sqrt{2}}\left(\frac{1}{\sqrt{2}}\left(|0\rangle + |1\rangle\right)\right)|11\rangle$$
$$+ \frac{\beta}{\sqrt{2}}\left(\frac{1}{\sqrt{2}}\left(|0\rangle - |1\rangle\right)\right)|10\rangle + \frac{\beta}{\sqrt{2}}\left(\frac{1}{\sqrt{2}}\left(|0\rangle - |1\rangle\right)\right)|01\rangle$$

$$= \frac{1}{2} \Big(\alpha \,|000\rangle + \alpha \,|100\rangle + \alpha \,|011\rangle + \alpha \,|111\rangle$$
$$+ \beta \,|010\rangle - \beta \,|110\rangle + \beta \,|001\rangle - \beta \,|101\rangle \Big)$$

のようになります．さて，量子ビット A と B はエンタングルしているので，量子ビット A の測定は量子ビット B の状態に影響を与えます．例えば，メッセージ量子ビットと量子ビット A の測定結果が 00 のとき，3 量子ビットの状態の重ね合わせは壊れ，$\alpha \,|000\rangle + \beta \,|001\rangle$ になっています．テンソル積で分解すると $|00\rangle \,(\alpha \,|0\rangle + \beta \,|1\rangle)$ ですから，量子ビット B の状態は $\alpha \,|0\rangle + \beta \,|1\rangle$ です．これは送信したかった未知の状態（メッセージ量子ビットの状態）$|\psi\rangle$ にほかなりません．同様にして，そのほかの測定結果と量子ビット B の状態は

$$\text{量子ビット B の状態} = \begin{cases} \alpha \,|1\rangle + \beta \,|0\rangle & \text{（測定結果：01）} \\ \alpha \,|0\rangle - \beta \,|1\rangle & \text{（測定結果：10）} \\ \alpha \,|1\rangle - \beta \,|0\rangle & \text{（測定結果：11）} \end{cases}$$

のような対応関係になっています．送信したかった量子状態は $|\psi\rangle = \alpha \,|0\rangle + \beta \,|1\rangle$ だったので，メッセージ量子ビットと量子ビット A の測定結果に応じて，量子ビット B に適切なゲート操作を施して正しい状態に戻します．測定結果に応じて

$$\begin{cases} \text{（測定結果：01）} & \alpha \,|1\rangle + \beta \,|0\rangle \xrightarrow{X} \alpha \,|0\rangle + \beta \,|1\rangle \\ \text{（測定結果：10）} & \alpha \,|0\rangle - \beta \,|1\rangle \xrightarrow{Z} \alpha \,|0\rangle + \beta \,|1\rangle \\ \text{（測定結果：11）} & \alpha \,|1\rangle - \beta \,|0\rangle \xrightarrow{X} \alpha \,|0\rangle - \beta \,|1\rangle \xrightarrow{Z} \alpha \,|0\rangle + \beta \,|1\rangle \end{cases}$$

とゲート操作すれば正しい状態に戻っているはずです．

　さて，量子ビット A と B を，エンタングルしたまま遠くに引き離したらどんなことが起こるでしょうか？　図 2.6(b) のように量子ビット A と B を地上の実験室でエンタングルさせた後，量子ビット B を人工衛星に送ります [*8]．地上局では所定の操作の後に測定し，結果（古典情報）を人工衛星に送ります．

　人工衛星では地上局から送られてくる測定結果の情報をもとに量子ビット B に対して X や Z を施すと，メッセージ量子ビット $|\psi\rangle$ を得ることができます．これで $|\psi\rangle$ を直接送信することなく，地上局から人工衛星に $|\psi\rangle$ の情報を送ったことになります．送信したメッセージのコピーが手元に残る e メールとは異なり，量子の場合には送信元のメッセージ量子ビット $|\psi\rangle$ は測定によって壊れてしまい，

---

*8　光の量子状態（光子）をレーザで人工衛星に送信するイメージです．

代わりに人工衛星上で $|\psi\rangle$ が再生されます．地上でオリジナルが消えて人工衛星上に現れるわけですから，テレポーテーションと呼んでもいいと思いませんか？

2.4.4　量子ゲート操作を転送する

2つの量子ビットのエンタングル状態を使うと，ある量子ビットに作用させたゲート操作を，別の量子ビットにあたかも作用させたように "転送" できます．このトリックは**ゲートテレポーテーション**と呼ばれ，エンタングル状態の測定により計算を進める**測定型量子計算**などで多用されます [16, 17]．

ゲートテレポーテーションの量子回路は**図 2.7**(a) のように表せます．量子ビット A の状態を $|\psi\rangle := \alpha|0\rangle + \beta|1\rangle$ とし，量子ビット B には $|+\rangle := \frac{1}{\sqrt{2}}(|0\rangle + |1\rangle)$ を入力します．この状態は

$$|\psi\rangle|+\rangle = \left(\alpha|0\rangle + \beta|1\rangle\right)\left(\frac{1}{\sqrt{2}}|0\rangle + |1\rangle\right)$$

と書けます．量子ビット B をコントロール量子ビットとする **CNOT** ゲートを量子ビット A に作用させると

$$\frac{1}{\sqrt{2}}\left(\alpha|0\rangle + \beta|1\rangle\right)|0\rangle + \frac{1}{\sqrt{2}}\left(\alpha|1\rangle + \beta|0\rangle\right)|1\rangle$$
$$= \frac{1}{\sqrt{2}}|0\rangle\left(\alpha|0\rangle + \beta|1\rangle\right) + \frac{1}{\sqrt{2}}|1\rangle\left(\beta|0\rangle + \alpha|1\rangle\right)$$

のようにエンタングル状態になります．ここで，量子ビット B にユニタリゲート U を作用させ

$$\frac{1}{\sqrt{2}}|0\rangle\, U\left(\alpha|0\rangle + \beta|1\rangle\right) + \frac{1}{\sqrt{2}}|1\rangle\, U\left(\beta|0\rangle + \alpha|1\rangle\right)$$

の状態にした後に量子ビット A を計算基底で測定します．量子テレポーテーションの時と同様に，測定結果に応じて量子ビット B の状態は

$$量子ビット B の状態 = \begin{cases} U(\alpha|0\rangle + \beta|1\rangle) = U|\psi\rangle & (測定結果：0) \\ U(\beta|0\rangle + \alpha|1\rangle) = UX|\psi\rangle & (測定結果：1) \end{cases}$$

になっています．測定結果が 1 のときには $X' := UXU^\dagger$ ゲートを作用させ

$$(UXU^\dagger)UX|\psi\rangle = UXU^\dagger UX|\psi\rangle = U|\psi\rangle$$

のように元に戻します．このようにして，ゲートテレポーテーションを利用すると，量子ビット A に対する操作を量子ビット A に直接作用させることなく，量子

もつれを通じて量子ビット B に作用させることで実現できます.

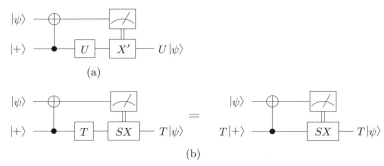

図 2.7　ゲートテレポーテーション

　さらに, 量子ビット B に対するユニタリ操作を量子ビット B の状態準備に押し付けてしまうこともできます. 例えば, ユニタリ操作として T ゲートを考えます. T ゲートは行列形式では

$$T = \begin{bmatrix} 1 & 0 \\ 0 & e^{i\frac{\pi}{4}} \end{bmatrix}$$

のように対角行列で書け, 図 2.7(b) のように CNOT ゲート (の制御部) と T ゲートの順番を入れ替えることができます. つまり, 量子ビット B の入力状態として $T|+\rangle$ という状態を用意して入力することで, 量子回路から T ゲート操作を取り除くことができます. また, T ゲート操作はこれに加えて量子ビット A を測定して 1 が出た場合に状態を元に戻すゲート操作に登場しますが

$$TXT^{\dagger} = \begin{bmatrix} 1 & 0 \\ 0 & e^{i\frac{\pi}{4}} \end{bmatrix} \begin{bmatrix} 0 & 1 \\ 1 & 0 \end{bmatrix} \begin{bmatrix} 1 & 0 \\ 0 & e^{-i\frac{\pi}{4}} \end{bmatrix} = \begin{bmatrix} 0 & e^{-i\frac{\pi}{4}} \\ e^{i\frac{\pi}{4}} & 0 \end{bmatrix} = e^{-i\frac{\pi}{4}} \begin{bmatrix} 0 & 1 \\ i & 0 \end{bmatrix}$$

のようにグローバル位相を除いて SX に等しいことがわかります. このようにして, $T|+\rangle$ という状態さえ用意できれば T ゲート操作を一切実行することのない量子回路を使って, 任意の状態 $|\psi\rangle$ に T ゲート操作を作用させた $T|\psi\rangle$ を作り出すことができます. このような性質は, T ゲート操作を直接実行することができない量子誤り訂正符号上で論理 T ゲートを使いたい場合 (T ゲートは万能ゲートセットの 1 つであり, 任意の 1 量子ビットゲートを Solovay-Kitaev の定理で近似するのに欠かせないゲートなのでした) に威力を発揮します (6.4.4 項)[*9].

[*9]　第 6 章で示すように, この量子回路は量子誤り訂正符号上で論理ゲート操作として実行可能なゲート (X, S, CNOT ゲート) だけで構成されています.

補助量子ビットと逆演算

　量子版算術演算（2.3.4 項）をはじめとする多くの量子アルゴリズムでは，計算に使用するデータを入力するレジスタ量子ビットに加えて多数の補助量子ビットを使用します．何も工夫しなければ計算が終わった後には補助量子ビットは不要な状態が書き込まれたままになっているので，その補助量子ビットを別の計算に再利用したいときには $|0\rangle$ などの状態に初期化する必要があります．

　補助量子ビットの初期化は，測定して $|0\rangle$ であればそのままにして $|1\rangle$ であれば X ゲート操作で反転するなどすればよいように見えますが，この操作には問題があります．多くの場合，補助量子ビットとレジスタ量子ビットは計算中にエンタングル状態になっており，不用意に補助量子ビットを測定してしまうと，大切な計算結果が入っているレジスタ量子ビットの状態も変化してしまいます（2.4.1 項）．

　このような問題を避けるために，**逆演算**（**uncomputation**）というテクニックが用いられます．逆演算ではレジスタ量子ビットと補助量子ビットをエンタングルさせる演算を逆向きに実行し，補助量子ビットを $|0\rangle$ に戻す操作です．

　$|x\rangle$ という状態のレジスタ量子ビットと $|0\rangle$ に初期化された補助量子ビットに U_f という量子版算術演算を実行することで

$$|x\rangle_r\,|0\rangle_a \xrightarrow{\;U_f\;} |f(x)\rangle_r\,|g(x)\rangle_a$$

のように $f(x)$ がレジスタ量子ビットに出力され，ゴミの状態 $g(x)$ が補助量子ビットに残るときを考えてみます．このとき，レジスタ量子ビットと補助量子ビットはエンタングルしているので $|g(x)\rangle_a$ を測定してしまうと $|f(x)\rangle_r$ に影響が及んでしまうのです．さて，単純にこの状態に逆演算操作 U_f^{-1} を作用させると

$$|f(x)\rangle_r\,|g(x)\rangle_a \xrightarrow{\;U_f^{-1}\;} |x\rangle_r\,|0\rangle_a$$

のように補助量子ビットが初期化されるとともに，計算結果の $|f(x)\rangle_r$ も元の $|x\rangle_r$ に戻ってしまいます．これでは意味がありません．計算結果である $|f(x)\rangle_r$ をコピーして別の量子ビットに保存しておけばよいのですが，それは No-Cloning 定理（2.4.2 項）によって禁止されています．実は，このような問題は**図 2.8** のような量子回路を実行することで巧妙に回避することができます．

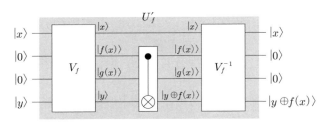

図 2.8　逆演算の量子回路構築法

　まず，量子ビットとして入力用 $|x\rangle$ と出力用 $|y\rangle$ の量子ビットのほかに，$|0\rangle$ に初期化された 2 種類の補助量子ビットを用意します．V_f という操作により状態は

$$|x\rangle |0\rangle |0\rangle |y\rangle \xrightarrow{V_f} |x\rangle |f(x)\rangle |g(x)\rangle |y\rangle$$

に変化します．次に，$|f(x)\rangle$ をターゲット量子ビット $|y\rangle$ に足す操作によって

$$|x\rangle |f(x)\rangle |g(x)\rangle |y\rangle \rightarrow |x\rangle |f(x)\rangle |g(x)\rangle |y \oplus f(x)\rangle$$

のように出力用量子ビットに計算結果である $f(x)$ を写し取ります．これは可逆な XOR ゲート操作に相当し，1 量子ビット状態 $|i\rangle , |j\rangle$ $(i, j = \{0, 1\})$ については $|i\rangle |j\rangle \xrightarrow{\text{CNOT}} |i\rangle |i \oplus j\rangle$ のように mod 2 での和をターゲット量子ビットに出力する CNOT ゲート操作です．このようにした後に V_f の逆演算 V_f^{-1} を施すと，$|y \oplus f(x)\rangle$ を変化させることなく

$$|x\rangle |f(x)\rangle |g(x)\rangle |y \oplus f(x)\rangle \xrightarrow{V_f^{-1}} |x\rangle |0\rangle |0\rangle |y \oplus f(x)\rangle$$

のように 2 つの補助量子ビットを初期化できます．このように CNOT ゲート操作を挟んで逆演算を取り入れれば，全体を可逆にしつつ補助量子ビットとレジスタ量子ビットのエンタングルメントの問題を避けることができ，逆演算によって計算結果を初期値に戻してしまうことも避けられます．この量子回路は補助量子ビットを省略すれば

$$|x\rangle |y\rangle \xrightarrow{U_f'} |x\rangle |y \oplus f(x)\rangle$$

という量子版算術演算を行う U_f' に相当していることがわかります．

量子コンピュータにデータを入力する

2.6.1 ディジタル入力（基底エンコーディング）

これまで量子コンピュータ上での計算の量子ビットの操作の側面を中心に見てきました．一般に，計算は操作であるプログラムとデータが必要です．量子コンピュータによる計算でも，古典データ（数値，画像など）を何らかの方法で量子ビットに書き込む必要があります．特に，機械学習ではデータをいかに量子コンピュータ上で操作できるようにするかが重要です．

基底エンコーディング（ディジタルエンコーディング）では，古典データの n ビット列をそのまま量子ビットに置き換えます．例えば実数 x を4桁のビット列で表すことにすると

$$|0\rangle := |0000\rangle，\ |1\rangle := |0001\rangle，\ |2\rangle := |0010\rangle，\ |3\rangle := |0011\rangle，\ \cdots$$

のようにエンコードします．こうすることで，多数の重ね合わせ状態に対して並列的に計算できることは一目瞭然です．一方で，それぞれの基底ベクトルの重ね合わせの係数である確率振幅にはなんの情報も入力されていません．

基底エンコーディングのときの確率振幅は，計算結果を測定するときに欲しい答えが十分に高い確率で出るように "しるし" をつける役割を果たします．例えば，計算の最終段階（測定する前）で基底ベクトル $|0010\rangle$ の確率振幅 α_{0010} が $|\alpha_{0010}|^2 > 0.5$ となるような値になっていれば，何度か同じプログラムを実行して測定すると，ビット列 "0010" が高確率で測定されるでしょう．そして，測定されたビット列の確率分布から，この "0010" が最も確からしい答えであると推定できます．

このことから，基底エンコーディングを用いる量子アルゴリズムでは，基本的には確からしい答えに対応する基底ベクトルの確率振幅を増幅し，量子コンピュータが確からしい答えを出力する確率をなるべく高めることが目標です（目当ての確率振幅のみ増幅する方法は3.5節で紹介します）．同時に，間違っていそうな答えが測定されにくくなるように，その確率振幅を干渉で小さくすることも大切です．

実数をビット列に変換するのには，2の補数表現や浮動小数点など**数値表現**と呼ばれる取り決めがありますが，量子コンピュータには IEEE 754 のような標準

規格はまだありません．そのため，実数 x やベクトルで表現されるデータ配列 $\boldsymbol{x}$ を基底エンコーディングした $|x\rangle$ を，どんなビット列 $|b(x)\rangle$ に対応づけるかは，このような何らかの取り決めがあることを前提とした記述であることを頭の片隅に置いておきましょう [*10].

例えば $[0,1)$ の実数 x を

$$x = \sum_{k=1}^{t} b_k \frac{1}{2^k}$$

という方法で t ビットのビット列にエンコードすることを考えてみましょう．実数部の精度を 4 ビット（$t=4$）とし，符号を表す 1 ビットを頭に付けた計 5 ビットへのエンコードは

$$0.1 := 0\ 0001,\ \ 0.2 := 0\ 0011,\ \ -0.5 := 1\ 1000,\ \ 0.8 := 0\ 1100$$

などと表すことができます．したがって，データ配列 $\boldsymbol{x} = [0.1, 0.2, -0.5, 0.8]$ をビット列 $b(\boldsymbol{x}) = 00001\ 00011\ 11000\ 01100$ に対応づけると決めておけば，量子状態への基底エンコードは

$$\boldsymbol{x} \xrightarrow{\ \text{基底エンコード}\ } |00001\ 00011\ 11000\ 01100\rangle$$

です [19]．これだけのことに，量子ビットがたくさん必要になる印象がしますね．

2.6.2　アナログ入力（振幅エンコーディング）

古典データのエンコード先として，確率振幅にエンコードする方法もあります．この方法は**振幅エンコーディング**（アナログエンコーディング）と呼ばれます．古典データからなる 2^n 次元のベクトル $\boldsymbol{x}$ を振幅エンコードすると

$$\boldsymbol{x} = \begin{bmatrix} x_0 \\ x_1 \\ \vdots \\ x_{2^n-1} \end{bmatrix} \xrightarrow{\ \text{振幅エンコード}\ } \sum_{j=0}^{2^n-1} x_j\,|j\rangle$$

という量子状態に対応づけられます．ただし，ベクトル $\boldsymbol{x}$ は規格化されている（$\sum_k |x_k|^2 = 1$）とします．データ配列を表すベクトルだけでなく，$2^m \times 2^n$ 行列

A（配列）として用意されたデータを振幅エンコードすることもできます．A の要素 a_{ij} が $\sum_{ij} |a_{ij}|^2 = 1$ と規格化されているとして

$$A = \begin{bmatrix} a_{00} & a_{01} & \cdots & a_{0\,2^n-1} \\ a_{10} & a_{11} & \cdots & a_{1\,2^n-1} \\ \vdots & & \ddots & \vdots \\ a_{2^m-1\,0} & & \cdots & a_{2^m-1\,2^n-1} \end{bmatrix} \xrightarrow{\text{振幅エンコード}} \sum_{i=0}^{2^m-1} \sum_{j=0}^{2^n-1} a_{ij} |i\rangle |j\rangle$$

とエンコードできます．ボルンの規則より $|a_{ij}|^2$ は状態 $|i\rangle |j\rangle$ が測定される確率ですから，一度振幅エンコーディングしてしまうと，古典データ（行列の i 行 j 列要素）はもはや直接アクセスできなくなります．

先ほどのデータ配列 $\boldsymbol{x} = [0.1, 0.2, -0.5, 0.8]$ を有効数字を 4 桁として規格化したベクトル $\boldsymbol{x}' = [0.1031, 0.2063, -0.5157, 0.8251]$ をエンコードしてみましょう．要素は 4 個なので，振幅エンコーディングに必要な量子ビットは 2 個です（n 量子ビット系の確率振幅は 2^n 個）．具体的には

$$\boldsymbol{x}' \xrightarrow{\text{振幅エンコード}} 0.1064 |00\rangle + 0.2128 |01\rangle - 0.5319 |10\rangle + 0.8511 |11\rangle$$

と書けます．この状態は行列形式のデータ配列

$$A' = \begin{bmatrix} 0.1064 & 0.2128 \\ -0.5319 & 0.8511 \end{bmatrix}$$

を振幅エンコードした状態とも解釈できます．いずれの場合も 10 進数で表されるインデックスをビット列で表現する何らかの取り決めは必要になります．

後の章で見る HHL アルゴリズム（4.4 節）などの量子機械学習アルゴリズムでは，振幅エンコーディングによって古典データを量子コンピュータに入力することが不可欠です．基底エンコーディングと振幅エンコーディングの間を相互変換する**量子アナログ・ディジタル変換**も提案されています [20]．この手法では，振幅エンコーディング → 基底エンコーディングの変換（量子 AD 変換）は決定論的に行えますが，その逆の基底エンコーディング → 振幅エンコーディング（量子 DA 変換）は確率的です．

2.6.3 量子ゲートにデータを埋め込む

行列で書ける古典データのエンコード先として，基底ベクトルと確率振幅以外にも，ユニタリゲート操作に埋めこむ方法もあります．このような方法は**ハミルトニアンエンコーディング**（または**ダイナミックエンコーディング**，**行列エンコーディング**）と呼ばれます [19, 21]．一般の行列はエルミートやユニタリではないので，そのまま量子ゲート（を表す行列）に埋め込めませんが，以下のように上手にエンコードできます．

エルミートではない行列 A を

$$\tilde{A} := \begin{bmatrix} 0 & A \\ A^\dagger & 0 \end{bmatrix}$$

のように行列 $\tilde{A}$ に埋め込めば，この行列 $\tilde{A}$ は $\tilde{A}^\dagger = \tilde{A}$ を満たすエルミート行列になっています．さらにエルミート行列は e^{iA} と指数関数化することでユニタリ行列を作ることができるので，これを何らかの量子ゲート操作で表現することができそうです．もちろん，行列 A がスパースでなかったり，低ランク近似できなかったりする場合には A の次元に対して多項式個のゲート操作で書くことができなくなってしまいます [*11].

前節の行列 A' もエルミートではありませんが，上記の方法で

$$\tilde{A}' = \begin{bmatrix} 0 & 0 & 0.1064 & 0.2128 \\ 0 & 0 & -0.5319 & 0.8511 \\ 0.1064 & -0.5319 & 0 & 0 \\ 0.2128 & 0.8511 & 0 & 0 \end{bmatrix}$$

とエルミート行列化できます．この行列 $\tilde{A}'$ をユニタリ操作 $e^{-i\tilde{A}'t}$ として量子コンピュータ上で表現し $\tilde{A}'$ の固有値（3.4.2 項）や逆行列（4.4.2 項）を求めることができます．量子コンピュータで実行した結果のうち，知りたいのはもともとの A' が作用する部分だけなので，計算結果は対応する部分の量子ビットのみを測定すればよいでしょう．

[*11] この e^{iA} という形は，ハミルトニアン $\mathcal{H}$ で記述される系をシュレディンガー方程式に従って，ある量子状態からスタートして t という時間だけ時間発展させる操作 $e^{i\mathcal{H}t}$ と同じ形です（3.6 節）．そのため，ハミルトニアンエンコーディングと呼ぶのです．

2.7 量子コンピュータのデータ前処理

2.7.1 量子ランダムアクセスメモリ（**QRAM**）とは？

ランダムアクセスメモリ（RAM）とは，メモリアドレス i に対応するデータ x_i をセットで格納し（どちらもビット列です），アドレス i を指定するとデータ x_i を引き出せる装置のことです．**量子ランダムアクセスメモリ**（Quantum Random Access Memory: QRAM）は，アドレスを表すレジスタも，データが出力されるレジスタも，ともに量子ビットです．例えば，あるバイナリデータ x_i のアドレス i に対応する量子ビット $|i\rangle_a$ と $|00\cdots0\rangle_r$ に初期化されたレジスタ（データ出力用）が与えられたとき，アドレス i に対応するデータ x_i を量子ビット列 $|x_i\rangle_r$ として

$$|i\rangle_a |00\cdots0\rangle_r \xrightarrow{\text{QRAM}} |i\rangle_a |x_i\rangle_r$$

のように取り出す装置（機能）です[22]．古典の RAM のような動作に加え，QRAM はアドレスとして重ね合わせ状態の入力を受け付けます．例えば

$$\frac{1}{\sqrt{N}} \sum_{i=0}^{N-1} a_i |i\rangle_a$$

をアドレスとして入力すれば，重ね合わされたすべてのアドレスにそれぞれ対応するデータがエンコードされた量子状態が

$$\frac{1}{\sqrt{N}} \sum_{i=0}^{N-1} a_i |i\rangle_a |00\cdots0\rangle_r \xrightarrow{\text{QRAM}} \frac{1}{\sqrt{N}} \sum_{i=0}^{N-1} a_i |i\rangle_a |x_i\rangle_r$$

のように重ね合わせ状態として出力されます．

QRAM も量子コンピュータの量子ゲート操作と同様のユニタリ操作で実現されることが仮定されています．文献 22) ではアドレス量子ビットの量子ビット数 n（2^n 個のデータに対応づけられている）に対して，必要なスイッチ数が $O(\log 2^n)$ で済む "バケツリレー方式" のアーキテクチャを提案しています．

この方法では，**図 2.9** のように木構造の各ノードに**量子トリット** [*12]と呼ばれる

[*12] qutrit. 量子ビットは英語で qubit です．

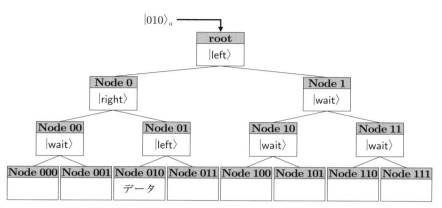

図 2.9　"バケツリレー" 方式の QRAM
（文献 22) を参考に著者作成）

$\{|\mathrm{wait}\rangle, |\mathrm{left}\rangle, |\mathrm{right}\rangle\}$ の 3 値をもつ量子レジスタが配置されます。これらの量子トリットは $|\mathrm{wait}\rangle$ に初期化されており，入力されるアドレス量子ビットに応じた制御ユニタリゲート操作によって

$$\begin{cases} |0\rangle_a |\mathrm{wait}\rangle & \to |f\rangle |\mathrm{left}\rangle \\ |1\rangle_a |\mathrm{wait}\rangle & \to |f\rangle |\mathrm{right}\rangle \end{cases}$$

と状態を変化させることにします（$|f\rangle$ は何らかの状態）。また，量子トリットの状態が $|\mathrm{left}\rangle, |\mathrm{right}\rangle$ のときには，入力された量子ビットをその名のとおりの方向にルーティングします。こうすることで，入力されたアドレス量子ビットをまさにバケツリレーのように次々にルーティングし，目的のメモリセルを指定できます。

　このように量子的な並列クエリと，重ね合わせ状態でのデータの出力は QRAM の大事な機能です。このこと自体には原理的な制約はありませんが，現実の何らかの物理系を使って効率的に実装できるかどうかはよくわかっていません。QRAM には，量子状態を長時間保存することは求められておらず，アドレスが入力されたときに出力となる重ね合わせ状態をつくる量子回路が適宜実行されるというのでも機能としては問題ありません。QRAM は RAM に保存されている古典データを量子データに基底エンコードするプログラム（がハードコードされた装置）と捉えるのがよいでしょう。

2.7.2 QRAM を使った振幅エンコーディング

QRAM を使うことで，機械学習アルゴリズムなどに必要となるデータを振幅エンコーディングした状態を用意できます [23]．規格化された N 次元ベクトル $\boldsymbol{v}$ で表される古典データを振幅エンコーディングした

$$|\boldsymbol{v}\rangle = \sum_i v_i |i\rangle$$

という状態を準備することを考えます．まず，QRAM によって

$$\frac{1}{\sqrt{N}} \sum_{i=1}^{N} |i\rangle_a |00\cdots0\rangle_r |0\rangle \xrightarrow{\text{QRAM}} \frac{1}{\sqrt{N}} \sum_{i=1}^{N} |i\rangle_a |v_i\rangle_r |0\rangle \tag{2.4}$$

のようにデータを基底エンコーディングで重ね合わせ状態のまま取り出します．そして，（詳細は後で紹介しますが）補助量子ビットの状態に応じた制御回転ゲート操作によって

$$\frac{1}{\sqrt{N}} \sum_{i=1}^{N} |i\rangle_a |v_i\rangle_r \left(v_i |0\rangle + \sqrt{1 - v_i^2} |1\rangle \right)$$

という状態を作り，補助量子ビットを測定します．この測定によって $|0\rangle$ が測定されれば，状態は

$$\frac{1}{\sqrt{N}} \sum_{i=1}^{N} v_i |i\rangle_a |v_i\rangle_r |0\rangle \tag{2.5}$$

になっています（$|1\rangle$ が測定された場合には，最初からやり直します）．最後に，QRAM の逆演算によって $|v_i\rangle_r$ を元に戻す [*13] と

$$\frac{1}{\sqrt{N}} \sum_{i=1}^{N} v_i |i\rangle_a |00\cdots0\rangle_r |0\rangle$$

となり，古典データ $\boldsymbol{v}$ を振幅エンコーディングした状態が確かに得られます．

このように補助量子ビットの測定という確率的なプロセスを通して所望の状態を得る方法 [*14] は preconditioning technique などと呼ばれ，データを扱う量子アルゴリズムで多用されます [19, 20, 24]．式 (2.5) の実行プロセスは，v_i をビット列や量子ビットにエンコードするときの変換方法に依存します．ここでは文献 25)

[*13] 2.5 節で紹介した逆演算（uncomputation）です．

[*14] 所望の状態が所望の精度で得られるまで繰り返す方法でもあります．

に詳細な解説が示された具体例に従って式 (2.5) を導出します.

まず QRAM によって用意した状態 (2.4) に，さらに m 個の量子ビットを用意し，$\frac{1}{\pi}\cos^{-1} v_i$ を量子コンピュータ版算術演算によって計算して

$$\frac{1}{\sqrt{N}}\sum_{i=1}^{N} |i\rangle_a |v_i\rangle_r \left| b\left(\frac{1}{\pi}\cos^{-1} v_i\right) \right\rangle := \frac{1}{\sqrt{N}}\sum_{i=1}^{N} |\psi(v_i)\rangle$$

のように入力しておきます．$\frac{1}{\pi}\cos^{-1} v_i$ の 2 進数表記は

$$\frac{1}{\pi}\cos^{-1} v_i \approx \sum_{k=0}^{m-1} 2^{-k-2} b_k \left(\frac{2}{\pi}\cos^{-1} v_i\right)$$

となるビット列 b_k（m ビット精度）です [*15]．もう 1 つ追加した補助量子ビットに，$\left| b\left(\frac{1}{\pi}\cos^{-1} v_i\right)\right\rangle$ を制御部とする制御 $R_y(\pi 2^{-k-1})$ 回転ゲート操作を作用させると

$$\frac{1}{\sqrt{N}}\sum_{i=1}^{N}\left[|\psi(v_i)\rangle \prod_{k=0}^{m-1} R_y\left(b_k\left(\frac{1}{\pi}\cos^{-1} v_i\right) 2^{-k-1}\cdot\pi\right) |0\rangle\right]$$

$$= \frac{1}{\sqrt{N}}\sum_{i=1}^{N}\left[|\psi(v_i)\rangle R_y\left(\sum_{k=0}^{m-1} b_k\left(\frac{1}{\pi}\cos^{-1} v_i\right) 2^{-k-1}\cdot\pi\right) |0\rangle\right]$$

$$= \frac{1}{\sqrt{N}}\sum_{i=1}^{N}\left[|\psi(v_i)\rangle \left(v_i |0\rangle + \sqrt{1-v_i^2}\,|1\rangle\right)\right]$$

という状態が得られます．この補助量子ビットを測定して $|0\rangle$ が測定されれば

$$\frac{1}{\sqrt{\sum_i v_i^2}}\sum_{i=1}^{N}\left[v_i |i\rangle |b(v_i)\rangle \left| b\left(\frac{1}{\pi}\cos^{-1} v_i\right)\right\rangle |0\rangle\right]$$

という状態になっています．あとは算術演算の逆演算によって不要な量子ビットを初期状態に戻すことで式 (2.5) が得られます．

この方法は補助量子ビットの測定結果で条件分岐する確率的な操作を含み，全体はユニタリ操作ではありません．また，$|0\rangle$ を測定する確率はボルン規則より $\sum_i v_i^2/N$ なので，データの 2 次のモーメント $\sum_i v_i^2$ がベクトル $\boldsymbol{v}$ の次元 N に対して $O(N)$ でないと，成功確率は N に対してどんどん小さくなってしまいます．

[*15] v_i がインデックス i から効率的に計算できるのであれば，QRAM で $|b(v_i)\rangle$ を作る必要はなく，直接 $\cos^{-1} v_i$ を計算できます．

2.7.3 データ木構造を使った振幅エンコーディング

古典データを木構造で準備しておくことにより，上手に振幅エンコーディングを行う方法があります．与えられた確率振幅の値をもつ重ね合わせ状態の準備方法はグローバーらによって検討され[26]，プラカシュによって定式化されました[23, 27]．ここでは，その解説[25]に従って，古典データ 8 点からなる 8 次元ベクトル $\boldsymbol{v}$（$\sum_i v_i^2 = 1$ と規格化されています）を振幅エンコーディングした

$$|\boldsymbol{v}\rangle = \sum_{i=0}^{7} v_i |i\rangle$$

の作成方法を具体的に紹介します．まず**図 2.10** のような深さ 3 の二分木構造を用意し，古典データ $\{v_i\}$ の 2 乗を最も深いノードに符号 $\mathrm{sign}(v_i)$ とともに保存します．これらの親ノードにはそれぞれ 2 つの子ノードの値の和を保存し，これをルートノードに至るまで繰り返します（P は親ノードの値）．

このように保存されている古典データについて，親ノードのアドレス a に対応する量子状態 $|a\rangle_a$ で問い合わせると，その左の子ノードのデータを

$$|a\rangle_a |00\cdots0\rangle_r \xrightarrow{\text{QRAM}'} |a\rangle_a | \text{子ノードのビット列}\rangle_r \tag{2.6}$$

と QRAM のように取り出せる操作 **QRAM′** を考えます．例えば

$$|0\rangle_a |00\cdots0\rangle_r \xrightarrow{\text{QRAM}'} |0\rangle_a |\text{Node 00 のビット列}\rangle_r$$

$$|1\rangle_a |00\cdots0\rangle_r \xrightarrow{\text{QRAM}'} |1\rangle_a |\text{Node 10 のビット列}\rangle_r$$

です．この操作は，QRAM 同様に $O(\mathrm{poly}\log N)$ 時間で可能だと仮定します．

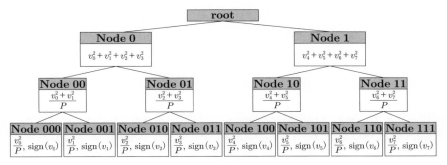

図 2.10 木構造のデータ

（文献 25) を参考に著者作成）

　まず，アドレス用の 3 量子ビットとレジスタ量子ビットを用意し，QRAM′ によって node 0 のデータ（ビット列）を

$$|000\rangle_a\,|00\cdots0\rangle_r \to |000\rangle_a\left|b\left(\sum_{i=0}^{3}v_i^2\right)\right\rangle_r$$

と取り出します．式 (2.5) と同様に，レジスタ量子ビットを制御部とする制御回転ゲートを 1 番目のアドレス量子ビットに施し，レジスタ部分は逆演算して $|00\cdots0\rangle_r$ に戻しておきます．得られる状態は

$$\left\{\sqrt{\sum_{i=0}^{3}v_i^2}\,|0\rangle_a + \sqrt{1-\sum_{i=0}^{3}v_i^2}\,|1\rangle_a\right\}|00\rangle\,|00\cdots0\rangle_r$$

$$=\left(\sqrt{\sum_{i=0}^{3}v_i^2}\,|0\rangle_a + \sqrt{\sum_{i=4}^{7}v_i^2}\,|1\rangle_a\right)|00\rangle\,|00\cdots0\rangle_r$$

です．次に，この重ね合わせ状態のアドレス量子ビットで QRAM′ に問合せ，node 00, node 10 のデータを重ね合わせ状態で取得し

$$\sqrt{\sum_{i=0}^{3}v_i^2}\,|0\rangle_a\,|00\rangle\left|b\left(\frac{v_0^2+v_1^2}{\sum_{i=0}^{3}v_i^2}\right)\right\rangle_r + \sqrt{\sum_{i=4}^{7}v_i^2}\,|1\rangle_a\,|00\rangle\left|b\left(\frac{v_4^2+v_5^2}{\sum_{i=4}^{7}v_i^2}\right)\right\rangle_r$$

という状態を作ります．あとは同様の操作を最も深いノードに至るまで繰り返します．レジスタ量子ビットを制御部とする制御回転ゲート操作をアドレス量子ビットに作用させると，アドレス量子ビットの状態は

$$\left(\sqrt{v_0^2+v_1^2}\,|00\rangle + \sqrt{v_2^2+v_3^2}\,|01\rangle + \sqrt{v_4^2+v_5^2}\,|10\rangle + \sqrt{v_6^2+v_7^2}\,|11\rangle\right)|0\rangle$$

になります．重ね合わせ状態のアドレス量子ビットで QRAM′ に問合せ，最深のノードに格納してある v_i の符号も取り出して処理すると，目的の

$$v_0\,|000\rangle + v_1\,|001\rangle + v_2\,|010\rangle + v_3\,|011\rangle$$

$$+\,v_4\,|100\rangle + v_5\,|101\rangle + v_6\,|110\rangle + v_7\,|111\rangle$$

が作られます．必要な繰返し回数はデータの次元 N に対して $O(\log N)$ なので，式 (2.6) の QRAM′ 操作が $O(\mathrm{poly}\log N)$ で可能だと仮定すれば，振幅エンコーディング全体も $O(\mathrm{poly}\log N)$ の時間で実行できることになります [23]．前節の方法と異なり，途中に補助量子ビットの測定は不要です．

2.8 もっと一般の量子状態を扱うには…

実際の量子コンピュータ上では，量子ビットの状態はいつまでも理想的な状態でいられるわけではありません．量子ビットの状態は，外乱などの影響によりさまざまな状態が統計的に混ざり合った**混合状態**になり，**純粋状態**と区別されます．

例えば，$|0\rangle$ と $|1\rangle$ はどちらも純粋状態で，それらの重ね合わせ状態 $\frac{1}{\sqrt{2}}\left(|0\rangle + |1\rangle\right)$ も純粋状態です．これと似て非なる混合状態である "$|0\rangle$ と $|1\rangle$ が 50% ずつ混ざった状態" を考えてみましょう．例えば，$|0\rangle, |1\rangle$ を同数個含む量子ビットの集合から，1 個取り出してきた量子ビット $|x\rangle$ が $|0\rangle$ である統計的な確率は 1/2 です．

どちらの場合も，計算基底での測定では 0 または 1 がそれぞれ 1/2 の確率で現れるので，測定結果の統計分布だけから測定する前の状態が純粋状態と混合状態のどちらであったのか判断できません．しかし，アダマール基底で測定すると，前者は確率 1 で $|+\rangle$ が測定され，後者は $|+\rangle$ と $|-\rangle$ がそれぞれ 1/2 の確率で測定されるので，違いは明らかとなります．このように特定の測定結果では同じに見える純粋状態と混合状態であっても，その確率が意味するところは，量子力学的な確率（ボルン規則）か，統計的な確率かが異なるのです．

純粋状態と混合状態を統一的に取り扱うのには**密度行列**が便利です．純粋状態 $|\psi_i\rangle$ が割合 p_i で混ざった混合状態は密度行列を使って

$$\rho = \sum_i p_i |\psi_i\rangle \langle\psi_i|$$

と表せます．例えば "$|0\rangle$ と $|1\rangle$ が 1/2 ずつ混ざった状態" は

$$\rho_{\mathrm{mix}} = \frac{1}{2} |0\rangle \langle 0| + \frac{1}{2} |1\rangle \langle 1| \qquad (2.7)$$

$$= \frac{1}{2} \begin{bmatrix} 1 & 0 \\ 0 & 1 \end{bmatrix}$$

です．一方で，純粋状態 $\frac{1}{\sqrt{2}}(|0\rangle + |1\rangle)$ は

$$\rho_{\mathrm{pure}} = |+\rangle \langle +| = \frac{1}{2}\left(|0\rangle + |1\rangle\right)\left(\langle 0| + \langle 1|\right)$$

$$= \frac{1}{2} \begin{bmatrix} 1 & 1 \\ 1 & 1 \end{bmatrix}$$

と書け，密度行列に非対角成分が現れます．同様に，ρ_{mix} と ρ_{pure} が確率 p_{mix}，p_{pure} の割合で混ざった混合状態も考えることができ，その密度行列は

$$\rho = p_{\mathrm{mix}}\rho_{\mathrm{mix}} + p_{\mathrm{pure}}\rho_{\mathrm{pure}}$$

$$= \frac{1}{2}\begin{bmatrix} p_{\mathrm{mix}} + p_{\mathrm{pure}} & p_{\mathrm{pure}} \\ p_{\mathrm{pure}} & p_{\mathrm{mix}} + p_{\mathrm{pure}} \end{bmatrix}$$

です．一般に（どのような基底で書いても）密度行列の**トレース**（対角成分の和）$\mathrm{Tr}(\rho)$ は常に 1 です（混合割合の和なので当然ですが）．

エンタングル状態も密度行列を使って表せます．例えば，量子ビット A と B からなるベル状態 $|B_{00}\rangle = \frac{1}{\sqrt{2}}(|00\rangle + |11\rangle)$ は純粋状態で，その密度行列は

$$\begin{aligned} \rho_{\mathrm{AB}} &= |B_{00}\rangle\langle B_{00}| \\ &= \frac{1}{2}\Big(|00\rangle + |11\rangle\Big)\Big(\langle 00| + \langle 11|\Big) \\ &= \frac{1}{2}\Big(|00\rangle\langle 00| + |00\rangle\langle 11| + |11\rangle\langle 00| + |11\rangle\langle 11|\Big) \\ &= \frac{1}{2}\begin{bmatrix} 1 & 0 & 0 & 1 \\ 0 & 0 & 0 & 0 \\ 0 & 0 & 0 & 0 \\ 1 & 0 & 0 & 1 \end{bmatrix} \end{aligned}$$

と書けます．トレースはやはり 1 ですが，B に関する**部分トレース**と呼ばれる

$$\mathrm{Tr}_{\mathrm{B}}(\rho_{\mathrm{AB}}) := \langle 0|_{\mathrm{B}}\,\rho_{\mathrm{AB}}\,|0\rangle_{\mathrm{B}} + \langle 1|_{\mathrm{B}}\,\rho_{\mathrm{AB}}\,|1\rangle_{\mathrm{B}}$$

のような計算をすると

$$\frac{1}{2}\Big(|0\rangle_{\mathrm{A}}\langle 0|_{\mathrm{A}} + |1\rangle_{\mathrm{A}}\langle 1|_{\mathrm{A}}\Big) := \rho_{\mathrm{A}}$$

のように，量子ビット A の部分についての密度行列 ρ_{A} が求まります（エンタングル状態は個別の量子ビットの状態ベクトルのテンソル積では書けなかったことを思い出しましょう）．不思議なことに，純粋状態 ρ_{AB} の部分系 ρ_{A} は純粋状態ではありません．これは式 (2.7) のように混合状態です．エンタングルした純粋状態一般について，このことが成り立ちます[2]．

第 **3** 章

量子計算の基本パッケージ

　さまざまな量子アルゴリズムが知られていますが，その多くには "お決まりの
パターン" や "定番サブルーチン" が含まれています．

　この章では，重ね合わせによる並列計算や確率振幅の干渉といった量子コン
ピュータの計算能力をどのように使うと計算を高速化できるのかを，よく使わ
れるサブルーチンから理解することを目標とします．つまり，この章は量子コン
ピュータ版の BLAS や LAPACK のような量子サブルーチンのパッケージになっ
ています．

　最初に簡単な量子回路で量子コンピュータの特徴ある動作を確認した後，素因
数分解や量子化学計算の肝である量子フーリエ変換や量子位相推定サブルーチン，
グローバーの検索アルゴリズムそのものといってもよい振幅増幅サブルーチンな
どを紹介します．また，量子シミュレーションや機械学習で頻出する，時間発展
演算子という計算方法についても紹介します．

3.1 量子計算の基本戦略

重ね合わせ状態を利用した並列計算と，確率振幅の干渉を上手に使うことが，量子コンピュータの計算能力を活用するうえで重要なポイントです．まず**図 3.1** の量子回路を実行したときの量子ビットの状態の変化を追うことで，量子コンピュータの計算と古典計算の違いを見てみましょう．

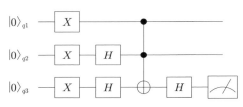

図 3.1　簡単な量子回路

この量子回路に初期状態 $|000\rangle$ を入力すると，量子ビットの状態を表す 8 次元の状態ベクトルは

$$\begin{bmatrix} 1 \\ 0 \\ 0 \\ 0 \\ 0 \\ 0 \\ 0 \\ 0 \end{bmatrix} \xrightarrow{X_1,X_2,X_3} \begin{bmatrix} 0 \\ 0 \\ 0 \\ 0 \\ 0 \\ 0 \\ 0 \\ 1 \end{bmatrix} \xrightarrow{H_2,H_3} \begin{bmatrix} 0 \\ 0 \\ 0 \\ 0 \\ 0.5 \\ -0.5 \\ -0.5 \\ 0.5 \end{bmatrix} \xrightarrow{Toffoli} \begin{bmatrix} 0 \\ 0 \\ 0 \\ 0 \\ 0.5 \\ -0.5 \\ 0.5 \\ -0.5 \end{bmatrix} \xrightarrow{H_3} \begin{bmatrix} 0 \\ 0 \\ 0 \\ 0 \\ 0 \\ 0 \\ \frac{1}{\sqrt{2}} \\ \frac{1}{\sqrt{2}} \end{bmatrix}$$

のように更新されます．測定の直前の状態は $\frac{1}{\sqrt{2}}(|101\rangle + |111\rangle)$ ですから，このときに量子ビット q3 を測定すると確率 1 で 1 が得られることになります．

量子コンピュータによる並列計算の特徴は，Toffoli ゲートを作用させるところで

$$\frac{1}{2}\Big(|100\rangle - |101\rangle - |110\rangle + |111\rangle\Big) \rightarrow \frac{1}{2}\Big(|100\rangle - |101\rangle - |111\rangle + |110\rangle\Big)$$

と 4 個の重ね合わされた状態に Toffoli ゲート操作を同時並列に作用させられる部分に表れています．この部分は，手計算では 4 回の計算が必要ですが，量子コ

ンピュータなら1回で済みます. また, 確率振幅の**干渉**は, 4ステップ目で量子
ビット q3 にアダマールゲートを作用させる部分で見られます. このとき状態は

$$\frac{1}{2}\Big(|100\rangle - |101\rangle - |111\rangle + |110\rangle\Big)$$

$$\xrightarrow{\mathsf{H}_3} \frac{1}{2\sqrt{2}}\Big(|100\rangle + |101\rangle - |100\rangle + |101\rangle - |110\rangle + |111\rangle + |110\rangle + |111\rangle\Big)$$

$$= \frac{1}{\sqrt{2}}\Big(|101\rangle + |111\rangle\Big)$$

のように, $|100\rangle$ と $|110\rangle$ の確率振幅が打ち消し合い基底ベクトルの個数が4個か
ら2個に減っています. 強め合う干渉を使うと, 欲しい情報をもつ状態が測定さ
れる確率を高めることもできます (3.5節).

重ね合わせと干渉を利用した**ベルンシュタイン-ヴァジラニのアルゴリズム** [28]
を見てみましょう. 問題設定は, パラメータ $s_1, s_2, \cdots s_n \in \{0,1\}^n$ をもつブラッ
クボックス $f_s(x)$ が, ビット列 $x = x_1, x_2, \cdots x_n \in \{0,1\}^n$ に対して

$$f_s(x) = \sum_{i=1}^{n} s_i x_i \bmod 2 \tag{3.1}$$

を返すとするとき, 何回か x を問い合わせて n 個のパラメータ s_i を推定するとい
うものです ($f_s(x) \in \{0,1\}$). 古典コンピュータによる最良の方法は総当たりで,
i ビット目のみが1のビット列を入力してパラメータ s_i を特定するということを
n 回繰り返します. 一方量子コンピュータでは, 以下のように1回の問合せです
べての s_i を推定できます.

---

i)　　$|0\rangle$ に初期化されたレジスタ量子ビット n 個と $|-\rangle$ に初期化された補
　　　助量子ビット1個を準備する.

ii)　　レジスタ量子ビットそれぞれにアダマールゲートを施す.

iii)　　$|x\rangle_r$ で f_s に問い合わせ, 評価値 $f_s(x)$ を補助量子ビットに $\bmod 2$ で
　　　足す.

iv)　　レジスタ量子ビットそれぞれにアダマールゲートを施す.

v)　　レジスタ量子ビットを計算基底で測定する.

量子ビットの状態の変化を見ていきましょう. まず, レジスタ量子ビットにア
ダマールゲートを作用させ, 2^n 通りのすべての可能なビット列を重ね合わせた

$$|0^n\rangle_r |-\rangle_a \xrightarrow{\mathsf{H}^{\otimes n}} \frac{1}{\sqrt{2^n}} \sum_{x \in \{0,1\}^n} |x\rangle_r |-\rangle_a$$

という状態を作ります．重ね合わせ状態で f_s に問い合わせると，結果も重ね合わせ状態で補助量子ビットに出力されると仮定すると $|-\rangle = \frac{1}{\sqrt{2}}(|0\rangle - |1\rangle)$ より

$$\xrightarrow{f_s(x)} \frac{1}{\sqrt{2^n}} \sum_{x \in \{0,1\}^n} |x\rangle_r \frac{1}{\sqrt{2}} \Big(|0 \oplus f_s(x)\rangle_a - |1 \oplus f_s(x)\rangle_a \Big)$$

のように，古典計算では 2^n 回の評価が必要なところを，2^n 並列操作で 1 回 $f_s(x)$ に問い合わせれば済みます．補助量子ビットの状態が

$$\Big(|0 \oplus b\rangle_a - |1 \oplus b\rangle_a \Big) = (-1)^b |-\rangle_a \quad (b \in \{0,1\})$$

と書けることを使い $f_s(x)$ の情報を位相に取り出します．結局，この補助量子ビットの位相は

$$\frac{1}{\sqrt{2^n}} \sum_{x \in \{0,1\}^n} (-1)^{f_s(x)} |x\rangle_r |-\rangle_a$$

のように，全量子ビット系の位相として扱えます．式 (3.1) を代入すると

$$\frac{1}{\sqrt{2^n}} \sum_{x \in \{0,1\}^n} \prod_{i=1}^n (-1)^{s_i x_i} |x_i\rangle_r |-\rangle_a = \sum_{x \in \{0,1\}^n} \prod_{i=1}^n \frac{|0\rangle_r + (-1)^{s_i} |1\rangle_r}{\sqrt{2}} |-\rangle_a$$

$$= \prod_{i=1}^n H |s_i\rangle_r |-\rangle_a$$

と書けるので，アダマールゲートの性質 $HH = 1$ より

$$\frac{1}{\sqrt{2^n}} \sum_{x \in \{0,1\}^n} (-1)^{f_s(x)} |x\rangle_r |-\rangle_a \xrightarrow{\mathsf{H}^{\otimes n}} |s\rangle_r |-\rangle_a$$

となります．最後にレジスタ量子ビットを計算基底で測定すれば s が確率 1 で正しく推定できます．ブラックボックス f_s の評価はアダマールゲートが無視できるほど高コストだと仮定すれば，f_s への問合せ回数をアルゴリズムの計算量と見做せそうです（質問計算量）．古典での n 回の問合せに対して，この量子アルゴリズムでは 1 回で済むので，計算量的に優れているといえるでしょう（4.5 節も参照してください）．

●COLUMN●

コラム 3.1　ノイマン型コンピュータ

　今日のコンピュータのほとんどは "ノイマン型" と呼ばれるアーキテクチャで，記憶装置に格納された命令列（データ）を逐次的に取り出し実行するしくみになっています．量子コンピュータは代表的な非ノイマン型コンピュータとされますが，図 3.1 のように量子ゲート単位では逐次処理です（第 7 章ではプログラムカウンタが古典的であることを紹介します）．

　名前の由来であるフォン・ノイマンは "現代コンピュータの父" として有名ですが，実は量子力学の歴史にも深いかかわりがあります．量子力学が誕生した 1920 年代後半，ヒルベルトに師事していたフォン・ノイマンは物理量や状態などの概念の数学的基礎づけや，当時相容れなかった量子力学の 2 つのアプローチ（シュレディンガーの波動力学とハイゼンベルグの行列力学）の統一を試みました．ここで用いられたのがヒルベルト空間の概念です．

　1930 年代にはアインシュタインやワイルらと共にプリンストン高等研究所に招かれ米国に渡ります．当時，同研究所はナチスによる迫害を逃れ亡命してくる科学者を積極的に迎え入れていました．1940 年代にウィグナーやテラーらと共にロスアラモス国立研究所でマンハッタン計画に携わる中での，3 人の天才が水爆の効率概算を競う逸話（フェルミの計算尺とファインマンの卓上計算機にフォン・ノイマンは暗算で挑み勝利）はあまりにも有名です [3]．

　その後，フォン・ノイマンは黎明期のコンピュータの 1 つである EDVAC の開発に携わることになります．その設計に取り入れられた "プログラム内蔵方式" はモークリーとエッカートの考案とされていますが，報告書（の草稿）がフォン・ノイマンの名で公開されたこともあり，現在ではプログラム内蔵方式のことをノイマン型と呼ぶようになりました（厳密にはプログラム内蔵方式コンピュータの一種がノイマン型）．

　フォン・ノイマンは量子コンピュータの概念の登場以前の 1957 年に死去し，量子コンピュータへの直接的な関与はありません．しかし，1 人の天才によって科学史に刻まれた量子力学とコンピュータが量子コンピュータという形で再会を果たすことになるとは，なんとも "事実は小説よりも奇なり" です．

3.2 行列の固有値推定（アダマールテスト）

アダマールテストはユニタリ行列 U の固有値を推定するサブルーチンです．まず簡単のために，$|\psi\rangle$ がユニタリ行列 U の固有値 $e^{i\lambda}$ の固有ベクトル（固有状態）$U|\psi\rangle = e^{i\lambda}|\psi\rangle$ のときを考えます．量子回路は**図 3.2** のように表せます．

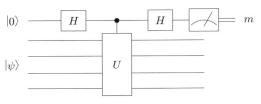

図 3.2 アダマールテスト

第 1 量子ビットは $|0\rangle$ に初期化され，第 2 ビット以降に状態 $|\psi\rangle$ を入力します．まず第 1 ビットにアダマールゲートをかけると

$$\frac{1}{\sqrt{2}}\Big(|0\rangle + |1\rangle\Big) \otimes |\psi\rangle$$

という状態になります．次に，全体に制御ユニタリ演算 **Ctrl-U** を作用させます（量子回路図では **CNOT** ゲートの "$\otimes$" が U になっています）．これはコントロール量子ビットが $|1\rangle$ の場合のみ U を作用させるユニタリ演算で，ブラケット記法で書くと $|0\rangle\langle 0| \otimes I + |1\rangle\langle 1| \otimes U$ です．この制御 U 演算を作用させることによって，U の固有値 $e^{i\lambda}$ がコントロール量子ビットの位相に現れます．これを**位相キックバック**と呼びます．具体的には

$$\frac{1}{\sqrt{2}}\Big(|0\rangle + |1\rangle\Big) \otimes |\psi\rangle \xrightarrow{\text{Ctrl-}U} \frac{1}{\sqrt{2}}\Big(|0\rangle \otimes |\psi\rangle + |1\rangle \otimes U|\psi\rangle\Big)$$

$$= \frac{1}{\sqrt{2}}\Big(|0\rangle \otimes |\psi\rangle + e^{i\lambda}|1\rangle \otimes |\psi\rangle\Big)$$

$$= \frac{1}{\sqrt{2}}\Big(|0\rangle + e^{i\lambda}|1\rangle\Big) \otimes |\psi\rangle$$

となります．最後に，第 1 量子ビットにアダマールゲートをかけた

$$\left(\frac{1 + e^{i\lambda}}{2}|0\rangle + \frac{1 - e^{i\lambda}}{2}|1\rangle\right) \otimes |\psi\rangle$$

について，第1量子ビットを測定します．測定結果が0または1になる確率はボルン規則よりそれぞれ

$$p_0 = \left|\frac{1 + e^{i\lambda}}{2}\right|^2 = \frac{1 + \cos\lambda}{2}, \quad p_1 = \left|\frac{1 - e^{i\lambda}}{2}\right|^2 = \frac{1 - \cos\lambda}{2}$$

です（量子回路を1回実行しただけでは，測定結果は0または1のどちらかしか得られません）．$\cos\lambda$ を推定するには，サブルーチンを繰り返して0と1の度数分布から確率 p_0, p_1 を求める必要があります．必要なサンプル数は $\cos\lambda$ の推定誤差 ϵ に対して $O(1/\epsilon)$ で済み，これはユニタリ行列 U がどんなに巨大でも同じです．また，N 次元の行列 U に対し，U を作用させる部分の量子ビットは高々 $\log_2 N$ 個あれば十分です．

$|\psi\rangle$ が固有ベクトルでない場合も考えてみましょう．測定前の状態は

$$|0\rangle \otimes \left(\frac{|\psi\rangle + U|\psi\rangle}{2}\right) + |1\rangle \otimes \left(\frac{|\psi\rangle - U|\psi\rangle}{2}\right)$$

ですから，第1量子ビットの測定により $0, 1$ が得られる確率はそれぞれ

$$p_0 = \frac{1 + \mathrm{Re}\,\langle\psi|U|\psi\rangle}{2}, \quad p_1 = \frac{1 - \mathrm{Re}\,\langle\psi|U|\psi\rangle}{2}$$

となります．簡単のために，U が固有値 ± 1 をもつ 2×2 のユニタリ行列の場合を考えます．固有値 ± 1 に対応する固有ベクトル $|u_1\rangle, |u_{-1}\rangle$ を使って $|\psi\rangle = c_1 |u_1\rangle + c_{-1} |u_{-1}\rangle$ と展開でき，アダマールテストを1回実行すると状態は

$$\frac{|\psi\rangle + U|\psi\rangle}{2} = \frac{1}{2}\left(c_1 |u_1\rangle + c_{-1} |u_{-1}\rangle + c_1 U|u_1\rangle + c_{-1} U|u_{-1}\rangle\right)$$
$$= c_1 |u_1\rangle$$
$$\frac{|\psi\rangle - U|\psi\rangle}{2} = \frac{1}{2}\left(c_1 |u_1\rangle + c_{-1} |u_{-1}\rangle - c_1 U|u_1\rangle - c_{-1} U|u_{-1}\rangle\right)$$
$$= c_{-1} |u_{-1}\rangle$$

と，0と1のどちらが測定されても，それぞれ固有値 ± 1 に対応する固有状態になっており，2回目のアダマールテストにはこの固有状態が入力されます．一般の U についても，アダマールテストの出力を次の入力として繰り返すことで，$|\psi\rangle$ は U の固有状態に収束していきます．

<table>
</table>

3.3 **内積の計算（スワップテスト）**

スワップテストはベクトル $\boldsymbol{a}$ と $\boldsymbol{b}$ が振幅エンコードされた二つの状態

$$|\boldsymbol{a}\rangle := \sum_{i=0}^{N-1} a_i |i\rangle$$

$$|\boldsymbol{b}\rangle := \sum_{i=0}^{N-1} b_i |i\rangle$$

を図 **3.3** の量子回路に入力することで，その内積 $|\langle \boldsymbol{a}|\boldsymbol{b}\rangle|^2 = |\sum_i a_i b_i|^2 = |\boldsymbol{a} \cdot \boldsymbol{b}|^2$ を評価するサブルーチンです（ただし $\boldsymbol{a}, \boldsymbol{b}$ はどちらも $|\boldsymbol{a}|^2 = |\boldsymbol{b}|^2 = 1$ と規格化されている N 次元実数ベクトルとします）[19].

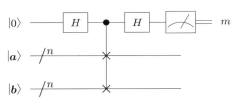

図 **3.3**　スワップテスト

量子回路を実行して状態がどのように変化するか追ってみましょう．まず第 1 量子ビット（補助量子ビット）にアダマールゲートを作用させると

$$|0\rangle |\boldsymbol{a}\rangle |\boldsymbol{b}\rangle \xrightarrow{\mathsf{H}_1} \frac{1}{\sqrt{2}} \Big(|0\rangle |\boldsymbol{a}\rangle |\boldsymbol{b}\rangle + |1\rangle |\boldsymbol{a}\rangle |\boldsymbol{b}\rangle \Big)$$

となります．次に，補助量子ビットをコントロール量子ビットとする制御 SWAP ゲート（Fredkin ゲート）を作用させます．これはコントロール量子ビットが $|1\rangle$ のときに SWAP ゲートを作用させる分岐処理です（**図 3.4** のように CNOT ゲー

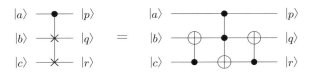

図 **3.4**　制御 SWAP ゲート（Fredkin ゲート）の量子回路

トと Toffoli ゲートに分解できます）．この操作により状態は

$$\frac{1}{\sqrt{2}}\Big(|0\rangle\,|\boldsymbol{a}\rangle\,|\boldsymbol{b}\rangle + |1\rangle\,|\boldsymbol{b}\rangle\,|\boldsymbol{a}\rangle\Big)$$

に変化します．最後に，補助量子ビットにアダマールゲートを作用させると

$$|\psi\rangle = \frac{1}{2}\Big\{\Big(|0\rangle + |1\rangle\Big)\,|\boldsymbol{a}\rangle\,|\boldsymbol{b}\rangle + \Big(|0\rangle - |1\rangle\Big)\,|\boldsymbol{b}\rangle\,|\boldsymbol{a}\rangle\Big\}$$

$$= \frac{1}{2}\Big\{|0\rangle\Big(|\boldsymbol{a}\rangle\,|\boldsymbol{b}\rangle + |\boldsymbol{b}\rangle\,|\boldsymbol{a}\rangle\Big) + |1\rangle\Big(|\boldsymbol{a}\rangle\,|\boldsymbol{b}\rangle - |\boldsymbol{b}\rangle\,|\boldsymbol{a}\rangle\Big)\Big\}$$

となるので，補助量子ビットを測定して 0 である確率 p_0 は

$$p_0 = |\langle 0|\psi\rangle|^2$$

$$= \frac{1 + |\langle\boldsymbol{a}|\boldsymbol{b}\rangle|^2}{2}$$

と計算されます（ただし $\langle\boldsymbol{a}|\boldsymbol{a}\rangle = \langle\boldsymbol{b}|\boldsymbol{b}\rangle = 1$）．アダマールテストと同様に $|\boldsymbol{a}\rangle, |\boldsymbol{b}\rangle$ の準備も含めて量子回路を何度か実行し，測定結果の確率分布から $|\langle\boldsymbol{a}|\boldsymbol{b}\rangle|^2$ の値を推定できます．

これは行列 U として **SWAP** ゲートに対応するユニタリ行列 U_{SWAP} を用いたアダマールテストになっています．補助量子ビットの測定後，第 2 量子ビット以降の状態は，測定結果 $m \in \{0, 1\}$ に応じて

$$|\psi_m\rangle = \frac{1}{2}\Big(|\boldsymbol{a}\rangle\,|\boldsymbol{b}\rangle + (-1)^m\,|\boldsymbol{b}\rangle\,|\boldsymbol{a}\rangle\Big)$$

になっていますが，これは U_{SWAP} の固有値 ± 1 に対応する固有ベクトルです．具体的には

$$U_{\mathsf{SWAP}}\,|\psi_m\rangle = U_{\mathsf{SWAP}}\frac{1}{2}\Big(|\boldsymbol{a}\rangle\,|\boldsymbol{b}\rangle + (-1)^m\,|\boldsymbol{b}\rangle\,|\boldsymbol{a}\rangle\Big)$$

$$= \frac{1}{2}\Big(|\boldsymbol{b}\rangle\,|\boldsymbol{a}\rangle + (-1)^m\,|\boldsymbol{a}\rangle\,|\boldsymbol{b}\rangle\Big)$$

$$= (-1)^m\frac{1}{2}\Big(|\boldsymbol{a}\rangle\,|\boldsymbol{b}\rangle + (-1)^m\,|\boldsymbol{b}\rangle\,|\boldsymbol{a}\rangle\Big)$$

$$= (-1)^m\,|\psi_m\rangle$$

のように確かめられます．

実際の量子コンピュータでスワップテストを実行する場合，ハードウェア実装方式により制御 **SWAP** ゲートを実現することが難しい場合もあるため，別の方法による内積評価アルゴリズムが提案されています [29, 30]．

1 量子ビット状態 $|\psi\rangle := a_0\,|0\rangle + a_1\,|1\rangle$，$|\phi\rangle := b_0\,|0\rangle + b_1\,|1\rangle$ の内積を評価す

ることを考えます．このとき，**図 3.5** のような簡単な量子回路にこれらの状態を繰り返し入力して，測定結果の確率分布を調べることにします．

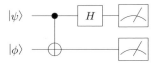

図 3.5 NISQ 量子コンピュータ版のスワップテスト

量子ビット $|\psi\rangle$ をコントロール量子ビットとする CNOT ゲート操作により状態は

$$a_0 |0\rangle \Big(b_0 |0\rangle + b_1 |1\rangle \Big) + a_1 |1\rangle \Big(b_0 |1\rangle + b_1 |0\rangle \Big)$$

となります．続くアダマールゲート操作により状態は

$$\frac{1}{\sqrt{2}} \Big\{ a_0 \big(|0\rangle + |1\rangle \big) \big(b_0 |0\rangle + b_1 |1\rangle \big) + a_1 \big(|0\rangle - |1\rangle \big) \big(b_0 |1\rangle + b_1 |0\rangle \big) \Big\}$$

$$= \frac{1}{\sqrt{2}} \Big\{ (a_0 b_0 + a_1 b_1) |00\rangle + (a_0 b_1 + a_1 b_0) |01\rangle$$

$$+ (a_0 b_0 - a_1 b_1) |10\rangle + (a_0 b_1 - a_1 b_0) |11\rangle \Big\}$$

になり，測定すると確率振幅に応じた確率で $\{|00\rangle , |01\rangle , |10\rangle , |11\rangle\}$ のいずれかが測定されます．測定値は $\{|00\rangle , |01\rangle , |10\rangle\}$ のときは 1，$|11\rangle$ のときは -1 とすると，期待値（何度も量子回路を実行して得た測定結果の平均値）は

$$\frac{1}{2} \Big((a_0 b_0 + a_1 b_1)^2 + (a_0 b_1 + a_1 b_0)^2 + (a_0 b_0 - a_1 b_1)^2 - (a_0 b_1 - a_1 b_0)^2 \Big)$$

$$= (a_0 b_0)^2 + (a_1 b_1)^2 + 2 a_0 b_0 a_1 b_1$$

$$= (a_0 b_0 + a_1 b_1)^2$$

$$= | \langle \psi | \phi \rangle |^2$$

のように，求めたかった内積に等しくなります．

●COLUMN●

コラム 3.2　内積の計算

　線形回帰やサポートベクタマシンなどによる推論では，内積の符号の情報が必要です．しかし，$|\boldsymbol{a}\rangle, |\boldsymbol{b}\rangle$ を入力とする単純なスワップテストでは符号はわからなくなってしまいます．これを回避する工夫の 1 つとして $(N+1)$ 次元ベクトル

$$|\boldsymbol{a}'\rangle := \frac{1}{\sqrt{2}}\left(|0\rangle + \sum_{i=1}^{N} a_i |i\rangle\right), \quad |\boldsymbol{b}'\rangle := \frac{1}{\sqrt{2}}\left(|0\rangle + \sum_{i=1}^{N} b_i |i\rangle\right)$$

を用意し，これらの間のスワップテストを実行すれば

$$|\langle \boldsymbol{a}'|\boldsymbol{b}'\rangle|^2 = \frac{1}{2}\left|1 + \sum_{i=1}^{N} a_i b_i\right|^2$$

が得られるので，$\boldsymbol{a} \cdot \boldsymbol{b}$ の符号も推定できます．

　符号まで含めた内積の計算は，スワップテストを使わないもっとエレガントな方法もあります [19]．まず初期状態として補助量子ビットを 1 つ使った

$$|\psi\rangle = \frac{1}{\sqrt{2}}\left(|0\rangle_a |\boldsymbol{a}\rangle + |1\rangle_a |\boldsymbol{b}\rangle\right)$$

という状態を用意します．これは，振幅エンコーディングのユニタリ操作を制御ユニタリゲート化した操作によって実現できます．この状態の補助量子ビットにアダマールゲート操作を施すと

$$|\psi\rangle \xrightarrow{\text{H}} \frac{1}{2}\left\{\left(|0\rangle_a + |1\rangle_a\right)|\boldsymbol{a}\rangle + \left(|0\rangle_a - |1\rangle_a\right)|\boldsymbol{b}\rangle\right\}$$

$$= \frac{1}{2}\left\{|0\rangle_a\left(|\boldsymbol{a}\rangle + |\boldsymbol{b}\rangle\right) + |1\rangle_a\left(|\boldsymbol{a}\rangle - |\boldsymbol{b}\rangle\right)\right\}$$

という状態が得られるので，補助量子ビットを測定します．補助量子ビットの状態 $|0\rangle_a$ とエンタングルしている状態は

$$|\boldsymbol{a}\rangle + |\boldsymbol{b}\rangle = \sum_i a_i |i\rangle + \sum_i b_i |i\rangle = \sum_i (a_i + b_i) |i\rangle = |\boldsymbol{a} + \boldsymbol{b}\rangle$$

のように，$\boldsymbol{a} + \boldsymbol{b}$ を振幅エンコーディングした状態に相当しています．したがって，補助量子ビットを測定して $|0\rangle_a$ である確率から

$$p_0 = \frac{1}{4}\langle \boldsymbol{a}+\boldsymbol{b}|\boldsymbol{a}+\boldsymbol{b}\rangle = \frac{1}{4}\left(\langle \boldsymbol{a}|\boldsymbol{a}\rangle + 2\langle \boldsymbol{a}|\boldsymbol{b}\rangle + \langle \boldsymbol{b}|\boldsymbol{b}\rangle\right) = \frac{1}{2}\left(1 + \langle \boldsymbol{a}|\boldsymbol{b}\rangle\right)$$

と符号まで含めて内積を評価できます．$\boldsymbol{a}$ と $\boldsymbol{b}$ が複素ベクトルのときには，$p_0 = \frac{1}{2}\left(1 + \text{Re}\langle \boldsymbol{a}|\boldsymbol{b}\rangle\right)$ のように実部のみが求まります．

3.4 位相を上手に使う

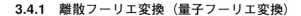

3.4.1 離散フーリエ変換（量子フーリエ変換）

　量子フーリエ変換は量子コンピュータで**離散フーリエ変換**を行うサブルーチンです．離散フーリエ変換は，$\sum_{j=0}^{2^n-1} |x_j|^2 = 1$ と規格化された 2^n 個の成分をもつ配列 $\{x_j\}$ $(j = 0, \cdots, 2^n - 1)$ に対して

$$y_k = \frac{1}{\sqrt{2^n}} \sum_{j=0}^{2^n-1} x_j \exp\left(i\frac{2\pi kj}{2^n}\right) \tag{3.2}$$

という変換です $(k = 0, \cdots, 2^n - 1)$．配列を列ベクトル $\boldsymbol{x}$ とみなせば

$$\boldsymbol{y} = \frac{1}{\sqrt{2^n}} W \boldsymbol{x}$$

という行列の演算としても書けます．ここで，行列 W の成分は

$$W_{kj} := w^{kj} = \left[\exp\left(i\frac{2\pi}{2^n}\right)\right]^{kj}$$

です．これと同様に，量子フーリエ変換は振幅エンコーディングされたベクトル $|\boldsymbol{x}\rangle := \sum_{j=0}^{2^n-1} x_j |j\rangle$ と $|\boldsymbol{y}\rangle := \sum_{k=0}^{2^n-1} y_k |k\rangle$ の間を

$$|\boldsymbol{x}\rangle \xrightarrow{\mathsf{QFT}} |\boldsymbol{y}\rangle$$

と変換するユニタリ操作です．式 (3.2) より

$$|\boldsymbol{y}\rangle = \frac{1}{\sqrt{2^n}} \sum_{k=0}^{2^n-1} \sum_{j=0}^{2^n-1} x_j \exp\left(i\frac{2\pi kj}{2^n}\right) |k\rangle$$

$$= \sum_{j=0}^{2^n-1} x_j \left(\frac{1}{\sqrt{2^n}} \sum_{k=0}^{2^n-1} \exp\left(i\frac{2\pi kj}{2^n}\right) |k\rangle\right)$$

となるので，量子フーリエ変換は

$$|j\rangle \xrightarrow{\mathsf{QFT}} \frac{1}{\sqrt{2^n}} \sum_{k=0}^{2^n-1} w^{kj} |k\rangle$$

という操作を行う量子回路ということになります．

　k の 2 進数表記 $k = k_1 k_2 \cdots k_{n-1} k_n$ での和に分解してから $|k_j\rangle$ の項のテン

ソル積にまとめ，整数部分は $e^{i2\pi} = 1$ なので $e^{i2\pi j/2^{-\ell}} = e^{i2\pi j_1\cdots j_\ell.j_{\ell-1}\cdots j_n} = e^{i2\pi 0.j_{\ell-1}\cdots j_n}$ と取り除けることを使うと

$$
\frac{1}{\sqrt{2^n}} \sum_{k_1=0}^{1} \cdots \sum_{k_n=0}^{1} \exp\left(i\frac{2\pi(k_1 2^{n-1} + \cdots k_n 2^0)\cdot j}{2^n}\right) |k_1\rangle |k_2\rangle \cdots |k_n\rangle
$$

$$
= \frac{1}{\sqrt{2^n}} \sum_{k_1=0}^{1} \cdots \sum_{k_n=0}^{1} \exp\left(i2\pi j(k_1 2^{-1} + \cdots k_n 2^{-n})\right) |k_1 k_2 \cdots k_n\rangle
$$

$$
= \frac{1}{\sqrt{2^n}} \left(\sum_{k_1=0}^{1} e^{i2\pi j k_1 2^{-1}} |k_1\rangle\right) \otimes \cdots \otimes \left(\sum_{k_n=0}^{1} e^{i2\pi j k_n 2^{-n}} |k_n\rangle\right)
$$

$$
= \frac{1}{\sqrt{2^n}} \left(|0\rangle + e^{i2\pi 0.j_n} |1\rangle\right) \otimes \left(|0\rangle + e^{i2\pi 0.j_{n-1}j_n} |1\rangle\right) \otimes \cdots
$$

$$
\otimes \left(|0\rangle + e^{i2\pi 0.j_2 j_3 \cdots j_n} |1\rangle\right) \otimes \left(|0\rangle + e^{i2\pi 0.j_1 j_2 \cdots j_n} |1\rangle\right) \tag{3.3}
$$

のように書けます[2]．

このような量子フーリエ変換を行う量子回路を，式 (3.3) の最後尾の項を作ることから考えます．アダマールゲートは $m \in \{0,1\}$ について $|m\rangle \to \frac{1}{\sqrt{2}}\left(|0\rangle + e^{i2\pi 0.m} |1\rangle\right)$ とも書けるので，$|j_1\rangle$ にアダマールゲートをかけると

$$
|j_1 \cdots j_n\rangle \xrightarrow{\mathsf{H}_1} \frac{1}{\sqrt{2}}\left(|0\rangle + e^{i2\pi 0.j_1} |1\rangle\right) |j_2 \cdots j_n\rangle
$$

となります．さらに，2番目の量子ビット $|j_2\rangle$ をコントロール量子ビットとして制御位相ゲートを1番目の量子ビットに作用させます．この位相ゲートは

$$
R_\ell = \begin{bmatrix} 1 & 0 \\ 0 & e^{i\frac{2\pi}{2^\ell}} \end{bmatrix}
$$

と定義されるゲートで，今 $|j_1\rangle$ に作用させるのは R_2 です．$j_2 = 1$ のときのみ $|1\rangle$ の部分に位相 $2\pi/2^2 = 2\pi 0.01$（2進小数表示）がつき

$$
\frac{1}{\sqrt{2}}\left(|0\rangle + e^{i2\pi 0.j_1} |1\rangle\right) |j_2 \cdots j_n\rangle
$$

$$
\xrightarrow{\mathsf{Ctrl}\text{-}R_2(2,1)} \frac{1}{\sqrt{2}}\left(|0\rangle + e^{i2\pi 0.j_1 j_2} |1\rangle\right) |j_2 \cdots j_n\rangle
$$

と変化します．同様に，$|j_\ell\rangle$ を制御部とする制御 R_ℓ ゲートを $\ell = 3, \cdots n$ と次々にかけていけば，最終的に

$$
\frac{1}{\sqrt{2}}\left(|0\rangle + e^{i2\pi 0.j_1 \cdots j_n} |1\rangle\right) |j_2 \cdots j_n\rangle
$$

という状態が得られます．次に $|j_2\rangle$ にアダマールゲートをかけ，$|j_3\rangle$ 以降を制御部とする制御 R_ℓ ゲートを次々にかけてゆけば

$$\frac{1}{\sqrt{2}}\Big(|0\rangle + e^{i2\pi 0.j_1\cdots j_n}|1\rangle\Big)|j_2\cdots j_n\rangle$$

$$\xrightarrow{\mathsf{H}_2}\frac{1}{\sqrt{2}}\Big(|0\rangle + e^{i2\pi 0.j_1\cdots j_n}|1\rangle\Big)\frac{1}{\sqrt{2}}\Big(|0\rangle + e^{i2\pi 0.j_2}|1\rangle\Big)|j_3\cdots j_n\rangle$$

$$\xrightarrow{\mathsf{Ctrl}\text{-}R_3(3,2)}\frac{1}{2}\Big(|0\rangle + e^{i2\pi 0.j_1\cdots j_n}|1\rangle\Big)\Big(|0\rangle + e^{i2\pi 0.j_2 j_3}|1\rangle\Big)|j_3\cdots j_n\rangle$$

$$\vdots$$

$$\xrightarrow{\mathsf{Ctrl}\text{-}R_n(n,2)}\frac{1}{2}\Big(|0\rangle + e^{i2\pi 0.j_1\cdots j_n}|1\rangle\Big)\Big(|0\rangle + e^{i2\pi 0.j_2\cdots j_n}|1\rangle\Big)|j_3\cdots j_n\rangle$$

が得られます．以降も同様の手順で，**図 3.6** のようにアダマールゲートと一連の制御位相ゲートをかけていくと最終的に

$$\frac{1}{\sqrt{2^n}}\Big(|0\rangle + e^{i2\pi 0.j_1\cdots j_n}|1\rangle\Big)\otimes\Big(|0\rangle + e^{i2\pi 0.j_2\cdots j_n}|1\rangle\Big)\otimes\cdots$$

$$\otimes\Big(|0\rangle + e^{i2\pi 0.j_n}|1\rangle\Big)\tag{3.4}$$

が得られます．このままでは，式 (3.3) とはビットの並びが逆なので，SWAP ゲートで逆順にソートします（量子回路では省略されています）．

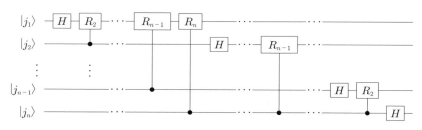

図 3.6　量子フーリエ変換

　計算量の見積もりとして必要な量子ゲートの個数をカウントしてみましょう．まず，アダマールゲートと一連の制御位相ゲートは合計で

$$\sum_{k=1}^{n} k = \frac{1}{2}n(n+1)$$

個必要です．SWAP ゲートは 3 個の CNOT で構成するので n 個（簡単のため n は偶数とします）の量子ビットを逆順にソートし直すのは $3\times n/2$ 個の CNOT ゲートが必要です．このことから量子フーリエ変換の計算量は，配列の点数 $N=2^n$

に対して $O(n^2) = O((\log N)^2)$ となります．古典コンピュータでの高速フーリエ変換の計算量は $O(n2^n) = O(N \log N)$ なので，量子フーリエ変換のほうが計算量は少なくて済みます．ただし，量子フーリエ変換の結果は式 (3.3) の状態なので，フーリエ係数を取り出すには測定が必要です．結局，すべてのフーリエ係数を取り出すには量子回路の実行と測定を指数回繰り返す必要があるので，単に全部のフーリエ係数を知りたいのであれば量子版のメリットはないでしょう．

3.4.2 行列の固有値推定（量子位相推定）

位相推定（Phase Estimation）は，ユニタリ行列の固有値を求めるアルゴリズムで，多くの量子アルゴリズムの基礎になる重要なサブルーチンの1つです．位相推定は，位相キックバック（固有値の情報を補助量子ビットの位相に反映）と，それを量子フーリエ逆変換によって読み出す2ステップで構成されます．

アダマールテスト (図 3.2) に使うユニタリゲート U を工夫することで位相推定サブルーチンを構築します（アダマールテストは U の固有値 $e^{i\lambda}$ が，測定結果の確率分布に反映されることを利用して，サンプリングで λ を推定しました）．いま，$\lambda = 2\pi\phi$ として ϕ を n 桁の2進数の小数 $\phi = 0.j_1 j_2 \cdots j_k \cdots j_n$ と書き表すことにし（j_k は 0 または 1），$0 \le \lambda < 2\pi$ と仮定します．

位相推定サブルーチンではユニタリゲート U^{2^k} を使います．U の固有状態 $|u\rangle$ に，第1量子ビットを制御部とする制御 U^{2^k} 操作を施すと

$$\frac{1}{\sqrt{2}} \left(|0\rangle + e^{i2^k 2\pi\phi} |1\rangle \right) \otimes |u\rangle$$

と位相キックバックが得られます．2進展開を使うと位相の部分は

$$(2\pi)2^k\phi = (2\pi)2^k \cdot 0.j_1 j_2 \cdots j_n = (2\pi)j_1 j_2 \cdots j_k.j_{k+1} \cdots j_n$$

と書け，量子フーリエ変換 (3.3) の導出と同様に整数部分を取り除くと

$$\frac{1}{\sqrt{2}} \left(|0\rangle + e^{i(2\pi)0.j_{k+1}\cdots j_n} |1\rangle \right) \otimes |\psi\rangle$$

が残ります．$k = n-1$ の状態にアダマールゲートを作用させれば

$$\frac{1}{\sqrt{2}} \left(|0\rangle + e^{i(2\pi)0.j_n} |1\rangle \right) \xrightarrow{\mathsf{H}} |j_n\rangle$$

というように，ϕ の2進小数表示の n 桁目のビット $j_n \in \{0,1\}$ を対応する状態 $|j_n\rangle$ に基底エンコードできます．この状態を測定するとで確率 1 で j_n が測定さ

れ ϕ の n 桁目を 1 回の測定で決定できます.

$k = n - 2$ について状態は

$$\frac{1}{\sqrt{2}}\left(|0\rangle + e^{i(2\pi)0.j_{n-1}j_n}|1\rangle\right)$$

になっているので,$|j_n\rangle$ を制御部とする制御位相ゲートをかけます.ここで用いる位相ゲート $R_\ell^\dagger$ は

$$R_\ell^\dagger = \begin{bmatrix} 1 & 0 \\ 0 & e^{-i\frac{2\pi}{2^\ell}} \end{bmatrix}$$

と定義されるゲートで,$\ell = 2$ を使います.状態は

$$\frac{1}{\sqrt{2}}\left(|0\rangle + e^{i(2\pi)0.j_{n-1}j_n}|1\rangle\right) \xrightarrow{\text{Ctrl-}R_2^\dagger} \frac{1}{\sqrt{2}}\left(|0\rangle + e^{i(2\pi)0.j_{n-1}}|1\rangle\right)$$

となるので,アダマールゲートを作用させることで

$$\frac{1}{\sqrt{2}}\left(|0\rangle + e^{i(2\pi)0.j_{n-1}}|1\rangle\right) \xrightarrow{\text{H}} |j_{n-1}\rangle$$

のように $k = n - 1$ のケースと同様に 1 回の測定で j_{n-1} を確率 1 で決定できます.同様にして $k = n - 3,\ n - 4,\ \cdots$ と実行し,1 桁ずつ固有値 $\phi = \lambda/2\pi$ の 2 進小数を確定していくことができます.この方法は**反復的位相推定 (Iterative Quantum Phase Estimation)** と呼ばれ,補助量子ビットは 1 個で済みますが,アダマールテスト同様に固有状態はわからなくなってしまいます [31].

補助量子ビットを必要な桁数の分だけ用意し,量子フーリエ逆変換で n 桁すべてを一度に取り出す工夫を加えたのが**図 3.7** の量子回路です.入力状態 $|\psi\rangle$ は簡単のため U の固有状態 $|u\rangle$ であるとし,動作を見ていきましょう.アダマールテ

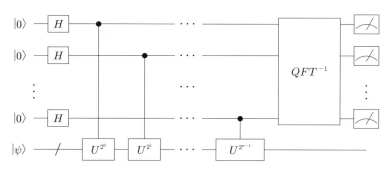

図 3.7 量子位相推定サブルーチンの量子回路

ストと同様に，まず補助量子ビットすべてにアダマールゲートを作用させ，それらを制御部とする制御ユニタリゲートを $|\psi\rangle$ に作用させます（k 番目の補助量子ビットについてのユニタリゲートは $U^{2^{k-1}}$）．すると，k 番目の補助量子ビットへの位相キックバックは $e^{i\lambda 2^k}$ なので

$$\left(\frac{|0\rangle + e^{i(2\pi)0.j_1\cdots j_n}|1\rangle}{\sqrt{2}}\right) \otimes \left(\frac{|0\rangle + e^{i(2\pi)0.j_2\cdots j_n}|1\rangle}{\sqrt{2}}\right) \otimes \cdots$$
$$\otimes \left(\frac{|0\rangle + e^{i(2\pi)0.j_n}|1\rangle}{\sqrt{2}}\right) \otimes |u\rangle$$

のように補助量子ビットの位相に U の固有値の情報（1桁ずつシフトしている）が保存されます．この状態は前項で紹介した量子フーリエ変換の式（3.4）と全く同じ形なので，量子フーリエ逆変換を作用させれば $|j_1 j_2 \cdots j_n\rangle$ が得られます．あとはこの補助量子ビットをそれぞれ計算基底で測定すれば，確率1で $j_1, j_2, \cdots,$ j_n が得られます（反復法の場合には，最後に作用させたアダマールゲートが，1量子ビットの量子フーリエ変換になっていました）．

このように，量子位相推定サブルーチンは，アダマールテストと同様の操作で U^{2^k} の固有値を n 個の補助量子ビットの位相（キックバック）として保存し，それを量子フーリエ逆変換で取り出す操作です．

以上の議論では，固有値を知りたいのに固有状態 $|u\rangle$ の入力が必要ということになっていましたが，実は一般の状態を入力としても大丈夫です．任意の $|\psi\rangle$ はユニタリ行列 U の固有値 $e^{i\lambda_i}$ に対応する固有ベクトル $|u_i\rangle$ で

$$|\psi\rangle = \sum_i a_i |u_i\rangle$$

と常に展開でき，量子位相推定サブルーチンは n 個の補助量子ビットを用いて

$$|00\cdots 0\rangle |\psi\rangle \xrightarrow{\text{QPE}} \sum_i a_i |\lambda_i\rangle |u_i\rangle$$

と変換します（測定の直前の状態）．これにより $|\psi\rangle$ の重ね合わせの中にあるそれぞれの固有ベクトル $|u_i\rangle$ に対応した固有値を n 個の補助量子ビットに取り出せたので，最後に補助量子ビットを測定すると，確率 $p_i = |a_i|^2$ で，いずれかの固有ベクトル $|u_i\rangle$ とその固有値 λ_i がわかることになります．

3.5　振幅を上手に使う

振幅増幅（Amplitude Amplification）は，重ね合わせ状態の中の望みの量子状態の確率振幅を選択的に大きくし，測定で得られる確率を高くするサブルーチンです．4.3 節で見るように，グローバーの検索アルゴリズムの心臓部です．

まず，**オラクル**と呼ばれる関数 $f(x)$ を導入します．いま $f(x)$ は，ビット列 x が入力されると，0（x は解ではない）または 1（x は解）のどちらかを返す関数だとします．$f(x) = 0$ となる x に対応する複数のベクトル $|x\rangle$ によって張られる空間を $|\alpha\rangle$ とし，$f(x) = 1$ となる x に対応する方は $|\beta\rangle$ とします．異なる x について $|x\rangle$ は直交しているので $|\alpha\rangle$ と $|\beta\rangle$ も直交し，$|s\rangle$ を $\{|\alpha\rangle, |\beta\rangle\}$ で展開して

$$|s\rangle = \cos\theta\, |\alpha\rangle + \sin\theta\, e^{i\phi} |\beta\rangle$$

と書けます．探索問題は $f(x) = 1$ となる x を求める問題で，一般には x の可能な場合の数に比べて解となる x の個数はとても少ないという設定です．量子コンピュータで探索問題を解く場合にも，やはり単純な総当たりで解に当たる確率はとても低いと仮定されます．ボルン規則より，状態 $|s\rangle$ を測定したときに，$f(x) = 0$ を満たす x に対応する状態 $|x\rangle$ が測定される確率は $\cos^2\theta$，$f(x) = 1$ となる $|x\rangle$ が測定される確率は $\sin^2\theta$ と表せるので，θ は 0 に近い正の数です．この確率 $\sin^2\theta$ を大きく（すなわち確率振幅を増幅）できれば，高い確率で探索問題が解けることになります．

振幅増幅サブルーチンは

- $|s\rangle$ の $|\alpha\rangle$ に関する反転（U_ω）
- $U_\omega |s\rangle$ のベクトル $|s\rangle$ に関する反転（U_s）

という 2 つの反転操作を繰り返すことで θ を徐々に大きくしていき，$|s\rangle$ を $|\beta\rangle$ に近づけていきます．図形で考えると**図 3.8** のように 1 回のステップで $|\beta\rangle$ の確率振幅 $\sin\theta$ を $\sin 3\theta$ に増幅できます [2]．

U_ω，と U_s はブラケット記法で

$$U_\omega = I - 2|\beta\rangle\langle\beta|, \quad U_s = 2|s\rangle\langle s| - I \tag{3.5}$$

と書けます．U_ω は，$f(x) = 1$ となる x に対応する $|x\rangle$ の符号を変える変換

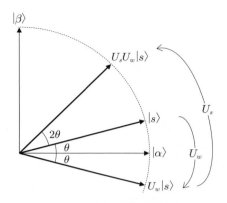

図 3.8 振幅増幅の概念図

$$\begin{cases} U_\omega \ket{x} = \ket{x} & \text{(for } x \text{ s.t. } f(x) = 0) \\ U_\omega \ket{x} = -\ket{x} & \text{(for } x \text{ s.t. } f(x) = 1) \end{cases}$$

なので,$U_\omega \ket{x} = (-1)^{f(x)} \ket{x}$ とも書けます.このような操作 U_ω は,答え(＝関数 $f(x) = 1$ を満たす状態)に符号反転という "目印" をつける**量子オラクル**と呼ばれます.古典版と異なり,重ね合わせ状態の入出力が可能です.

$\{\ket{\alpha}, \ket{\beta}\}$ を基底とした行列表記では U_ω, U_s は

$$U_\omega = \begin{bmatrix} 1 & 0 \\ 0 & -1 \end{bmatrix}, \quad U_s = \begin{bmatrix} 2\cos^2\theta - 1 & -2\cos\theta\sin\theta e^{-i\phi} \\ -2\cos\theta\sin\theta e^{i\phi} & 2\sin^2\theta - 1 \end{bmatrix}$$

と書けるので,$U_s U_\omega$ を k 回繰り返す操作は

$$(U_s U_\omega)^k \ket{s} = \begin{bmatrix} 2\cos^2\theta - 1 & -2\cos\theta\sin\theta e^{-i\phi} \\ 2\cos\theta\sin\theta e^{i\phi} & 1 - 2\sin^2\theta \end{bmatrix}^k \begin{bmatrix} \cos\theta \\ \sin\theta e^{i\phi} \end{bmatrix}$$

から計算できます.$U_s U_\omega$ の固有値は $e^{\pm i2\theta}$ で,対応する固有ベクトル $\ket{s_\pm}$ は

$$\ket{s_\pm} = \frac{1}{\sqrt{2}}\left(\ket{\alpha} \mp ie^{i\phi}\ket{\beta}\right)$$

なので,状態 $\ket{s}$ をこの固有ベクトルによって

$$\ket{s} = \frac{1}{\sqrt{2}}\left(e^{i\theta}\ket{s_+} + e^{-i\theta}\ket{s_-}\right) \tag{3.6}$$

と展開できることを使うと

$$(U_s U_\omega)^k \ket{s} = (U_s U_\omega)^k \frac{1}{\sqrt{2}}\left(e^{i\theta}\ket{s_+} + e^{-i\theta}\ket{s_-}\right)$$

$$= \frac{1}{\sqrt{2}} \Big(\big(e^{i2\theta}\big)^k e^{i\theta} \, |s_+\rangle + \big(e^{-i2\theta}\big)^k e^{-i\theta} \, |s_-\rangle \Big)$$

$$= \frac{1}{\sqrt{2}} \Big(e^{i(2k+1)\theta} \, |s_+\rangle + e^{-i(2k+1)\theta} \, |s_-\rangle \Big)$$

と計算できます．これを，元の $\{|\alpha\rangle, |\beta\rangle\}$ を基底とする展開に戻すと

$$(U_s U_\omega)^k \, |s\rangle = \cos(2k+1)\theta \, |\alpha\rangle + e^{i\phi} \sin(2k+1)\theta \, |\beta\rangle$$

と確率振幅が k 回の繰返しの間に増幅されていることがわかります．最適な k を求めるには，解の個数や初期状態の θ を知っている必要があります [*1]．

U_ω や U_s を量子回路で構築したいわけですが，U_ω は問題によってはシステマティックに構築できます（4.3 節）．また，U_s は初期化された状態 $|00\cdots0\rangle$ から最初の入力状態 $|s\rangle = U_0 \, |00\cdots0\rangle$ を作るユニタリ操作 U_0 を使って

$$U_s = 2U_0 \, |00\cdots0\rangle \langle 00\cdots0| \, U_0^\dagger - I = -U_0 \Big(I - 2 \, |00\cdots0\rangle \langle 00\cdots0| \Big) U_0^\dagger$$

と書けるので，U_0（逆操作 $U_0^\dagger$）のほかに，$|00\cdots0\rangle$ の確率振幅の符号だけを反転する操作 $I - 2 \, |00\cdots0\rangle \langle 00\cdots0|$ が構成できればよいとわかります．グローバーのアルゴリズムでは U_0 はすべての量子ビットに対するアダマールゲート，$|00\cdots0\rangle$ の符号反転は多入力の Toffoli ゲートで実装します．

量子位相推定サブルーチンによって $U_s U_\omega$ の固有値 $e^{\pm i2\theta}$（式 (3.5)）として θ を推定できます．このようなサブルーチンは**振幅推定**（Amplitude Estimation）と呼ばれます．

量子位相推定サブルーチンを式 (3.6) で表される $|s\rangle$ に適用すると，補助量子ビットに

$$|00\cdots0\rangle \, |s\rangle \xrightarrow{\text{QPE}} \frac{1}{\sqrt{2}} \Big(|b(\theta/\pi)\rangle \, |s_+\rangle + |b(1-\theta/\pi)\rangle \, |s_-\rangle \Big)$$

のように θ/π を 2 進小数 n 桁で取り出せます．このとき，補助量子ビットを測定すると確率 50% で $\theta/\pi, 1-\theta/\pi$ のどちらかが測定されます．このどちらが測定されたとしても，測定結果 $\theta' := \{\theta/\pi, 1-\theta/\pi\}$ から $\sin(\pi\theta')$ を計算すれば，$\sin(\pi\theta') = \sin\theta = \sin(\pi-\theta)$ と，必ず $\sin\theta$ の値が推定できることになります．

[*1]　グローバーの検索アルゴリズムでは，初期状態として n 量子ビットすべてについての均等な $|0\rangle$ と $|1\rangle$ の重ね合わせ状態を用意するので，確率振幅の初期値は $\sin\theta = 1/\sqrt{2^n}$ とわかっています．このような θ について，解の個数が 1 個とわかっているときには $(2k+1)\theta \to \pi/2$ と振幅増幅するのに必要な反復回数は，高々 $O(\sqrt{N})$ 回と見積もることができます [2]．

3.6.1 シュレディンガー方程式を解く

　量子コンピュータの重要な応用として量子系のシミュレーションが挙げられます．一般に，物理系のシミュレーションは，注目する対象の初期状態と時間変化を記述するルールを入力として，一定時間後の系の状態を予測します．多くの場合，この"ルール"は連立・非線形・偏微分方程式で解析的には解けず，コンピュータの出番となるわけです．量子系の時間発展ルールは**シュレディンガー方程式**

$$i\hbar\frac{\partial |\psi(t)\rangle}{\partial t} = \mathcal{H}|\psi(t)\rangle \tag{3.7}$$

です（記号の意味は後述）．古典コンピュータでこの微分方程式を数値的に解くには，対象とする系のサイズに対して指数関数的に大きな計算ステップ数やメモリ量が必要です．そこで，量子アルゴリズムを使って指数関数的な速度向上を狙うのが，量子コンピュータによる量子系のシミュレーションです．これは，ファインマンの"（量子力学に従う）自然をシミュレーションしたいのなら，量子力学の原理で動くコンピュータを作らなければならない"という指摘そのものです[32]．

　式 (3.7) の $|\psi(t)\rangle$ は対象とする量子系のある時刻 t における状態，$\mathcal{H}$ は**ハミルトニアン**と呼ばれる演算子，$\hbar$ はプランク定数（物理定数の1つ）です．ハミルトニアンが時間に依存しない場合には，シュレディンガー方程式は

$$|\psi(t)\rangle = e^{-i\mathcal{H}t/\hbar}|\psi(0)\rangle$$

と形式的に解けます．量子系のシミュレーションは，この $e^{-i\mathcal{H}t/\hbar}|\psi(0)\rangle$ をいかに効率よく計算するかという問題に帰着されますが，この $\mathcal{H}$ はエルミート（$\mathcal{H}=\mathcal{H}^\dagger$）であり，ある基底関数のセット $\{\psi_i\}$ を使って行列表示した

$$H_{ij} := \langle\psi_i|\mathcal{H}|\psi_j\rangle = \int \psi^*\mathcal{H}\psi dr$$

もエルミートであり一般にはユニタリではありません．このままでは量子コンピュータ上の量子ゲート操作として直接実行できませんが，$e^{-i\mathcal{H}t/\hbar}$ はユニタリなので（コラム 2.1），量子ゲート操作として量子コンピュータ上で実行できます．$e^{-i\mathcal{H}t/\hbar}$ は**時間発展演算子**とも呼ばれます．

　多くの場合 H は巨大な行列で，古典コンピュータで効率よく e^{-iHt} を計算できません（行列の指数関数は，行列を対角化して固有値で考えるのでした）．任意の 2^n 次元エルミート行列の計算は量子コンピュータにとっても難しい問題ですが，行列が特定の構造をもつ場合には効率よく計算できます．実は，興味ある量子系のハミルトニアンは，大抵この特別な構造をもっており [*2]，量子コンピュータによって効率よく計算できます [2]．

　e^{-iHt} はリー・トロッター公式を用いた**トロッター分解**により効率よく実行できるようにします．リー・トロッター公式とは正方行列 A, B について

$$e^{A+B} = \lim_{n \to \infty} \left(e^{A/n} \cdot e^{B/n} \right)^n$$

という定理です．実数や複素数の a, b については $e^{a+b} = e^a \cdot e^b$ が成り立ちますが，行列 A, B については一般には $e^{A+B} \neq e^A \cdot e^B$ です．有限の n に対して

$$e^{A/n} e^{B/n} = e^{(A+B)/n} + O\left(\|A/n\| \, \|B/n\| \right)$$

なので，分解後の行列 A/n と B/n のノルム $\|A/n\|, \|B/n\|$ の値 δ（簡単のため同じ値だとします）に対して $O(\delta^2)$ の精度での近似になっています [*3]．

　例として n スピン系の**イジングモデル**と呼ばれる $H = \sum_{i=1}^{n-1} Z_i Z_{i+1}$ を考えます（Z_i は量子ビット i に作用する **Z** ゲート）．時間発展シミュレーションを行うゲート操作 e^{-iHt} は，時間 t を M 分割するトロッター分解により（$\hbar = 1$ として）

$$\exp\left(-i \left(\sum_{i=1}^{n-1} Z_i Z_{i+1} \right) t \right) = \left(e^{-i(Z_1 Z_2 + Z_2 Z_3 \cdots) \frac{t}{M}} \right)^M$$

$$\approx \left(e^{-i(Z_1 Z_2) \frac{t}{M}} \cdot e^{-i(Z_2 Z_3) \frac{t}{M}} \cdots \right)^M$$

と書け，$2^n \times 2^n$ の巨大な行列を，nM 個の 4×4 の行列（$Z_i Z_{i+1}$ は 2 量子ビットのユニタリ行列）の積で近似できます．分割数 M は近似精度 $O\left((t/M)^2 \right)$ が必要な精度になるように選びます．

　このように，H が多項式個程度の項の和で書ける場合には，e^{-iHt} という n に対して指数的に大きな行列を多項式個の小さな行列の積に分解でき，量子コンピュータによる高速計算が可能です．固体物理学や量子化学などの分野が対象とする系のハミルトニアンは，多くの場合効率的にトロッター分解できる形になっています．

[*2]　たまたま自然がそうなっているのでしょうか？

[*3]　行列 A の (i, j) 要素を a_{ij}，次元を $\dim A$ として $\|A\| := \frac{1}{\sqrt{\dim A}} \sqrt{\sum_{i,j} |a_{ij}|^2}$.

3.6.2　変分法で最適化問題に帰着して解く

　分子や結晶の性質の多くは構成する元素に存在する電子の量子力学的な振る舞いによって決まっています．そのため，シュレディンガー方程式を解けば，その物質の性質をよい精度で予測できるようになります．ハミルトニアン $\mathcal{H}$ はエネルギーに対応するエルミート演算子で，分子を構成する元素や形などの系の詳細によって決まります．基底ベクトルでの展開によりシュレディンガー方程式はハミルトニアン行列 H の固有値 E_i と固有ベクトル（固有状態）$|\psi_i\rangle$ を求める固有値問題に帰着しますが，4.2 節で触れるように H は $|\psi\rangle$ から計算される関数になっているので，この問題は非線形です．

　エネルギーが最も低い状態（**基底状態**）を求める方法に**変分法**があります．変分法は，"任意の状態 $|\phi\rangle$ についてのエネルギー期待値は必ず基底状態のエネルギー E_0 よりも大きくなる" という**変分原理**を利用します．式で表すと

$$\langle E \rangle = \langle \phi | \mathcal{H} | \phi \rangle \geq E_0$$

と書けます．適当な $|\phi\rangle$ を用意し期待値 $\langle E \rangle$ の評価を繰り返して正解となる基底状態を見つけるのは根気がいるので，通常は固体物理学や化学における先見的な知識や直感をもとにパラメータ θ をもつ**試行状態**（**試行波動関数**，ansatz などとも呼ばれます）$|\phi(\theta)\rangle$ を用意し

$$\langle E(\theta) \rangle = \langle \phi(\theta) | \mathcal{H} | \phi(\theta) \rangle$$

を最小化する θ を勾配法などを用いて見つけるという最適化問題に帰着して解くアプローチがとられます．この試行状態 $|\phi(\theta)\rangle$ は，古典コンピュータ上では効率よく記述しにくいものであっても，量子コンピュータでは重ね合わせやテンソル積を上手に使って効率的に記述可能な場合があり，問題によっては量子コンピュータの方が効率よく基底状態を探索できることになります．変分法を使ったアルゴリズムは第 5 章にたくさん登場します．

●COLUMN●

コラム 3.3　量子力学における測定

　量子力学では粒子の位置，運動量，エネルギーなどの物理量（＝オブザーバブル）の測定値は測定ごとに異なった値が得られ，対応するエルミート演算子を使ってその期待値を計算できます．ある物理量 A に対応するエルミート演算子 $\hat{A}$ の実数の固有値 a_i に対応する固有ベクトル $|a_i\rangle$ を使って，状態 $|\psi\rangle$ を $|\psi\rangle = \sum_i c_i |a_i\rangle$ と展開することを考えます．物理量 A の測定値は測定ごとに異なった値 a_i が得られ，その期待値は

$$\langle A \rangle := \langle \psi | \hat{A} | \psi \rangle = \sum_j c_j^* \langle a_j | \hat{A} \sum_i c_i | a_i \rangle = \sum_i |c_i|^2 a_i$$

と計算されます．期待値とは測定値 a_i にその出現確率 p_i を掛けて合計した値のことですから，測定値 a_i を得る確率が $p_i = |c_i|^2$ であることを意味しています．古典力学の世界では物理量の測定は（計測機器の誤差などを除いては）一義的に結果が決まりますが，量子力学の世界では結果はあくまで確率的です．

　実は，ハミルトニアン $\mathcal{H}$ とは，系のエネルギーという物理量に対応する演算子です．固有値 E_i と固有状態 $|\psi_i\rangle$ は（時間に依存しない）シュレディンガー方程式

$$\mathcal{H} |\psi\rangle = E |\psi\rangle$$

の解になっています．ここで量子状態 $|\psi\rangle$ をある基底ベクトルのセット $\{|\psi_i\rangle\}$ で展開すると，シュレディンガー方程式は行列 $H_{ij} = \langle \psi_i | \mathcal{H} | \psi_j \rangle$ の固有値問題（対角化）に帰着します．

　これまで紹介してきた量子ビットの計算基底での測定というのは，ある物理量 Z の観測に対応する演算子 $\hat{Z}$（固有値は ± 1）の測定だったのです．量子ビットの状態 $|\psi\rangle$ を $|\psi\rangle = \alpha |0\rangle + \beta |1\rangle$ のように $\hat{Z}$ の固有ベクトルで展開すると，$Z |0\rangle = |0\rangle, Z |1\rangle = -|1\rangle$ より Z の期待値は

$$\langle Z \rangle = \langle \psi | \hat{Z} | \psi \rangle = \left(\alpha^* \langle 0| + \beta^* \langle 1| \right) \hat{Z} \left(\alpha |0\rangle + \beta |1\rangle \right) = |\alpha|^2 - |\beta|^2$$

となり，確率振幅の 2 乗に比例する確率で ± 1 が得られるとしたときの平均値が得られます（$\hat{Z}$ はユニタリ演算子なので量子コンピュータ上で実行できます）．

　ある物理量 $A(t)$ のある時刻 t における期待値も，初期状態 $|\psi(0)\rangle$ からハミルトニアン $\mathcal{H}$ に従って時間 t だけ時間発展させ

$$\langle A(t) \rangle = \langle \psi(t) | \hat{A} | \psi(t) \rangle = \langle \psi(0) | e^{i\mathcal{H}/\hbar t} \hat{A} e^{-i\mathcal{H}/\hbar t} | \psi(0) \rangle$$

から求めることができます．

3.7 データ行列を扱う

　機械学習の問題の多くは行列の計算（線形代数）に帰着することがほとんどです．この章でこれまで紹介してきたサブルーチンの多くは量子力学の線形代数の構造を利用したものでした．量子コンピュータで機械学習を行う場合には，アルゴリズムの実行だけでなくデータの取扱いも重要です．

　デザイン行列などデータで与えられる行列は一般にはスパースではなく，量子位相推定サブルーチン（3.4.2項）で使う e^{iAt} というユニタリ操作を，効率的に量子ゲート操作に分解できません．このとき，行列 A を密度行列（2.8節）ρ にエンコードし，その冪で書ける $e^{i\rho t}$ を量子状態に作用させる演算（**密度行列冪（Density matrix exponentiation）**）が使われます [33]．後述する量子機械学習アルゴリズム（4.4節）で重要な役割を果たすので，ここで紹介しておきましょう．

　行列をエンコードした密度行列を $\rho := \sum_{i,j} \rho_{ij} |i\rangle \langle j|$，$e^{i\rho t}$ を作用させたい n 量子ビットの量子状態を表す密度行列を $\sigma := \sum_{k,\ell} \sigma_{k\ell} |k\rangle \langle \ell|$ とします．このとき

$$e^{-i\rho t} \sigma e^{i\rho t} \approx \sigma - i(\rho\sigma - \sigma\rho)t + O(t^2)$$
$$= \mathrm{Tr}_P\left(e^{-i\mathcal{S}t}(\sigma \otimes \rho)e^{i\mathcal{S}t}\right)$$

と状態 $\sigma \otimes \rho$ に n 量子ビット状態に対する **SWAP** ゲート

$$\mathcal{S} := \sum_{i,j}^{n} |i\rangle \langle j| \otimes |j\rangle \langle i|$$

を作用させることで $e^{i\rho t}$ を近似できます．ここで，$\mathrm{Tr}_P(\cdot)$ は後ろの n 量子ビット部分（もともと ρ のあった量子ビット）についての部分トレース（2.8節）です．これは，状態 ρ と σ を短い時間 t の間だけ交換するような操作に相当します．

　$\mathcal{S}^2 = I$（2回入れ替えたら元に戻る）なので，実数 t に対し

$$e^{-i\mathcal{S}t} = I\cos t - i\mathcal{S}\sin t$$

と書けます．これを $\rho \otimes \sigma$ という状態に作用させると

$$e^{-i\mathcal{S}t}(\rho \otimes \sigma)e^{i\mathcal{S}t} = (\rho \otimes \sigma)\cos^2 t + (\sigma \otimes \rho)\sin^2 t$$
$$- i\left(\mathcal{S}(\rho \otimes \sigma) - (\rho \otimes \sigma)\mathcal{S}\right)\cos t \sin t$$

となります．次に，前の n 量子ビット部分についての部分トレースをとります（トレースアウト）．部分トレースの計算は n 量子ビット部分のすべての計算基底 $\{|m\rangle\}$ について $\mathrm{Tr}_P(x) = \sum_m \langle m|x|m\rangle$ とする計算です．

1 項目と 2 項目は単純に

$$\mathrm{Tr}_P(\rho \otimes \sigma) = \sigma, \quad \mathrm{Tr}_P(\sigma \otimes \rho) = \rho$$

となります（ρ のあった，前の n 量子ビット部分を無視する操作）．3 項目は

$$
\begin{aligned}
\mathrm{Tr}_P\big(\mathcal{S}(\rho \otimes \sigma)\big) &= \mathrm{Tr}_P\left(\mathcal{S} \sum_{i,j,k,\ell} \rho_{ij}\sigma_{k\ell} |i\rangle\langle j| \otimes |k\rangle\langle \ell| \right) \\
&= \mathrm{Tr}_P\left(\sum_{i,j,k,\ell} \rho_{ij}\sigma_{k\ell} |k\rangle\langle j| \otimes |i\rangle\langle \ell| \right) \\
&= \sum_{i,j,k,\ell} \rho_{ij}\sigma_{k\ell}\delta_{kj} |i\rangle\langle \ell| = \rho\sigma
\end{aligned}
$$

4 項目も同様にして $\mathrm{Tr}_P\big((\rho \otimes \sigma)\mathcal{S}\big) = \sigma\rho$ と計算できます．結局，もともと σ のあった n 量子ビットの状態は，t を十分小さくとると

$$\sigma \cos^2 t + \rho \sin^2 t - i(\rho\sigma - \sigma\rho)\cos t \sin t \approx \sigma - i(\rho\sigma - \sigma\rho)t + O(t^2)$$

となります．

量子位相推定サブルーチン（3.4.2 項）では固有値を求めたい U に対して U^k のようなゲート操作を用意するのでした．今の場合には，$(e^{i\rho t})^k$ が必要です．

これは，必要精度 ε に対して ρ と同じ状態を $n \sim O(1/\varepsilon^3)$ 個用意した

$$\sum_{k=1}^{n} |k\rangle\langle k| \otimes \sigma \otimes \rho^{(1)} \otimes \rho^{(2)} \otimes \cdots \otimes \rho^{(n)}$$

のような状態に対して

$$\sum_{k=1}^{n} |kt\rangle\langle kt| \otimes \prod_{g=1}^{k} e^{-i\mathcal{S}_g t}$$

を作用させることで実現できます[33]．ここで，$\mathcal{S}_g$ は σ と g 番目の $\rho^{(g)}$ との SWAP ゲート操作です．この方法による誤差はステップ幅 t の 2 乗のオーダです．

第 4 章

量子アルゴリズム

　量子コンピュータは，n 個の量子ビットを使って 2^n 個の並列処理ができますが，残念ながらこれだけでは "計算が速い" ことにはなりません．なぜなら，計算結果は 2^n 個の状態のうちのどれか 1 つが確率振幅（の絶対値の 2 乗）に応じて確率的に得られるだけだからです．したがって，測定によって欲しい答えが得られる確率を高めるような工夫が必要です．このような工夫こそが量子アルゴリズムです．

　これまでに提案された多くの量子アルゴリズムが Quantum Algorithm Zoo という Web サイトにまとめられています [34]．掲載されているアルゴリズムの多くは，実用的な問題に適用するには多数の量子ビット・量子ゲート操作が要求されるため，その実行には大規模な誤り耐性量子コンピュータが必要です（そのため "long-term" アルゴリズムとも呼ばれています）．

　この章では，前章で見たサブルーチンを使った量子アルゴリズムのうち，有名な例として，ショアの素因数分解アルゴリズム，Harrow-Hassidim-Lloyd（HHL）アルゴリズム，グローバーの探索アルゴリズムなどを紹介します．この章に登場する量子アルゴリズムは，この数年で実現される量子コンピュータで実行し，実用的な問題に対して使うことは難しいと考えられています．しかし，NISQ 量子コンピュータでもこれらの量子アルゴリズムの一部分は実行可能であり，その考え方を理解しておく価値は十分にあります．

　代表的なアルゴリズムをいくつか見た後，計算複雑性理論の観点から量子アルゴリズムの限界について考えます．

4.1 **素因数分解（ショアのアルゴリズム）**

4.1.1　位数発見問題として解く

　位相推定サブルーチンの重要な応用例として，ショアの素因数分解アルゴリズムを紹介します．素因数分解問題とは整数 N が与えられたときに N の 1 ではない約数を見つける問題です．これは簡単そうに見えますが，対象となる数が小さい場合だけです．例えば，$15 = 3 \times 5$ は即答できますが，$3007 = 31 \times 97$，$283321 = 311 \times 911$ と数が大きくなるにつれ急速に難しくなります．N がある整数 m で割り切れるかどうかは効率よくチェックできるので，単純には $2 \leq m < \sqrt{N}$ の整数 m で総当たりすれば解けるはずです．この方法では，N の桁が 1 つ増えるごとに組合せは 10 倍に増えるので，解を探すのに $\sqrt{10}$ 倍の時間がかかってしまいます（この方法の計算量は n 桁の整数に対して $\sqrt{10^n}$）．手計算と古典コンピュータによる計算は，計算量の意味では困難さは同じです．

　これよりは速く素因数分解を解くアルゴリズムとして準指数的・超多項式関数的な計算時間のアルゴリズムが知られており，現在のベストアルゴリズムは**一般数体ふるい法**（General Number Field Sieve, GNFS）です．これまでに古典コンピュータによって素因数分解された最大の数字は 768 ビット（10 進 232 桁）で，多項式時間 [1] の古典アルゴリズムは見つかっていません．

　インターネットで広く利用されている **RSA 暗号**の安全性は，非常に大きな数の素因数分解がとても難しいことに支えられています．もし大きな数の素因数分解を効率よく実行する方法があるとすると，インターネット上のさまざまな通信が危険にさらされる可能性が出てきてしまいます．

　ショアは 1994 年に，量子コンピュータを用いると n 桁の整数の素因数分解を $O(n^3)$ の多項式時間で解くことが可能であると示しました．この量子アルゴリズムの発表は多くの研究者を惹きつけただけでなく，量子コンピュータの及ぼす経済や社会への影響の大きさから社会的な興味の対象にもなりました．

　素因数分解問題は一般的には**位数発見問題**に帰着させて解きます．**位数**とは整

---

[1]　多項式時間アルゴリズムとは，解くべき問題サイズ n に対して時間計算量が n の多項式で $O(n^k)$（k は正の定数）と表現できるアルゴリズムを指します．

数 N を法とする共通の因数をもたない整数 $x\ (x < N)$ に対し

$$x^r \bmod N = 1 \tag{4.1}$$

を満たす最小の整数 r です（$a \bmod b$ は整数 a を整数 b で割った余りを出力する剰余演算）．中でも**冪剰余**（modular exponentiation）と呼ばれる

$$f(a)_{x,N} := x^a \bmod N$$

という剰余演算（N を法とした x の a-冪剰余）は暗号理論の分野で広く利用されています．これは，与えられた a から $f(a)_{x,N}$ の値を計算するのは易しいのに，その逆の $f(a)_{x,N}$ の値から指数 a を求めることはとても難しいという性質（一方向性）に由来します．与えられた N と x から a を求める問題は**離散対数問題**と呼ばれ，問題サイズに対して多項式時間の古典アルゴリズムは未発見です．位数を利用して素因数分解を行うアルゴリズムは以下のように表せます．

---

i)　　素因数分解したい整数 N と互いに素な整数 x を用意する [*a]．

ii)　　$a(= 0, 1, \cdots)$ を引数とした冪剰余 $f_{x,N}(a) := x^a \bmod N$ を計算する．

iii)　　$f_{x,N}(a)$ の周期 r（＝位数）を見つける（r が奇数なら i) に戻る [*b]）．

iv)　　$p = \gcd(x^{r/2} + 1, N)$, $q = \gcd(x^{r/2} - 1, N)$ が N の素因数．

[*a]　ランダムに選んできた整数 x' に対して最大公約数 $\gcd(x', N) = 1$ であれば x' と N は互いに素です．$\gcd(x', N) \neq 1$ であれば，N の約数の1つが見つかったことになるので，今度は $N' = N / \gcd(x', N)$ の素因数分解問題を考えればよいことになります．

[*b]　r は複数の近似値で得られるのでその中から偶数の r を選ぶか，それでもダメな場合はステップ i) に戻り別の x で再度計算します．

アルゴリズム中に頻繁に登場する $\gcd(a, b)$ は整数 a と整数 b の最大公約数を計算する関数で，ユークリッドの互除法で効率よく計算可能です．量子コンピュータによって計算を高速化する部分は，ステップ iii) です．

$N = 21$, $x = 11$ を例にとってみます（$\gcd(11, 21) = 1$）．冪剰余 $f_{11,21}(a)$ は

$$f_{11,21}(0) = 11^0 \bmod 21 = 1 \bmod 21 = 1$$

$$f_{11,21}(1) = 11^1 \bmod 21 = 11 \bmod 21 = 11$$

$$f_{11,21}(2) = 11^2 \bmod 21 = 121 \bmod 21 = 16$$

などと計算できますが，大きな数 11^a を計算しなくても mod 関数の性質

$$(A \cdot B) \bmod M = \Big((A \bmod M) \cdot (B \bmod M)\Big) \bmod M$$

を使えば

$$f_{x,N}(a+1) = (x^a \cdot x) \bmod N = \Big((x^a \bmod N) \cdot (x \bmod N)\Big) \bmod N$$
$$= \Big(f_{x,N}(a) \cdot f_{x,N}(1)\Big) \bmod N$$

のように mod のみを計算できます.

この関数 $f_{x,N}(a) := x^a \bmod N$ は x と N が互いに素でなくとも周期をもちます [*2]. $f_{11,21}(a)$ をプロットすると図 **4.1** のようになり，位数（周期）は $r = 6$ とわかります．これは偶数なので

$$p = \gcd(11^{6/2}+1, 21) = 3, \quad q = \gcd(11^{6/2}-1, 21) = 7$$

と確かに $21 = 3 \times 7$ の素因数分解が計算できました.

もっと大きな N についても同様にして，x の N に関する位数 r を考えることができて，位数 r の定義の式 (4.1) は r が偶数のとき

$$(x^r - 1) \bmod N = 0 \rightarrow (x^{r/2}+1)(x^{r/2}-1) \bmod N = 0$$

のように変形できることから，$(x^{r/2} \pm 1) \bmod N = 0$ であるか，または $x^{r/2}+1$ と $x^{r/2}-1$ が N と非自明な公約数（＝ N の因数）をもつかのどちらかであることがわかります．偶数の位数 r が発見できれば，$x^{r/2}+1$ か $x^{r/2}-1$ と N との公約数から N の因数を計算でき，これを繰り返すことで N を小さな因数へと分解し，最終的に素因数分解が達成できます.

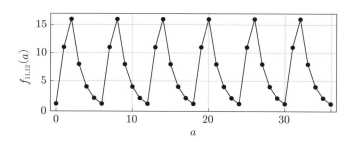

図 4.1 周期からの位数発見

[*2] mod N の値は多くても N 通りしかないので，$x, x^2, \cdots x^{N+1}$ と計算するとどこかでかならず一致する値が出てきます.

4.1.2 量子位数発見サブルーチン

　古典コンピュータでの計算では，ユークリッドの互除法によって最大公約数を求めるアルゴリズムの計算量は $O(\log n)$，位数 r を見つけるアルゴリズムの計算量は $O(\exp[(\log n)^{1/3}(\ln \ln n)^{2/3}])$ と知られています．量子アルゴリズムはこの最も時間のかかる位数発見の部分を指数関数的に加速します．位数発見サブルーチンの心臓部分は

$$U_{x,N} |\alpha\rangle = |\alpha x \bmod N\rangle$$

と変換するような x と N を引数とするユニタリ演算子 $U_{x,N}$ を考え，その固有値を取り出す位相推定アルゴリズムです．このユニタリ演算子は入力 x を $\bmod N$ のもとで α 倍するという積の剰余（modular multiplication）に対応しています．このユニタリ演算子の固有状態は $0 \leq s \leq r-1$ となる整数 s をラベルとして

$$|u_s\rangle = \frac{1}{\sqrt{r}} \sum_{k=0}^{r-1} \exp\left(-2\pi i \frac{s}{r} k\right) |x^k \bmod N\rangle$$

と書き下すことができます．$|u_s\rangle$ が固有状態になっていることは

$$U_{x,N} |u_s\rangle = \exp\left(2\pi i \frac{s}{r}\right) \frac{1}{\sqrt{r}} \sum_{k=0}^{r-1} \exp\left(-2\pi i \frac{s}{r}(k+1)\right) |x^{k+1} \bmod N\rangle$$

$$= \exp\left(2\pi i \frac{s}{r}\right) |u_s\rangle$$

と確かめられます．ここで，$x^r \bmod N = x^0 \bmod N = 1$ を利用しました．量子位相推定サブルーチンにより固有値 $\exp(2\pi i s/r)$ を $(2L+1)$ ビット精度で決定できれば，後は連分数アルゴリズムによって s/r に最も近い分数（有理数）を多項式時間で計算でき，収束値として得た s'/r' から位数（の候補）となる整数 r' が求まります（ここで L は N のビット数 $L := \lceil \log N \rceil$ です）．r' が望みのものかどうかは $x^{r'} \bmod N$ が 1 になるかチェックすればよく，もし失敗していれば別の x を選んでもう一度位数発見サブルーチンを回すことになります．位数 r が求まったあとは，古典アルゴリズムと同じ手順です．これが，ショアによる素因数分解アルゴリズムです．

　量子位数発見サブルーチンの具体的な手続きは以下のようになります．量子回路は具体的には**図 4.2** のように書けます．量子ビット q0〜qt が第 1 レジスタに相当します．第 1 レジスタの大きさ t は，$2L+1+\log(3+\frac{1}{2\epsilon})$ ビット用意すれば，後段の s/r の測定結果から r を推定する手続きで失敗する確率の上限を ϵ にでき

ます [1, 2]．量子ビット $qt + 1$ 以降が第 2 レジスタで，冪剰余計算のユニタリ演算を作用させる部分です．N や x を量子レジスタとして用意するかどうかや補助量子ビットをどの程度必要とするかなど，量子回路として実装する方法はいくつか知られ，計算量は $O(L^3)$ です [*3]．第 1 レジスタには重ね合わせ状態で複数の a が用意され，制御ユニタリゲートとして $x^a \bmod N$ が第 2 レジスタ部にかかっています．

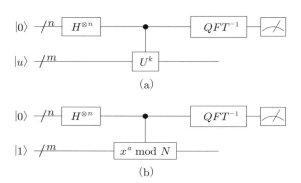

図 4.2　(a) 量子位相推定サブルーチンと (b) 位数発見サブルーチン

---

i)　　整数 N と互いに素になる整数 x を選ぶ．

ii)　　初期状態を準備する（第 1 レジスタ：s/r の位相推定結果を必要な精度で収めるため t 量子ビット（$|0\rangle$ に初期化），第 2 レジスタ：N を入力する計算用の L 量子ビット（$|1\rangle$ に初期化）

iii)　第 1 レジスタすべてにアダマールゲートを作用させる．

iv)　制御ユニタリゲート $U_{x,N}$ を作用させる．

v)　　第 1 レジスタに量子フーリエ逆変換を行う．

vi)　第 1 レジスタを測定し s/r を得る．

vii)　連分数アルゴリズムを適用し位数 r を決定する．

---

*3　量子版の冪剰余演算には $2L$ 回の積（の剰余）演算が必要で，積演算 1 回につき $O(L)$ の和（の剰余）演算が必要で，和（の剰余）演算 1 回は $O(L)$ ゲート操作で構成されます [35, 36]．実行時間と空間（量子ビット数）はトレードオフなので，量子ビットを $O(L^3)$ と潤沢に用意できれば計算時間は $O(\log^3 L)$ で済むはずです．

ブラケット記法で流れを追うと

$$|0\rangle |1\rangle \xrightarrow{\mathsf{H}} \frac{1}{\sqrt{2^t}} \sum_{a=0}^{2^t-1} |a\rangle |1\rangle$$

$$\xrightarrow{U_{x,N}} \frac{1}{\sqrt{2^t}} \sum_{a=0}^{2^t-1} |a\rangle |x^a \bmod N\rangle$$

$$= \frac{1}{\sqrt{2^t}} \sum_{a=0}^{2^t-1} \frac{1}{\sqrt{r}} \sum_{s=0}^{r-1} e^{\frac{2\pi i s a}{r}} |a\rangle |u_s\rangle$$

$$\xrightarrow{\mathsf{QFT}^{-1}} \frac{1}{\sqrt{r}} \sum_{s=0}^{r-1} |s/r\rangle |u_s\rangle \tag{4.2}$$

のように表せます.

ここで，量子位相推定サブルーチンの実行に用いる固有状態 $|u_s\rangle$ の準備には，求めたい位数 r を知っている必要がありますが，それは今解きたい問題そのものです．ここでは 1 個の固有状態 $|u_s\rangle$ を用意する代わりに

$$\frac{1}{\sqrt{r}} \sum_{s=0}^{r-1} |u_s\rangle = |1\rangle$$

という性質を使い，いくつもの固有状態を重ね合わせた状態として準備します．これは

$$\frac{1}{\sqrt{r}} \sum_{s=0}^{r-1} e^{\frac{2\pi i s a}{r}} |u_s\rangle = \frac{1}{r} \sum_{s=0}^{r-1} \sum_{a'=0}^{r-1} e^{-\frac{2\pi i s (a'-a)}{r}} |x^{a'} \bmod N\rangle$$

$$= \sum_{a'=0}^{r-1} \delta_{aa'} |x^{a'} \bmod N\rangle$$

$$= |x^a \bmod N\rangle$$

のように証明できます[2]．ここで

$$\sum_{s=0}^{r-1} e^{\frac{-2\pi i s (a'-a)}{r}} = \begin{cases} r & (a = a') \\ \dfrac{1-e^{-\frac{2\pi i r(a'-a)}{r}}}{1-e^{-\frac{2\pi i(a'-a)}{r}}} = 0 & (a \neq a') \end{cases}$$

を用いました.

4.1.3　具体例：21 の素因数分解

先に紹介した例と同様の $N = 21$, $x = 11$ を例にとってみます．21 の 2 進数表記は 5 桁（$L = 5$）なので位相推定の精度 $t = 2L + 1 = 11$ とします．第 1 レジスタすべてにアダマールゲート操作を施し，第 2 レジスタに制御ユニタリゲート $U_{x=11, N=21}$ を作用させると

$$
|\mathbf{0}\rangle |\mathbf{1}\rangle \xrightarrow{H^{\otimes 11}} \frac{1}{\sqrt{2048}} \sum_{a=0}^{2047} |\mathbf{a}\rangle |\mathbf{0}\rangle
$$

$$
\xrightarrow{U_{11,21}} \frac{1}{\sqrt{2048}} \sum_{a=0}^{2047} |\mathbf{a}\rangle |\mathbf{11}^{\mathbf{a}} \bmod \mathbf{21}\rangle
$$

$$
= \frac{1}{\sqrt{2048}} \Big(|\mathbf{0}\rangle |\mathbf{1}\rangle + |\mathbf{1}\rangle |\mathbf{11}\rangle + |\mathbf{2}\rangle |\mathbf{16}\rangle + \cdots |\mathbf{2047}\rangle |\mathbf{11}\rangle \Big)
$$

$$
= \frac{1}{\sqrt{2048}} \Big\{ \Big(|\mathbf{0}\rangle + |\mathbf{6}\rangle + \cdots \Big) |\mathbf{1}\rangle + \Big(|\mathbf{1}\rangle + |\mathbf{7}\rangle + \cdots \Big) |\mathbf{11}\rangle
$$

$$
+ \Big(|\mathbf{2}\rangle + |\mathbf{8}\rangle + \cdots \Big) |\mathbf{16}\rangle + \cdots + \Big(|\mathbf{5}\rangle + |\mathbf{11}\rangle + \cdots \Big) |\mathbf{2}\rangle \Big\}
$$

となります（ケット内が太字は 10 進数表記に対応するビット列とする）．この状態で第 1 レジスタの状態を可視化できれば周期 $r = 6$ だとわかりますが，第 1 レジスタの測定からはどれか 1 つが確率的に測定されるだけなので周期はわかりません．第 1 レジスタを量子フーリエ逆変換すると

$$
\frac{1}{2048} \sum_{a=0}^{2047} \sum_{s=0}^{2047} e^{\frac{2\pi i a s'}{2048}} |\mathbf{s'}\rangle |\mathbf{11}^{\mathbf{a}} \bmod \mathbf{21}\rangle
$$

と位相として出てきた周期 r に関するヒントが基底エンコードされて第 1 レジスタ部に書き込まれます[*4]．ここで第 2 レジスタを測定して $|\mathbf{16}\rangle$ だったとすると，第 1 レジスタを測定した結果が $|\mathbf{s'}\rangle$ となる確率 $p(s')$ はボルン規則から

$$
p(s') = \left| \frac{1}{2048} \sum_{a=0}^{2047} e^{\frac{2\pi i a s'}{2048}} \right|^2 = \left| \frac{1}{2048} \sum_{b=0}^{340} e^{\frac{2\pi i (6b+2) s'}{2048}} \right|^2
$$

と計算できます．確率 $p(s')$ をプロットすると**図 4.3** のようになっており，特定の $s' = 0, 341, 683, 1024, 1365, 1707$ が他に比べて高い確率（といっても 2% 程度

[*4] 式 (4.2) と表記が異なっていることに注意が必要です．いま r がわからないので $|s/r\rangle$ を基底としては明示的に書けません．

ですが）で測定されます．例えば，測定結果が $s' = 1707$ だったとしましょう.

$$\left| \frac{s'}{2^t} - \frac{d}{r} \right| = \left| \frac{1707}{2048} - \frac{d}{r} \right| \leq \frac{1}{2048}$$

から得られた分数を連分数展開します．連分数展開とは，整数 $\{a_0, a_1, \cdots, a_M\}$ を使って実数を

$$a_0 + \cfrac{1}{a_1 + \cfrac{1}{a_2 + \cfrac{1}{\cdots + \cfrac{1}{a_M}}}}$$

の形で近似する方法です．これは，以下に見るように整数部分の分離と分数部分の反転という2種類の操作を繰り返すアルゴリズムにより実行できます．現れる分子をどんどん小さくすることができ，有理数の連分数展開は必ず有限回の分離・反転操作で終了します.

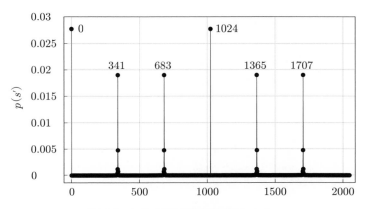

図 4.3 $|s'\rangle$ が測定される確率 $p(s')$

今の場合には

$$\frac{1707}{2048} \overset{反転}{=} \frac{1}{\frac{2048}{1707}} \overset{分離}{=} \frac{1}{1 + \frac{341}{1707}} \overset{反転}{=} \frac{1}{1 + \cfrac{1}{\frac{1707}{341}}} \overset{分離}{=} \frac{1}{1 + \cfrac{1}{5 + \frac{2}{341}}}$$

$$\overset{反転}{=} \frac{1}{1 + \cfrac{1}{5 + \cfrac{1}{\frac{341}{2}}}} \overset{分離}{=} \frac{1}{1 + \cfrac{1}{5 + \cfrac{1}{170 + \frac{1}{2}}}}$$

のようになります．したがって，近似が粗い順に

$$\frac{d'}{r'} \approx \frac{1}{1} = 1$$

$$\frac{d'}{r'} \approx \frac{1}{1+\frac{1}{5}} = \frac{5}{6} = 0.8333333\cdots$$

$$\frac{d'}{r'} \approx \frac{1}{1+\frac{1}{5+\frac{1}{170}}} = \frac{851}{1021} = 0.8336967\cdots$$

となるので $r' = 6$ を使います（$\frac{1707}{2048} = 0.8334960\cdots$ です）．この r' は偶数なので，ここからは古典アルゴリズムと同様に

$$\gcd(11^{6/2}+1, 21) = 3, \quad \gcd(11^{6/2}-1, 21) = 7$$

と 21 の素因数分解が完了します．$r' = 1021$ は奇数ですからうまくいきません．

　量子アルゴリズムは確率的なアルゴリズムなので失敗する場合もあります．d/r の位相推定の精度による失敗のほか，深刻なものとして r と d が共通の因数をもってしまう場合が挙げられます．この場合には，連分数アルゴリズムによって得られる r' は r の因数で r そのものはわからなくなってしまいます．

　もちろんランダムに選んだ d が，r と互いに素（$\gcd(r, d) = 1$）の確率は高いので，位相発見アルゴリズムを何回か繰り返すと高い確率で正しい d/r が求まるでしょう．このような方法では $O(L)$ 回繰り返す必要がありますが，もっと優れた方法として，位相推定と連分数展開を 2 回繰り返す手続きを紹介しましょう．1 回目と 2 回目にそれぞれ r'_1, d'_1 と r'_2, d'_2 を得たとして，$\gcd(d'_1, d'_2) = 1$ のときには，r'_1 と r'_2 の最小公倍数 $\mathrm{lcm}(r'_1, r'_2)$ から r を求めます．この方法で正しい r が取り出せる確率は少なくとも 1/4 であることがわかっています．

　例えば，先述の測定結果 $s = 1707$ から連分数アルゴリズムにより $d'_1/r'_1 = 5/6$ が求まり，2 回目の測定結果が $s = 1024$ の場合を考えます．連分数展開は

$$\frac{1024}{2048} = \frac{1}{2}$$

となり，$d'_2/r'_2 = 1/2$ が得られます．$\gcd(5, 1) = 1$ なので，r'_1 と r'_2 の最小公倍数 $\mathrm{lcm}(6, 2) = 6$ と正しい位数が推定されます．

量子化学計算

4.2.1 行列の固有値問題として解く

　量子化学計算は化合物の構造や含まれる元素などの情報をもとに，電子（や原子核）の量子力学的な振る舞いを数値計算し，化合物の性質を予測する計算手法です [37, 38]．固体物理学では，**第一原理計算**とも呼ばれます [39, 40]．化学や物理学で用いられるシミュレーション手法にはこのほかにも，分子動力学計算，粗視化分子動力学計算，構造力学・流体力学計算などがあります．これらの手法は**図4.4** に示すように対象とする空間・時間スケールが違い，基礎方程式も異なります．量子化学計算の基礎方程式はシュレディンガー方程式です [*5]．

　量子化学計算で扱える分子の大きさには計算リソースの面で限界がありますが，化合物の物性を決める最大の要素である**電子状態**の解析が可能で，さまざまな物性値や反応性などを精度良く予測できます．コンピュータの性能向上や便利なソ

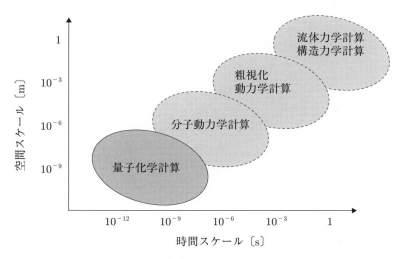

図 4.4　さまざまなシミュレーション手法

---

*5　分子動力学計算以上の空間スケールでは基本的には量子力学的な振る舞いを無視し，古典力学に基づいてシミュレーションします．

フトウェアツールの登場で，企業での研究開発でも広く用いられています．

量子化学計算の多くの場合，シュレディンガー方程式

$$i\hbar\frac{\partial}{\partial t}\Psi(\boldsymbol{r},t) = \mathcal{H}\Psi(\boldsymbol{r},t)$$

のうち，時間 t に依存する部分を変数分離した

$$\mathcal{H}\psi(\boldsymbol{r}) = E\psi(\boldsymbol{r})$$

を解くことに主眼を置きます．量子状態を表す $\Psi(\boldsymbol{r},t) = \psi(\boldsymbol{r})e^{-iEt/\hbar}$ は**波動関数**と呼ばれる，位置座標 $\boldsymbol{r}$ を引数に複素数を返す関数です[*6]．シュレディンガー方程式を解くとは，この偏微分方程式の解となる波動関数を求めることです．

いま興味のある系は，複数個の電子と原子核が互いにクーロン相互作用によって影響を及ぼし合う複雑な**量子多体系**です（電子と原子核の間には引力が，電子どうしには反発力が働きます）．原子核は電子に比べて数千倍も重いため，電子からの引力ではほとんど動かず，座標 $\boldsymbol{R}_k$ に固定されていると見なせます（Born-Oppenhimer 近似）．N 個の電子が M 個の（静止した）原子核の周りで運動する系の波動関数は $\psi(\boldsymbol{r}_1, \boldsymbol{r}_2, \cdots, \boldsymbol{r}_N)$ のように書け，電子に関するハミルトニアン $\mathcal{H}$ は

$$\mathcal{H} = -\sum_{i=1}^{N}\frac{\hbar^2}{2m_e}\nabla^2 + \sum_{i=1}^{N}\sum_{j>i}^{N}\frac{1}{4\pi\varepsilon_0}\frac{e^2}{|\boldsymbol{r}_i - \boldsymbol{r}_j|} - \sum_{i=1}^{N}\sum_{k=1}^{M}\frac{1}{4\pi\varepsilon_0}\frac{Z_k e^2}{|\boldsymbol{r}_i - \boldsymbol{R}_k|} \tag{4.3}$$

と書けます．$\hbar, \varepsilon_0, e, m_e$ はそれぞれプランク定数，真空の誘電率，電気素量，電子質量という物理定数です．原子番号 Z_k（＝原子核 k に含まれる陽子数），原子核の位置座標 $\boldsymbol{R}_k$ はパラメータです．数式の表現を簡潔にするため **Hartree 原子単位系**（$\hbar = 1$, $\frac{1}{4\pi\varepsilon_0} = 1$, $e = 1$, $m_e = 1$）がよく使われ，式 (4.3) は

$$\mathcal{H} = -\sum_{i=1}^{N}\frac{1}{2}\nabla^2 + \sum_{i=1}^{N}\sum_{j>i}^{N}\frac{1}{|\boldsymbol{r}_i - \boldsymbol{r}_j|} - \sum_{i=1}^{N}\sum_{k=1}^{M}\frac{Z_k}{|\boldsymbol{r}_i - \boldsymbol{R}_k|} \tag{4.4}$$

と書き直せます．このハミルトニアンをもつシュレディンガー方程式を解いて，多数の電子からなる量子多体系の状態（電子状態）を知ることができれば，物性を精度よく予測することが可能となり，最終的には材料設計や創薬に活かせる知

[*6] 波動関数には，$|\psi(\boldsymbol{r})|^2$ の値が $\boldsymbol{r}$ の位置を観測したときに対象としている粒子の存在確率を表すという特別な意味があります[41]．

見が得られることになります．しかし，見てのとおり多体の非線形偏微分方程式になっており，解析的に解くことは望めそうにありません．

非線形性の元凶はハミルトニアン $\mathcal{H}$ が電子の座標 $\boldsymbol{r}_i$ の関数になっていることです．$\mathcal{H}$ を構築するには電子の分布に関する情報が必要ですが，それは波動関数 $\psi(\boldsymbol{r}_1, \boldsymbol{r}_2, \cdots, \boldsymbol{r}_N)$ そのものです．つまり，波動関数 $\psi(\boldsymbol{r}_1, \boldsymbol{r}_2, \cdots, \boldsymbol{r}_N)$ を知るという問題を解くために，問題の解がまず必要になるわけです．

数値的にこれを解く方法として，**自己無撞着法**（Self-Consistent Field, SCF）が一般的に用いられます．この方法では，答えに近そうな波動関数 $\psi_0(r)$ で $\mathcal{H}$ を計算し，その $\mathcal{H}$ について解となる波動関数 $\psi_1(r)$ を計算します．次に，$\psi_1(r)$ によって $\mathcal{H}$ を再計算し，新しい $\mathcal{H}$ について解となる波動関数 $\psi_2(r)$ を計算する，と繰り返していくうちに，いつかは真の解に収束するだろうという方法です．量子化学計算で用いられるほぼすべてのアルゴリズムでは，このような方法を繰り返した後に何らかの基準（更新がある精度内に収まったとき，など）で計算を終了させます．全体のフローチャートは**図 4.5** のとおりです．

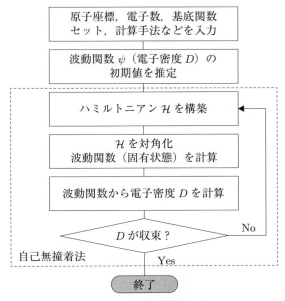

図 4.5 量子化学計算の手順

さて，多体問題をそのまま解くのは大変なので，多体の波動関数を

$$\psi(\boldsymbol{r}_1, \boldsymbol{r}_2, \cdots, \boldsymbol{r}_N) = \phi_1(\boldsymbol{r}_1)\phi_2(\boldsymbol{r}_2)\cdots\phi_N(\boldsymbol{r}_N) \tag{4.5}$$

のように変数分離して N 体問題を N 個の 1 体問題に近似して解きます．多体問題は，ある 1 つの電子 i が受けるクーロン相互作用 $1/|\boldsymbol{r}_i - \boldsymbol{r}_j|$ が周囲の $(N-1)$ 個の電子の位置 $\boldsymbol{r}_j$ $(i \neq j)$ から計算する必要があることに由来します．上記の変数分離と同時に，電子間の相互作用を注目する電子の位置 $\boldsymbol{r}_i$ のみの関数で近似（**平均場近似**）すると大胆に簡単化できます．こうして，N 体の多体問題を N 個の 1 体問題として処理します（多体の効果は後で取り込むことにする）．

実は式 (4.5) は電子系の波動関数が満たすべき性質 [*7] を満たしていないので，そのままでは使えません．**Hartree-Fock 法**と呼ばれる最も基本的な量子化学計算手法では，解となる N 電子系の波動関数は $\boldsymbol{\tau}_i = \boldsymbol{r}_i\sigma_i$ （i はスピン座標）として

$$\psi(\boldsymbol{\tau}_1, \boldsymbol{\tau}_2, \cdots, \boldsymbol{\tau}_N) = \frac{1}{\sqrt{N!}} \begin{vmatrix} \phi_1(\boldsymbol{\tau}_1) & \phi_1(\boldsymbol{\tau}_2) & \cdots & \phi_1(\boldsymbol{\tau}_N) \\ \phi_2(\boldsymbol{\tau}_1) & \phi_2(\boldsymbol{\tau}_2) & \cdots & \phi_2(\boldsymbol{\tau}_N) \\ \vdots & \vdots & \ddots & \vdots \\ \phi_N(\boldsymbol{\tau}_1) & \phi_N(\boldsymbol{\tau}_2) & \cdots & \phi_N(\boldsymbol{\tau}_N) \end{vmatrix}$$

のような形式（**スレーター行列式**）で書けると仮定します．この $\phi_i(\boldsymbol{\tau}_j)$ は**スピン軌道**と呼ばれ，j でラベルされている電子がラベル i という量子状態にあることを表しています．ここでラベル i を指定すると，電子の空間分布（＝軌道自由度）とスピンという量子力学的な自由度の両方が同時に指定されるとします．

このようなスレーター行列式で書くという近似をしたとしても，解くべきシュレディンガー方程式は偏微分方程式のまま（**Hartree-Fock 方程式**と呼ばれます）で，やはり計算機でそのまま解くには難しい状態です．そのため，通常は $\phi_i(\boldsymbol{\tau})$ をさらに別の関数セット $\{\varphi_1, \varphi_2, \cdots, \varphi_M\}$ の線形結合で

$$\phi_i(\boldsymbol{\tau}) = \sum_{j=1}^{M} c_{ji}\varphi_j(\boldsymbol{\tau})$$

のように展開し，展開係数 c_{ji} の最適化問題として処理します．関数 $\varphi_i(\boldsymbol{\tau})$ の関数形についても，通常は物理的に妥当でかつ計算機でも扱いやすいような形を仮

---

*7 電子は**フェルミ粒子**なので，その多体波動関数は電子 i と j の入れ替えに対して，$\psi(\boldsymbol{\tau}_i, \boldsymbol{\tau}_j) = -\psi(\boldsymbol{\tau}_j, \boldsymbol{\tau}_i)$ と符号を変える必要があります（反対称性）．行列式は i 列と j 列の入れ替えで符号が反転するので，波動関数の反対称性を上手に表現できます．

定します．量子化学では（公式によって積分計算しやすい）ガウス関数，固体物理学では（周期的境界条件をうまく扱うため）平面波が多く用いられます．このような関数は**基底関数**と呼ばれます．

基底関数で展開することにより，N 本の非線形・偏微分・連立方程式を

$$F(C)C = SCE$$

という Hartree-Fock-Roothaan（HFR）方程式（非線形の固有値問題）に帰着でき，（ようやく）数値的に解くことができるようになります．ここで F はフォック行列，C は基底関数の展開係数，S は基底関数の重なり積分，E はエネルギー固有値が対角成分に並ぶ $E_{\ell j} = \delta_{\ell j} E_j$ という行列です．それぞれ

$$\begin{bmatrix} F(C) \\ M \times M \end{bmatrix} \begin{bmatrix} C \\ M \times N \end{bmatrix} = \begin{bmatrix} S \\ M \times M \end{bmatrix} \begin{bmatrix} C \\ M \times N \end{bmatrix} \begin{bmatrix} E \\ N \times N \end{bmatrix}$$

のような大きさの行列です．行列 $F(C), S$ はそれぞれ

$$F_{nm}(C) = H_{nm} + \sum_{j=1}^{M} \sum_{k=1}^{M} (CC^{\dagger})_{kj} (U_{njkm} - U_{njmk})$$

$$H_{nm} = \int \varphi_n^*(\boldsymbol{\tau}) \left(-\frac{1}{2}\nabla^2 - \sum_k \frac{Z_k}{|\boldsymbol{r} - \boldsymbol{R}_k|} \right) \varphi_m(\boldsymbol{\tau}) d\boldsymbol{\tau}$$

$$U_{njmk} = \int \varphi_n^*(\boldsymbol{\tau}) \varphi_j^*(\boldsymbol{\tau}') \left(\frac{1}{|\boldsymbol{r}_i - \boldsymbol{r}_j|} \right) \varphi_m(\boldsymbol{\tau}) \varphi_k(\boldsymbol{\tau}') d\boldsymbol{\tau} d\boldsymbol{\tau}'$$

$$S_{nm} = \int \varphi_n^*(\boldsymbol{\tau}) \varphi_m(\boldsymbol{\tau}) d\boldsymbol{\tau}$$

です．ここに出てくる H_{nm}, U_{njmk}, S_{nm} は基底関数のセットと原子核に関するパラメータ Z_k, $\boldsymbol{R}_k$ が決まれば数値積分や積分公式を使うなどして値を求めることができます．フォック行列 $F(C)$ は C から計算される行列なので，この固有値方程式はもともとの Hartree-Fock 方程式と同様に非線形のままです（一般化固有値方程式）．これは先述した自己無撞着法によって解きます．

Hartree-Fock 法の計算量は用いる基底関数の数 M（= フォック行列 $F(C)$ の次元）に対して $O(M^4)$ です．主に，C が与えられたときに2電子積分 U_{njmk} を計算してフォック行列 $F(C)$ を求める部分の計算量が $O(M^4)$ であることに起因します．その後の $F(C)$ の対角化の計算量は $O(M^3)$ です．

4.2.2　近似精度を上げる

　Hartree-Fock 法は多数の電子の状態を表す波動関数を 1 組のスピン軌道のセットのスレーター行列式で表現し，その係数を変分法で決定する方法でした．ここで用いられた主な近似は，多体問題を多数の 1 体問題として解くために，電子どうしのクーロン相互作用（電子相関）の効果を平均場近似したことです[*8]．また，有限個の基底関数で展開することによる誤差も避けられません．

　このような近似を行っても，驚くべきことに Hartree-Fock 法で求めたエネルギーは電子のエネルギーの 99% 程度を説明できることが知られています[37]．それなら，これ以上改善する必要がないのでは？　と思われたかも知れませんが，化学や固体物理学で興味があるのは，多くの場合エネルギーの<u>絶対値</u>ではなく 2 つの電子状態のエネルギーの<u>差</u>です．Hartree-Fock 法による近似で精度良く扱えない残り 1% というのは，この興味ある差と比べると大きな値です．

　Hartree-Fock 法を拡張して電子相関の効果を取り込む方法として，数学的に素直な拡張である**配置間相互作用法**（Configuration Interaction, CI 法）を紹介しましょう．HFR 方程式の解は正規直交した M 個のスピン軌道のセット $\{\phi_i(\boldsymbol{\tau})\}$ で，そのうち変分法によって基底状態として求めたのはエネルギー固有値が低い方から N 個（$M > N$）まで電子を配置した状態でした．電子は 1 つのスピン軌道には 1 個しか配置できないきまりなので，この N 個のスピン軌道は占有軌道（空席になっている $(M - N)$ 個のスピン軌道は非占有軌道）と呼ばれます．

　自然な拡張として，この基底状態とは異なる配置（M 個から N 個選ぶので $_MC_N$ 通りある）に対応するスレーター行列式を線形結合で取り込むことが考えられます．Hartree-Fock 法では波動関数を<u>1 つの</u>スレーター行列式で表すところを，CI 法では<u>複数の</u>スレーター行列式の線形結合で近似します．CI 法の波動関数は

$$\psi_{CI} = \sum_i c_i \psi_i^{SO} = c_0 \psi_0^{SO} + c_1 \psi_1^{SO} + c_2 \psi_2^{SO} + \cdots$$

のように ψ_0^{SO} を Hartree-Fock 法で用いた波動関数（スレーター行列式）として，その他の N 個の電子を M 個のスピン軌道に "配置" するさまざまなパターン（**電子配置**）を線形結合で取り込みます．スピン軌道のセット $\{\phi_i(\boldsymbol{\tau})\}$ は

[*8]　明示しませんでしたが，実はシュレディンガー方程式（4.3）は，電子の相対論的な効果であるスピン軌道相互作用についての項が省略されています．重元素を含む分子を正しく扱うためには相対論的な効果も取り入れた計算が必要です[37]．

$$\int \phi_i^*(\boldsymbol{\tau})\phi_j(\boldsymbol{\tau})d\boldsymbol{\tau} = \delta_{ij}$$

と互いに正規直交しているので，スレーター行列式どうしも正規直交しています．線形独立な展開係数（CI 係数）c_i を変分パラメータとして変分法で解くことができそうです．

　基準となる Hartree-Fock 法の電子配置から電子 1 個だけ別のスピン軌道に移した ψ_1^{SO}，2 個を移した ψ_2^{SO}，$\cdots$ というように可能な電子配置をいくつも考慮していって，必要精度が得られるところ（計算量とのトレードオフですが）で打ち切ればよいことになります．電子の軌道を移すことは，エネルギーを上げることになるので**励起配置**と呼ばれます．1 電子励起配置まで考慮する場合は CIS 法（single の S），2 電子励起配置までなら CISD 法（double の D），3 電子励起配置までなら CISDT 法（triple の T）と呼ばれます．

　N 電子系で N 電子励起配置まで考慮する手法は**全配置間相互作用法**（Full-CI 法）と呼ばれ，計算に用いた基底関数の組で張る空間の中では最良の解が変分法で求まることが保証されています[37]．基底関数展開の近似誤差は残りますが，基底関数セットを大きくしていけば正しいエネルギーに近づいていくはずです．Full-CI 法も基底関数展開によりエルミート行列の固有値方程式

$$H(C)C = EC$$

に帰着します．

　これを解くにはハミルトニアン行列 $H(C)$ の対角化が必要ですが，N 個の電子を M 個のスピン軌道に配置する組合せの数は ${}_M C_N$ 通りあるので，何も工夫しなければ $H(C)$ は ${}_M C_N$ 次元のとても大きな行列です（ベクトル C も ${}_M C_N$ 次元です）．古典コンピュータによる行列の対角化の計算量は行列の次元 n に対して $O(n^3)$ ですから，あまりに大きな行列は望ましくありません．

●COLUMN●

コラム 4.1　量子化学計算の計算量

　Hartree-Fock 法に電子相関の影響を取り入れることで改善する方法には，配置間相互作用法のほかにも，密度汎関数理論（Density Functional Theory, DFT）により相関エネルギー項を導入する方法，結合クラスタ展開（Coupled Cluster, CC）法，メラープレセット (MP) 法などさまざまな方法がありますが，電子相関の効果を取り入れようとすればするほど計算量は大きくなります．Gold Standard とされる CCSDT 法の計算量は多項式時間ではあるものの，$O(N^7)$ です．

　必要となるメモリ量（空間計算量）も無視できません．例えば水分子 H_2O を cc-pVTZ という基底関数セットで Full-CI 計算する場合には，電子数 $N = 10$（2個の H 原子から 1 個ずつ，1 個の O 原子から 8 個）とスピン軌道数 $M = 58 \times 2$（2 個の H 原子から 14 軌道ずつ，1 個の O 原子から 30 軌道にそれぞれスピンの自由度 2 を掛ける）より ${}_{116}C_{10} \approx 8 \times 10^{13}$ の CI 係数を考慮する必要があります．

　計算したい分子が大きくなれば電子数 N は大きくなり，$O(N)$ で大きくなる M に従って ${}_M C_N \approx O(2^M/\sqrt{M})$ と計算量は M の指数関数で増大してしまいます．大きな分子を精度良く計算しようとするとすべての CI 係数をメモリに載せることも難しくなるでしょう．

　Full-CI 法で対角化すべきハミルトニアン行列 H は ${}_M C_N \times {}_M C_N$ と巨大ですが，実は 2 電子の相互作用 $1/|\boldsymbol{r}_i - \boldsymbol{r}_j|$ の積分計算である U_{njmk} は占有パターンの差が 3 電子以上ある電子配置どうしについて寄与しないため

$$H = \begin{bmatrix} E_0 & 0 & H_{02} & 0 & 0 & 0 & 0 & \cdots \\ 0 & H_{11} & H_{12} & H_{13} & 0 & 0 & 0 & \\ H_{20} & H_{21} & H_{22} & H_{23} & H_{24} & 0 & 0 & \\ 0 & H_{31} & H_{32} & H_{33} & H_{34} & H_{35} & 0 & \\ 0 & 0 & H_{42} & H_{43} & H_{44} & H_{45} & H_{46} & \ddots \\ 0 & 0 & 0 & H_{53} & H_{54} & H_{55} & H_{56} & \ddots \\ 0 & 0 & 0 & H_{64} & H_{65} & H_{66} & & \ddots \\ \vdots & & & & \ddots & \ddots & \ddots & \ddots \end{bmatrix}$$

のように H はスパースな行列です．対角化をスムーズに行うために H をメモリに保存して繰り返し読み出せるようにしたいところです．しかし，$10^{10} \times 10^{10}$ 行列の要素の非ゼロ率が 10^{-10}，H_{ij} の添字と要素の値を 1 つ当たり 16 Byte としても

$$16 \text{ Byte} \times (10^{10})^2 \times 10^{-10}/2 \sim 80 \text{ GB}$$

ほどになってしまいます．

4.2.3 量子位相推定サブルーチンと Full-CI 計算

巨大なハミルトニアン行列の固有値を，量子位相推定サブルーチンを使って効率的に求めるのが，量子コンピュータによる量子化学計算です．解くべきシュレディンガー方程式は基底関数展開によってハミルトニアン行列 H の固有値問題に帰着できます．量子コンピュータでは，この固有値を求める部分について量子位相推定サブルーチンによる高速化が期待できます[42]．

量子位相推定サブルーチンを使った Full-CI 計算のフローは以下のとおりです．

（古典コンピュータによる前処理）

i) Born-Oppenhimer 近似（原子核の位置座標をパラメータとして，電子の位置座標のみを変数とする）したハミルトニアンを第二量子化し，波動関数を基底関数展開する．

ii) ハミルトニアンを Jordan-Wigner 変換（または Bravyi-Kitaev 変換）し，生成・消滅演算子をパウリ演算子に変換する．同時に，軌道の占有数と量子ビットとの関係（マッピング）を決める．

iii) 系の対称性の利用や自明な項の省略などによりハミルトニアン H の項数を削減する．量子ビットのマッピングについても，計算すべき部分を絞り込む．

iv) Hartree-Fock 計算などにより，初期状態を準備する．

（量子コンピュータ）

i) 複数のパウリ演算子の積からなる項 H_i で書かれたハミルトニアン $H = \sum_j H_j$ について，ユニタリゲート $U = e^{-iHt}$ をトロッター分解などによって $e^{-iH_j t}$ の積で近似する．

ii) 制御 $e^{-iH_j t}$ ゲートの量子回路を構築する（パウリゲート，アダマールゲート，CNOT ゲートなどに分解）．位相ゲートの回転角（電子積分）は古典コンピュータで事前に計算しておいた値を用いる．

iii) 古典コンピュータで計算しておいた初期状態 $|\psi\rangle$ を，所定のマッピング方法で量子ビットに入力する．

iv) 量子位相推定サブルーチンによって H の固有値 E を求める．

　具体的には，考慮すべきスピン軌道を量子ビットに対応づけ（例えば，あるスピン軌道 ψ_i の占有/非占有を量子ビット i の $|1\rangle$, $|0\rangle$ にマッピングする，など），CI 展開係数 $\{c_{ij}\}$ を確率振幅として保持できるようにします．

　そのうえで，ハミルトニアン行列 H を量子ビットに作用する量子ゲートで表現し直す変換を行います．これは古典コンピュータ上で前処理として実行しておきます．H を指数関数化したユニタリゲート $U = e^{-iHt}$ を使った量子位相推定サブルーチンで H の固有値 E を取り出します．量子回路で表すと**図 4.6** のように書けます．

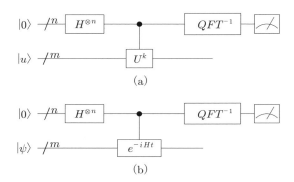

(a)

(b)

図 4.6　(a) 量子位相推定サブルーチンと (b) 量子化学計算

　入力する状態 $|\psi\rangle$（$U = e^{-iHt}$ を作用させる部分）は，古典コンピュータによる Hartree-Fock 計算などで得られたものを，量子ビットにエンコードして準備します．後述するように，初期状態は固有状態でなくてもサブルーチンの実行によって固有値が推定できますが，得られる確率は初期状態と固有状態（＝この問題の解）の重なり（内積）に比例するため，初期状態の準備には工夫が必要です．

　量子位相推定サブルーチンを利用した Full-CI 計算の計算量は軌道数 M に対して $O(M^9)$ と見積もられ，古典コンピュータによる方法に比べ指数加速されます．これは M に対して多項式時間ですが，依然として計算コストは高いと見るべきでしょう．現在も精力的な研究が行われ，計算量は $O(M^{5.5})$ 程度まで改善されています[43, 44]．

4.2.4 量子化学計算の前処理

　電子系のハミルトニアン $\mathcal{H}$（式（4.4））は，このままでは量子コンピュータ上でうまく扱えません．まず，ハミルトニアンを**第二量子化**します[*9]．この操作は波動関数の基底関数展開と等価です．第二量子化されたハミルトニアンは

$$\mathcal{H} = \sum_{p,q} h_{pq} c_p^\dagger c_q + \frac{1}{2} \sum_{p,q,r,s} h_{pqrs} c_p^\dagger c_q^\dagger c_r c_s$$

と書けます．$c_p^\dagger$ は**生成演算子**，c_p は**消滅演算子**と呼ばれ，それぞれ p でラベルされる状態を生成・消滅させる操作に相当します．つまり，$c_p^\dagger c_q$ は状態 q を p に移す操作，$c_p^\dagger c_q^\dagger c_r c_s$ は 2 個セットで状態を $(r, s) \to (p, q)$ と移す操作に相当します．h_{pq} と h_{pqrs} は**電子積分**と呼ばれ，古典コンピュータで数値積分して求めてある定数とします．

　このハミルトニアンに含まれる生成・消滅演算子も，このままでは量子ゲートとして実装できません．幸運なことに，生成・消滅演算子を効率よくパウリ演算子に変換する方法として **Jordan-Wigner 変換**と **Bravyi-Kitaev 変換**が知られています．Jordan-Wigner 変換は

$$c_p^\dagger = \prod_{t=1}^{p-1} Z_t \otimes \frac{1}{2}(X_p - iY_p)$$

$$c_q = \prod_{t=1}^{q-1} Z_t \otimes \frac{1}{2}(X_q + iY_q)$$

と定義されるので，ハミルトニアンに登場する項はそれぞれ

$$h_{pq} c_p^\dagger c_q = \frac{h_{pq}}{4}(X_p - iY_p) \prod_{t=p}^{q-1} Z_t (X_q + iY_q)$$

$$h_{pqrs} c_p^\dagger c_q^\dagger c_r c_s = \frac{h_{pqrs}}{16}(X_p - iY_p)$$
$$\times \prod_{t=p+1}^{q-1} Z_t (X_q - iY_q)(X_r + iY_r) \prod_{u=r+1}^{s-1} Z_u (X_s + iY_s)$$

のように変換できます（$p < q < r < s$）．これは**図 4.7** のように，スピン軌道と量子ビットを 1 対 1 で対応付け，スピン軌道の占有/非占有を $|1\rangle / |0\rangle$ で表すマッピングに相当します．必要な量子ビット数は，Full-CI 計算で必要なスピン軌道の数

[*9] 場の量子化とも呼ばれます．量子力学では，物理量を演算子で置き換える操作を "第一量子化" と呼び，波動関数を演算子と解釈することを "第二量子化" と呼びます[41]．

と同じです（例えば H_2O を cc-pVTZ 基底で扱いたいなら 116 量子ビット必要）．

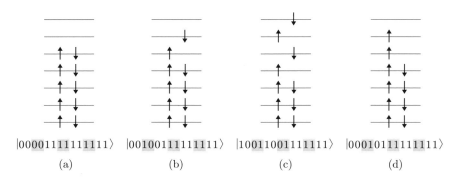

$$|00001111111111\rangle \qquad |00100111111111\rangle \qquad |10011001111111\rangle \qquad |00010101111111\rangle$$
$$\text{(a)} \qquad\qquad \text{(b)} \qquad\qquad \text{(c)} \qquad\qquad \text{(d)}$$

図 4.7　波動関数の量子ビットへのマッピング

　Jordan-Wigner 変換では，量子ビットのビット列から対応するスピン軌道の占有状況は直感的にわかります．一方で，電子の状態の反対称性を満たすという要請から $c_p^\dagger$, c_q では生成・消滅操作したい量子ビット p, q 以外の量子ビットに対しても Z ゲートを作用させ，$|1\rangle$ の数に応じて全体の符号を反転する必要があります．このことにより，Jordan-Wigner 変換でマップした量子ビットによってスレーター行列式を扱うには多数のパウリゲートが必要になってしまいます．

　Bravyi-Kitaev 変換では，奇数番目の量子ビットは Jordan-Wigner 変換と同様にスピン軌道の占有/非占有を，偶数番目の量子ビットは複数のスピン軌道の占有数の論理和（2 で割った余り）を表します．例えば 8 スピン軌道系の場合，Jordan-Wigner 変換における k 番目のスピン軌道の占有数（k 番目の量子ビットの値）を $j_k \in \{0, 1\}$ とすると Bravyi-Kitaev 変換での量子ビット表現 b_k は

$$\begin{bmatrix} b_1 \\ b_2 \\ b_3 \\ b_4 \\ b_5 \\ b_6 \\ b_7 \\ b_8 \end{bmatrix} = \begin{bmatrix} 1 & 0 & 0 & 0 & 0 & 0 & 0 & 0 \\ 1 & 1 & 0 & 0 & 0 & 0 & 0 & 0 \\ 0 & 0 & 1 & 0 & 0 & 0 & 0 & 0 \\ 1 & 1 & 1 & 1 & 0 & 0 & 0 & 0 \\ 0 & 0 & 0 & 0 & 1 & 0 & 0 & 0 \\ 0 & 0 & 0 & 0 & 1 & 1 & 0 & 0 \\ 0 & 0 & 0 & 0 & 0 & 0 & 1 & 0 \\ 1 & 1 & 1 & 1 & 1 & 1 & 1 & 1 \end{bmatrix} \begin{bmatrix} j_1 \\ j_2 \\ j_3 \\ j_4 \\ j_5 \\ j_6 \\ j_7 \\ j_8 \end{bmatrix} = \begin{bmatrix} j_1 \\ j_1 + j_2 \\ j_3 \\ \sum_{k=1}^4 j_k \\ j_5 \\ j_5 + j_6 \\ j_7 \\ \sum_{k=1}^8 j_k \end{bmatrix} \tag{4.6}$$

と形式的に表せます（和は論理和とします）[45]．この変換行列 B は漸化式

$$B_1 = 1$$

$$B_{2^k} = \begin{bmatrix} B_{2^{k-1}} & \begin{bmatrix} \nwarrow & & \\ & 0 & \\ & & \searrow \end{bmatrix} \\ \begin{bmatrix} \leftarrow & 0 & \rightarrow \\ & \vdots & \\ \leftarrow & 1 & \rightarrow \end{bmatrix} & B_{2^{k-1}} \end{bmatrix}$$

で表現できるので，プログラムとして実装するのには都合よさそうです[46]．左下に表れる行列は最下行のみすべて 1 が並びその他の要素はすべて 0 である行列です．

さて，$2M$ 個のスピン軌道の情報を $2M$ 個の量子ビットで表すという点では Jordan-Wigner 変換と同じですが，Bravyi-Kitaev 変換では p 番目の軌道の占有状況 j_p を知りたいときに，必ずしも p 番目の量子ビットだけの情報から求められません．式 (4.6) の例では，6 番目のスピン軌道の占有数 j_6 を知るには，6 番目の量子ビットを観測して b_6 を得るだけではなく，b_5 もチェックする必要があります．

一方，生成演算子 c_p^+ を作用させたとき，全体の符号を反転すべきかどうか決めるのに，$1 \sim (p-1)$ 番目の量子ビットを見る必要はなく，ある複数個の量子ビットの情報のみで十分になります．先ほどの例では，6 番目のスピン軌道に生成演算子を作用させるときの符号反転は，b_4 と b_5 のみを確認すればよいことになります．

この結果，Bravyi-Kitaev 変換では，Jordan-Wigner 変換よりも少ない数のパウリ演算子でハミルトニアンを書くことが可能です[47]．

Bravyi-Kitaev 変換によってハミルトニアンに現れる生成・消滅演算子の項は

$$c_0^\dagger c_0 = \frac{1}{2}(I - Z_0), \quad c_1^\dagger c_1 = \frac{1}{2}(I - Z_0 Z_1), \quad \cdots$$

のように，Jordan-Wigner 変換と同様にパウリ演算子に変換されます．詳細はここでは述べませんが，OpenFermion などのライブラリを利用して簡便に変換できます[46]．

●COLUMN●

コラム 4.2 電子状態のマッピング

Jordan-Wigner 変換や Bravyi-Kitaev 変換よりも，さらに少ない量子ビット数でマッピングするコンパクトマッピング法と呼ばれる手法もあります [42]．M 個の量子ビットを使うと 2^M 通りのスピン軌道が表現可能ですが，このうち通常考える必要があるのは電子数が N で一定の $_MC_N$ 通りだけです．電子数が増減するような過程を扱うにしても，電子が 10 個も 20 個も一気に増えるようなものは通常の量子化学の範囲では考える必要はありません．

コンパクトマッピング法では電子数 N を固定して $_MC_N$ 通りの電子配置を何らかの順番で並べ，$k = 1, 2, 3, \cdots$ とラベルをつけ，その 2 進数表示を量子ビットに保存します．この方法では，量子ビットの $|1\rangle/|0\rangle$ と軌道の占有/非占有などの対応関係はわかりにくくなってしまいます．また，このような変換の一般化も困難です．

水分子 H_2O を例にとって考えてみましょう（表 4.1）．STO-3G と呼ばれる基底関数セットでは，各 H 原子に 1s 軌道，O 原子に 1s, 2s, 2px, 2py, 2pz の 5 軌道を割り当てるので合計の軌道数は 7 です．スピン $\{\uparrow, \downarrow\}$ の自由度も考慮すると $7 \times 2 = 14$ のスピン軌道が必要です．Jordan-Wigner 変換では，スピン軌道と量子ビットを 1 対 1 で対応づけるので必要量子ビット数は 14 です．

コンパクトマッピングでは，電子数を固定し考慮すべき状態を限定します．H_2O では H から 1 個ずつと H からの 8 個の合計 10 個の電子を 14 のスピン軌道に配置することだけを考えます．可能な組合せは $_{14}C_{10} = 1001 < 2^{10}$ なので，10 量子ビットあれば十分ということになります．このマッピングでは，量子ビットとスピン軌道の間の 1 対 1 関係は失われます．

求めたい状態はスピン一重項状態（$\uparrow$ と $\downarrow$ の数が等しい）であるという制限を加えると，さらに量子ビット数を削減できます．水分子の場合 196 通りの状態さえ表現できればよいので，$196 < 2^8$ より，トータルで必要な量子ビットは 8 個まで削減できます．

表 4.1 電子状態のマッピング

（文献 42) より引用・著者により和訳・加筆）

	基底関数セット		
	STO-3G	6-31G*	cc-pVTZ
基底関数の数	7	19	58
Jordan-Wigner 変換	14	38	116
コンパクトマッピング	10	29	47
コンパクトマッピング (一重項のみ)	8	25	42

4.2.5 量子回路を構築する

ハミルトニアン H をパウリ演算子の積でかける項 H_j からなる

$$H = \sum_j^m H_j$$

という形に変換した後，位相推定サブルーチンに使うユニタリゲート $U = e^{-iHt}$ の量子回路を構築します．よく用いられるのはトロッター分解（3.6 節）によって

$$e^{-iHt} = e^{-i\sum_i^m H_i t} \approx \left(\prod_j^m e^{-iH_j \frac{t}{n}} \right)^n$$

と t/n ずつ実行する方法です [48]．分割数 n（トロッター分解の次数）を大きくすると分解による誤差は小さくなりますが，必要となる量子ゲート操作は多くなります．必要な精度によってテイラー展開を適当なところで打ち切った関数や，$U = \exp(i\sin^{-1}(H/H_0))$（$H_0$ は規格化定数）も使われます [49]．

パラメータ t は，固有値 E の可能な範囲から決定します [*10]．エネルギー E と量子位相推定サブルーチンによって求まる位相 ϕ $(0 \leq \phi < 1)$ の間には $e^{-iEt} = e^{2\pi i\phi}$ という関係式があります [*11]．したがって，$E_{\min} \leq E < E_{\max}$ とエネルギーの存在範囲をあらかじめ予想しておき，$E_{\min}$ と $\phi = 0$，$E_{\max}$ と $\phi = 1$ とが対応するように t を決定すれば，量子位相推定サブルーチンで得られた ϕ から正しく E を計算できます．

Full-CI 法で求まるエネルギーは Hartree-Fock 法で求めたエネルギー E_{HF} を常に下回ることが変分原理からわかるので，上限 $E_{\max}$ には E_{HF} を用いればよいでしょう．下限 $E_{\min}$ は，Hartree-Fock 法によるエネルギーが正解の 99%程度であることを逆手にとり，$E_{\min} = 1.01 \times E_{\mathrm{HF}}$（あるいはもう少しマージンをとって 1.05 倍）などと設定すれば十分と考えられます．

ユニタリ操作 $e^{-iH_i t}$ を量子コンピュータで実行可能な量子ゲートに分解し量子回路で表現します．例として Jordan-Wigner 変換の下でのハミルトニアンの 1 電子項 $h_{pq}c_p^\dagger c_q$ の量子回路表現を考えます．

[*10] e^{-iHt} を作用させることは量子系のシミュレーション（3.6 節）における H による時間発展と同じ意味で，t は時間発展の長さに相当します

[*11] 原子核の周りを回る電子は，そうでない自由電子の状態よりもエネルギーは下がるので，一般に量子化学計算で求まる電子エネルギー E は負の値です．

まず，$h_{pq}(c_p^\dagger c_q + c_q^\dagger c_p)$ のような複素共役の組にして

$$h_{pq}(c_p^\dagger c_q + c_q^\dagger c_p) = \frac{h_{pq}}{2}(X_p Z_{p+1} \cdots Z_{q-1} X_q + Y_p Z_{p+1} \cdots Z_{q-1} Y_q)$$

とパウリ演算子に変換します（h_{pq} は定数）．このパウリ演算子の積を肩にもつ $e^{-ih_{pq}(XZ\cdots ZX+YZ\cdots ZY)/2}$ を量子回路で表すことを考えます（$t=1$）．第1項目は，$X_p Z_{p+1} \cdots Z_{q-1} X_q$ の固有値が $+1$ のときに位相シフト $\exp(-ih_{pq}/2)$ を行い，固有値が -1 のときには位相シフト $\exp(ih_{pq}/2)$ を行う操作に相当することがわかります．p 番目，q 番目の量子ビットは X 基底（$\{|+\rangle, |-\rangle\}$）で，量子ビット $(p+1) \sim (q-1)$ は Z 基底（$\{|0\rangle, |1\rangle\}$）で考えたときの固有値を見なければいけないので，p と q はアダマールゲートを使って Z 基底に変換し，すべてを Z 基底に揃えてから **CNOT** ゲートで偶奇性を調べていって，最後に量子ビット q に位相シフト操作を施せばよいことになります（1つの量子ビットの位相が，全量子ビットの位相になるのでした）．このような働きをする量子回路を**図 4.8**に示しました．隣り合う量子ビット間の **CNOT** ゲートしかサポートされない場合でも，

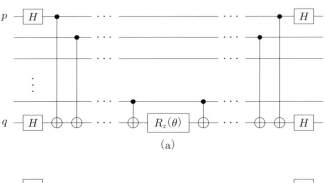

(a)

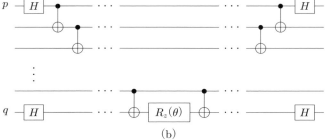

(b)

図 4.8 $e^{i(X_p Z_{p+1} Z_{p+2} \cdots Z_{q-1} X_q)\theta}$ の量子回路

次々に隣の量子ビットに **CNOT** ゲートを掛けていけば同じ計算が可能です（図 4.8 の (a) と (b) は等価です）.

一連の **CNOT** ゲート操作の後，$X_p Z_{p+1} \cdots Z_{q-1} X_q$ の固有値が $+1$ のときには量子ビット q は $|0\rangle$，固有値が -1 のときには $|1\rangle$ になっています（$Z|0\rangle = |0\rangle$, $Z|1\rangle = -|1\rangle$）. したがって，量子ビット q に対して Z 回転ゲート $R_z(h_{pq})$ を作用させれば，目的の操作が行えることになります. 最後に，一連の操作（**CNOT** ゲートとアダマールゲート）を逆順に作用させておきます.

第 2 項目では，量子ビット p, q にかかるパウリ演算子は Y なので，アダマールゲートと **S** ゲートを使って Z 基底に変換して考えれば，あとは第 1 項目と同様に量子回路を構築できます（$Y \leftrightarrow Z$ 基底の変換は回転ゲート $R_x(\pi)$ でも可能です）. この量子回路の構築方法は，2 電子項（$h_{pqrs} c_p^\dagger c_q^\dagger c_r c_s$）や Bravyi-Kitaev 変換のもとでのハミルトニアンなど，パウリ演算子の積を指数の肩にもつユニタリ演算について常に有効です. 第 5 章で紹介するアルゴリズムでも多用されるので，**表 4.2** にまとめました.

量子位相推定サブルーチンを利用するためには，この e^{-iHt} ゲート操作を制御ゲート化する必要があります. これはシンプルに，いま量子ビット q に作用している $R_z(h_{pq})$ ゲートを，補助量子ビットを制御部とする制御 $R_z(h_{pq})$ ゲートに変更すればよいでしょう. ただし，量子ビット p と q が離れているほど多数の **CNOT** ゲートが必要です.

ここで紹介した方法の計算量は，スピン軌道数 N に対して $O(N^{11})$ 程度と考えられています [43]. その後の研究により，$O(N^{5.5})$ 程度の方法も登場しています [44]. 大きな分子を扱う場合に必要な量子ビット数の確保はもちろん，e^{-iHt} を用いた量子位相推定サブルーチンには非常に多くの量子ゲート操作が必要です [50, 51]. しかし，それでもなお，量子コンピュータ版 Full-CI 法は Full-CI 法であるがゆえに魅力的で，将来を見越した研究は今も盛んに行われています.

初期状態の準備にもひと工夫必要です. 3.4.2 項で見たように，量子位相推定サブルーチンに入力する $|\psi\rangle$ は，答えである固有状態に十分近い（重なりのある）必要があります. しかし，この "良い初期状態が容易に準備できる" ような分子は実は限られており [52]，化学的に興味があるのは得てしてそうでない系であったりするのです. Hartree-Fock 法がうまくいかない系についてよい初期状態を効率的に（できれば $O(N^3) \sim O(N^4)$ 程度で）求める方法を，古典・量子の両面から探すことは有益でしょう.

表 4.2　パウリ演算子で書けるハミルトニアンの量子回路

	Z 基底で考える	制御ゲート
$R_z(\theta)$	$e^{-iZ\frac{\theta}{2}}$	
$R_x(\theta)$	$e^{-iX\frac{\theta}{2}}$	
$R_y(\theta)$	$e^{-iY\frac{\theta}{2}}$	
$R_{zz}(\theta)$	$e^{-iZZ\frac{\theta}{2}}$	
$R_{xx}(\theta)$	$e^{-iXX\frac{\theta}{2}}$	
$R_{yy}(\theta)$	$e^{-iYY\frac{\theta}{2}}$	
$R_{xy}(\theta)$	$e^{-iXY\frac{\theta}{2}}$	

4.2.6 具体例：水素分子

量子位相推定サブルーチンを使って，水素分子 H_2 の基底エネルギー（ハミルトニアン H の最小固有値）を求める問題を考えてみましょう．水素分子は，Bravyi-Kitaev 変換の詳細な説明，実機によるデモンストレーション実験[53]，量子回路シミュレータによる模擬[54]など，さまざまな場面で利用されています．

Bravyi-Kitaev 変換のもとでの H_2 のハミルトニアン (STO-6G 基底) は

$$H_{BK} = f_0 I + f_1 Z_0 + f_2 Z_1 + f_3 Z_2 + f_1 Z_0 Z_1 + f_4 Z_0 Z_2 + f_5 Z_1 Z_3$$
$$+ f_6 X_0 Z_1 X_2 + f_6 Y_0 Z_1 Y_2 + f_7 Z_0 Z_1 Z_2 + f_4 Z_0 Z_2 Z_3$$
$$+ f_3 Z_1 Z_2 Z_3 + f_6 X_0 Z_1 X_2 Z_3 + f_6 Y_0 Z_1 Y_2 Z_3 + f_7 Z_0 Z_1 Z_2 Z_3$$

とパウリ演算子で表現できます[45]．係数 f_i は与えられた原子核間の距離 R についての電子積分から計算される実数で，例えば $R = 0.7$ Å のときに

$$f_0 = -0.81261, \quad f_1 = 0.171201, \quad f_2 = 0.16862325, \quad f_3 = 0.2227965,$$
$$f_4 = 0.12054625, \quad f_5 = 0.17434925, \quad f_6 = 0.04532175, \quad f_7 = 0.165868$$

です．STO-6G 基底では水素原子 1 個につき 2 スピン軌道なので全部で 4 量子ビットにマップされます．したがって，H_{BK} は 16×16 行列です．

H_{BK} に量子ビット 1 や 3 を反転させる X や Y が含まれていないことを利用すると，ハミルトニアンのうち考慮すべき項をインデックスが 0 か 2 のみに限定できます[53]．量子ビットをマップし直すと，実行的なハミルトニアンは

$$\tilde{H}_{BK} = g_0 I + g_1 Z_0 + g_2 Z_1 + g_3 Z_0 Z_1 + g_4 X_0 X_1 + g_5 Y_0 Y_1$$

と 6 つの項のみになります（$\tilde{H}_{BK}$ は 4×4 行列）．このハミルトニアンを指数関数化した $U = e^{-i\tilde{H}_{BK}t}$ をトロッター分解すると

$$U \approx U_{\text{Trot}}(t) := \left(\prod_j e^{-i g_j H_j t/n} \right)^n$$
$$= \left(e^{-i(g_0 I + g_1 Z_0 + g_2 Z_1 + g_3 Z_0 Z_1 + g_4 X_0 X_1 + g_5 Y_0 Y_1)t/n} \right)^n$$

となります．量子位相推定サブルーチンでは，補助量子ビットを制御部とする制御 $U_{\text{Trot}}(2^k t)$ ゲートを使います．これは表 4.2 に示した 1 量子ビット回転ゲート $R_z(\theta) = e^{i\theta/2 Z_i}$ や 2 量子ビット回転ゲート $R_{xx}(\theta) = e^{i\theta/2 X_i X_j}, R_{yy}(\theta) = e^{i\theta/2 Y_i Y_j}$ を制御回転ゲート化した Ctrl-$R_z(\theta)$ や Ctrl-$R_{xx}(\theta)$ を使います．

Ctrl-$R_z(\theta)$ は $R_z(\theta/2)$ 回転ゲートと CNOT ゲートを組み合わせて構成します。コントロール量子ビットが $|0\rangle$ のときには、$\theta/2$ 回転と $-\theta/2$ 回転とが相殺し、$|1\rangle$ のときにはターゲット量子ビット $|\psi\rangle$ は

$$|\psi\rangle \xrightarrow{R_z(\frac{\theta}{2})} R_z(\frac{\theta}{2})|\psi\rangle \xrightarrow{\text{CNOT}} R_z(-\frac{\theta}{2})|\psi\rangle \xrightarrow{R_z(-\frac{\theta}{2})} R_z(-\theta)|\psi\rangle$$

と $\theta/2 - (-\theta/2) = \theta$ 回転されるカラクリです。Ctrl-$R_z(\theta)$ ゲートを使うと、$Z_0 Z_1$ の項の制御ゲート化（Ctrl-$R_{zz}(\theta)$ ゲート）を構築できます。前節で紹介したように Z と X や Y の変換公式 $HZH = X$ や $SHZHS^{\dagger} = Y$ を使って Ctrl-$R_{xx}(\theta)$ や Ctrl-$R_{yy}(\theta)$ も作れます。

Hartree-Fock 法で求めた基底状態 $|\psi_{\text{HF}}\rangle := |01\rangle$ を初期状態として、反復的位相推定法（3.4.2 項）で補助量子ビットに位相を 1 桁ずつ取り出すことを考えます。量子化学計算の定量性の目安として、**化学的精度**（Chemical accuracy）が用いられます。これはエネルギー固有値をおよそ 2.5 kJ/mol（原子単位系で 1.0×10^{-3} Hartree）の精度で推定することに相当します[37]。

量子位相推定サブルーチンを用いた量子化学計算でこの精度を達成するには、主に 2 つのパラメータを考慮する必要があります。まず、量子位相推定サブルーチンの反復回数を考えます。$(1 - \varepsilon)$ の成功確率で位相を L ビット精度まで求めるための反復回数は

$$L + \left\lceil \log_2\left(2 + \frac{1}{2\varepsilon}\right) \right\rceil$$

なので[1, 2]、成功確率が 50% を上回る（何度か測定して多数決によって正しく 0 か 1 を決めることが可能）には

$$-\log_2(1.0 \times 10^{-3}) + \log_2 3 \approx 11.55$$

より、12 回程度の反復が必要となります（シミュレータによる試行[54]では反復回数を変化させたときの精度の変化が調べられています）。

また、トロッター展開の次数 n も推定結果の精度を決める重要な要素です。化学的精度を達成するために必要な n は、対象とする分子や基底関数セットによって異なりますが、このケース（水素分子を STO-6G 基底で扱う）では $n = 1$ で十分であることがわかっています[55]。

4.3.1 概 要

特定の制約条件を満たす答えを見つけ出す**探索**は，最適化問題の解を求めるなど汎用的な問題解決手法です[56-58]．現実の問題では，答え（ゴール）がわかっていたり，答えが正しいかどうかの判定は簡単だったりしても，問題の "解き方" がわからない場合があります．探索アルゴリズムは解法が不明の場合でも，試行錯誤などで解を求めます．

問題を解く最もシンプルで汎用な方法は，すべての可能な入力について解かどうかをしらみつぶしに確認する**力まかせ探索**です．しかし，可能な組合せの数は一般に膨大となり，すぐに手に負えなくなります．例えば，チェスの全局面はおよそ 10^{120} 通りの組合せとなり，すべての可能性を探索することは事実上不可能です．

そこで，多くの場合，**近似アルゴリズム**や**ヒューリスティックス**により計算コストを削減しながら近似解を探します．力まかせ探索アルゴリズムは，考えうるすべての解の集合である**探索空間**の知識を全く用いない方法ですが，多くの近似アルゴリズムは探索空間の構造の知識を使って計算コストを削減します．

線形探索アルゴリズムは，答えが見つかるまで単純にリスト上の各要素を順に調べていきます．計算量はリスト上のアイテムの数 N に対して $O(N)$ です．より高速な**二分探索**アルゴリズム（計算量は $O(\log N)$）も知られています[*12]．root ノードからの階層数（木の高さ）を自動的に小さく維持する**平衡二分探索木**という特別なデータ構造で用意できれば，$O(\log N)$ での検索のほか，リストへの挿入や削除も $O(\log N)$ で行えます（最悪ケースでは $O(N)$）．

ハッシュテーブルはキーの要約であるハッシュ値を利用することで，リスト探索や追加をデータサイズによらない定数時間 $O(1)$ で実行します（ハッシュ値の衝突などがあると最悪の場合 $O(N)$）．線形探索や二分探索などでは若干のコスト追加で与えられたキー以下（あるいは以上）のすべての値を探す**範囲探索**が可能

---

*12 探索すべきデータが多いほど線形探索より有利になりますが，リストを探索前にソートしておく必要があり，ランダムアクセス可能であることも条件です．

ですが，ハッシュテーブルでは効率的に行うことはできません．

　木構造を利用した**木探索**やグラフ構造を利用した**グラフ探索**もよく使われます．深さが同じレベルのノードを浅い方から順に見ていく**幅優先探索**とルートノードから葉ノードまで見ていってバックトラックする**深さ優先探索**があります．

4.3.2　グローバーの検索アルゴリズム

　グローバーのアルゴリズムは，ソートされていないデータベースから特定のデータを探索する量子アルゴリズムで，N 個のデータに対して $O(\sqrt{N})$ 回の問合せ（クエリ）で解を発見できる確率的アルゴリズムです．古典コンピュータでは未整序データベース探索は線形探索するしかなく，クエリは $O(N)$ 回必要なので，量子アルゴリズムによる加速は 2 次 (quadratic) です．

　N 要素の未整序データベースから M 個の解を探索するグローバーのアルゴリズムの流れは以下のとおりです．振幅増幅サブルーチン（3.5 節）とほぼ同様ですが，ここでは解が M 個ある場合を考えます．すべての可能なラベル x を重ね合わせた状態を入力として量子オラクルに問い合わせることで，量子コンピュータ版の力まかせ探索を行います．オラクルは解 $|x^*\rangle$ の位相反転を行うので，最終的に高い確率で $|x^*\rangle$ が測定されるように上手に振幅増幅サブルーチンをかけます [2]．

i)	用意した $n = \log_2 N$ 個の量子ビットすべてにアダマールゲートを作用させ，すべての可能なラベルを基底エンコーディングした重ね合わせ状態 $|s\rangle = \frac{1}{\sqrt{N}} \sum_x |x\rangle$ を用意する．
ii)	量子オラクル U_ω を作用させ，解となる $|x^*\rangle$ についてのみ $-|x^*\rangle$ と位相を反転する．
iii)	$|s\rangle$ 周りの反転操作 $U_s := 2|s\rangle\langle s| - I$ を作用させる．
iv)	ステップ ii) と iii) を $k \sim O(\sqrt{N/M})$ 回繰り返し [*1]，$|x^*\rangle$ の確率振幅を増幅する（振幅増幅サブルーチン（3.5 節））
v)	すべての量子ビットの測定を行うと，高い確率で $|x^*\rangle$ が得られる．

*1　最適な k の決定には解の個数 M が必要です．解の個数 M がわからないときの k の決定方法はコラム 4.3 を参照してください．

まず，初期状態 $|00\cdots0\rangle$ の全量子ビットにアダマールゲートをかけ

$$|00\cdots0\rangle \xrightarrow{H^{\otimes n}} \frac{1}{\sqrt{N}}\Big\{(|0\rangle+|1\rangle)\otimes\cdots\otimes(|0\rangle+|1\rangle)\}\Big\}$$

$$=\frac{1}{\sqrt{N}}\Big((|0\rangle+|1\rangle+|2\rangle+\cdots+|N-1\rangle\Big) := |s\rangle$$

のようにすべての可能なラベルに対応する状態を重ね合わせ状態で用意します．
次に，量子オラクルを状態 $|s\rangle$ 作用させます．ここでは量子オラクル U_ω は

$$U_\omega = I - 2\sum_{i=1}^{M}|x_i^*\rangle\langle x_i^*|$$

とします*13．この量子オラクルを $|s\rangle$ に作用させると（量子オラクルに対する問合せに相当），M 個の解 $\{x_i^*\}$ に対応する $\{|x_i^*\rangle\}$ についてのみ位相反転し，解ではない $|x\rangle$ については何もしないという

$$U_\omega |x\rangle = \begin{cases} |x\rangle & (x \text{ は解ではない}) \\ -|x\rangle & (x \text{ は解}) \end{cases}$$

の操作により

$$U_\omega |s\rangle = \frac{1}{\sqrt{N}}\Big(|0\rangle+|1\rangle+\cdots-|x_1^*\rangle+\cdots-|x_M^*\rangle+\cdots+|N\rangle\Big) \quad (4.7)$$

となります．さらに $|s\rangle$ を対称軸にした反転操作

$$U_s = 2|s\rangle\langle s| - I$$

を作用させます．この演算は，$|s\rangle$ に直交するベクトル $|s_\perp\rangle$ を使うと

$$\alpha|s\rangle + \beta|s_\perp\rangle \xrightarrow{U_s} \alpha|s\rangle - \beta|s_\perp\rangle$$

のように，$|s_\perp\rangle$ の位相反転と考えることができます．これは確率振幅で見ると式 (4.7) の確率振幅をその平均値周りに反転する操作になっています．これは U_s を任意の状態 $|\psi\rangle = \sum_k a_k |k\rangle$ に作用させると

$$U_s |\psi\rangle = \sum_k \left(2\sum_\ell \frac{a_\ell}{N} - a_k\right)|k\rangle$$

となることからわかります．

---

*13 これでは解 x^* がわかっていることになってしまいます．量子オラクル U_ω の構成法は問題依存の面があり，次節では SAT 問題について U_ω の構成方法を紹介します．

さて，解ではない状態の重ね合わせと解の状態の重ね合わせの 2 つのベクトル

$$|\alpha\rangle = \frac{1}{\sqrt{N-M}} \sum_{x \in \, 解以外} |x\rangle \,, \; |\beta\rangle = \frac{1}{\sqrt{M}} \sum_{x \in \, 解} |x\rangle$$

を使うと，初期状態は

$$|s\rangle = \frac{1}{\sqrt{N}} \left(\sqrt{N-M} \, |\alpha\rangle + \sqrt{M} \, |\beta\rangle \right) := \cos\theta \, |\alpha\rangle + \sin\theta \, |\beta\rangle$$

と表せます（$\cos\theta = \sqrt{\frac{N-M}{N}}$）．$U_s U_\omega |s\rangle$ は $\{|\alpha\rangle, |\beta\rangle\}$ を基底にとると

$$|s\rangle \xrightarrow{U_s U_\omega} \cos 3\theta \, |\alpha\rangle + \sin 3\theta \, |\beta\rangle$$

のように書け，解を表す状態 $|\beta\rangle$ の確率振幅が $\sin\theta \to \sin 3\theta$ に増幅されているとわかります（一般に $N \gg M$ なので，$\theta = \sin^{-1} \sqrt{\frac{M}{N}}$ は 0 に近い正の数です）．この後は振幅増幅サブルーチン（3.5 節）と同様にこれら 2 つの反転操作 $U_s U_\omega$ を繰り返し，解のラベルをもつ状態 $|\beta\rangle$ の確率振幅を増幅します．k 回繰り返すと状態は

$$|s\rangle \xrightarrow{(U_s U_\omega)^k} \cos(2k+1)\theta \, |\alpha\rangle + \sin(2k+1)\theta \, |\beta\rangle$$

となっており，これを計算基底で測定すると確率 $\sin^2(2k+1)\theta$ で $|\beta\rangle$ の中に重ね合わせ状態として含まれていた解の 1 つが現れることになります．

　最適な反復回数（＝量子オラクルへの問合せ回数）でアルゴリズムの計算量を評価します．$(U_s U_\omega)^k |s\rangle$ が $|\beta\rangle$ に最も近づくのは，$(2k+1)\theta$ が $\pi/2$ に近くなるときなので，k が

$$\frac{\pi}{4\theta} - \frac{1}{2}$$

に最も近い整数 k^* のときです．この整数 k^* の上限は

$$\theta \geq \sin\theta = \sqrt{\frac{M}{N}}$$

を使って

$$k^* \leq \left(\frac{\pi}{4\theta} - \frac{1}{2} \right) + 1 = \frac{\pi}{4\theta} + \frac{1}{2} \leq \frac{\pi}{4}\sqrt{\frac{N}{M}} + \frac{1}{2}$$

なので，計算量 $O(\sqrt{N/M})$ と評価できます．一方，古典アルゴリズムでは $O(N/M)$ 回のオラクル問合せが必要なので，グローバーのアルゴリズムは古典アルゴリズム（線形探索）に比べて 2 次の加速になっています．

●COLUMN●

コラム 4.3　繰返し回数の設定戦略

　最適な繰返し回数 k^* の決定には解の個数 M が必要ですが，一般には解の個数は不明の場合も多いでしょう．解の個数があらかじめわからない以上，k を少しずつ増やしながら繰り返しアルゴリズムを実行して解を探索する必要がありますが，どのように増やせばよいでしょうか？.

　例えば，繰返し回数 k を 1,2,3$\cdots$ と増やしていったのでは，その合計は

$$\sum_{k=1}^{k^*} k = \frac{k^*(k^* + 1)}{2}$$

と増えてしまい，量子アルゴリズムによる 2 次加速が相殺されてしてしまいます.

　繰返し回数 k の設定戦略として，$k = 2^\ell$ ($\ell = 0, 1, 2, \cdots$) 回の繰返しのみを実行する方法があります [59]．繰返し回数 $k = 2^\tau$ が最適な繰返し回数 k^* に近い値を取るときには

$$2^\tau \le \frac{\pi}{4\theta} - \frac{1}{2}$$

という不等式が成り立ちます．この 1 回前（$k = 2^{\tau-1}$）は k^* 以下なので

$$\frac{\pi}{8\theta} \le 2^\tau + \frac{1}{2} \le \frac{\pi}{4\theta}$$

が成り立つことから

$$\frac{\pi}{4} \le 2^{\tau+1}\theta + \theta \le \frac{\pi}{2}$$

が得られます．これを使うと，$k = 2^\tau$ 回繰り返した後の $|\beta\rangle$ の確率振幅は

$$\sin(2k+1)\theta = \sin(2^{\tau+1}\theta + \theta) \ge \sin\frac{\pi}{4} = \frac{1}{\sqrt{2}}$$

となります．繰返し回数 $k = 1, 2, 4, \cdots 2^\tau$ の合計は

$$\sum_{\ell=0}^{\tau} 2^\ell = 2^{\tau+1} - 1 \le \frac{\pi}{2\theta} - 1 \le \frac{\pi}{2\sin\theta} - 1 = \frac{\pi}{2}\sqrt{\frac{N}{M}} - 1$$

と評価できます（ここで θ は十分小さいということを使いました）.

　$k = 1, 2, 3, \cdots$ と愚直に全部の繰返し回数についてグローバーのアルゴリズムを実行すると全体の計算量は $O(N/M)$ になってしまいますが，この方法なら全体の計算量も $O(\sqrt{N/M})$ のままです.

4.3.3　具体例:充足可能性問題

　グローバーのアルゴリズムの最も重要な部分は量子オラクルの実装です．アルゴリズムの説明のために，解や真理値表を量子回路にハードコーディングして量子オラクルを構成する例が見られますが，これでは実際の問題に応用できません．量子オラクルは入力がハードコードされた値と等しいかどうかの確認ではなく，入力が特定の条件を満たすかどうかをチェックする量子回路として実装することが必要です．

　充足可能性問題 (SAT 問題：Satisfiability problem) を量子オラクルを使って解く方法を紹介しましょう．SAT 問題とはある命題論理式が 1 つ与えられたとき，変数の値を真 (True) または偽 (False) に定めることによって，式全体の値を真にできるかという問題です．例えば，論理式

$$f(v_1, v_2) = (v_1 \lor v_2) \land (\neg v_1 \lor v_2) \land (\neg v_1 \lor \neg v_2)$$

を考えてみましょう．ここで変数 v_1, v_2 やその否定 $\neg v_1$, $\neg v_2$ は**リテラル**，その論理和 $\lor$ のみで構成される $(\cdots)$ の部分は**節**と呼ばれます．どんな形の論理式も，二重否定の除去，分配法則，ド・モルガンの法則などにより節の論理積（$\land$）で構成される**連言標準形**（Conjunctive Normal Form, CNF）に変換できます．このうち，節内のリテラル数が高々 k 個のものを k-SAT と呼びます．

　上記の 2-SAT 問題で $v_1 = \mathtt{False}$, $v_2 = \mathtt{True}$ とすると全体を $\mathtt{True}$ にできるので，充足可能です．SAT 問題は NP 完全 [*14]であることが証明された最初の問題で，理論計算機科学的な興味から広く研究されてきました．回路設計やタンパク質設計などさまざまな問題を SAT 問題で定式化できることから，SAT ソルバ（ソフトウェア）が数多く市販されるほど産業応用上も重要視されています [60]．

　SAT を解く最も単純なアルゴリズムは，変数の数を n，節の数を m として全部で 2^n 通りの割り当てすべてに対して命題論理式の評価を行う力まかせ探索です．このときの計算量は $O(m2^n)$ で問題の入力サイズに対して指数時間になってしまいます．残念なことに SAT は NP 完全なので量子アルゴリズムでも多項式時間まで改善できないと強く信じられています．これを改善する古典のアルゴリズムとして，同じ指数時間かかっても $O(a^n)$ の a がなるべく小さいものを作るアプ

[*14]　NP 完全問題を指数時間未満で解く既知のアルゴリズムはありませんが，解は多項式時間で検証できます．あらゆる NP 問題を SAT に帰着できるという意味で重要です．

ローチが考えられます．例えば，ショーニングのアルゴリズムは 3-SAT の計算量を $O((4/3)^n)$ に改善します [61]．

　グローバーのアルゴリズムを使えば，$O(a^n) \to O(a^{n/2})$ と改善できます．具体的には，可能な 2^n 通りの変数割り当てを重ね合わせ状態として用意し，量子オラクルに並列に問い合わせることで，論理式全体を True にできる割り当てを探す検索問題と見なします．重要なポイントは命題論理式の量子オラクル（の量子回路）へのシステマティックな変換です．

　4 つの変数からなる 3-SAT 問題

$$(x_1 \vee x_2 \vee x_4) \wedge (x_1 \vee \neg x_2 \vee x_4) \wedge (\neg x_1 \vee \neg x_2 \vee \neg x_4)$$
$$\wedge (x_1 \vee \neg x_3 \vee \neg x_4) \wedge (\neg x_1 \vee \neg x_2 \vee \neg x_3) \wedge (\neg x_2 \vee x_3 \vee x_4)$$
$$\wedge (\neg x_1 \vee x_2 \vee \neg x_3) \wedge (\neg x_2 \vee x_3 \vee \neg x_4) \wedge (x_2 \vee x_3 \vee \neg x_4)$$
$$\wedge (x_1 \vee \neg x_3 \vee x_4) \tag{4.8}$$

を考えます [*15]．まず $|1\rangle$ を True に，$|0\rangle$ を False に対応づけ，変数の数だけ量子ビットを用意します．1 つの節を評価する量子オラクルは，3 入力の一般化 Toffoli ゲートとして実装できます．

　アルゴリズム全体は**図 4.9** のような量子回路になります．節ごとの評価結果は Toffoli ゲートを通じて 10 個の補助量子ビットに保存され，それらを束ねた 10 入力の Toffoli ゲートによって論理式 (4.8) 全体の評価はもう 1 つの補助量子ビット（$|-\rangle$ に初期化されている）に入力されます．そして，節ごとの 3 入力 Toffoli ゲートをすべて逆順にかけ直します．この部分は量子オラクル U_ω になっています．続くアダマールゲートと 4 入力 Toffoli ゲートは U_s に対応します．

　シミュレータでこの量子回路を実行し，各ステップで確率振幅がどのように変化するか見てみます．全 16 通りの変数割り当てに対応する状態のすべて等しい確率振幅 0.25 での重ね合わせ状態 $|\psi_1\rangle$ を用意し，量子オラクルに入力します．すると $|0001\rangle$ の確率振幅のみが反転した $|\psi_2\rangle$ が出力されます [*16]．U_s を作用さ

[*15]　3-SAT 問題は節の数 m と変数の数 n の比 $d = m/n$（節密度）で特徴付けられます．$d \approx 4.3$ のときに，解の存在確率がおよそ 50% となり，アルゴリズムの計算量が最も多くなることから，特に難しいとされています [62]．上記の問題では $d = 10/4 = 2.5$ です．

[*16]　これで問題が解けたとするのは早計です．これはシミュレーションなので確率振幅が可視化できていますが，実際には 1 回の測定で確率振幅を知る術はありません．$|\psi_2\rangle$ を測定しても解も解でないものもすべてが等確率（$= 1/16$）で測定されるだけです．

せると $|\psi_3\rangle$ のように $|0001\rangle$ の確率振幅が $0.25 \rightarrow 0.6875$ と増幅されます．その他の状態は $0.25 \rightarrow 0.1875$ に減少しています．ここで測定すると $|0001\rangle$ が測定される確率はおよそ 47.3%です．さらに U_ω で $|0001\rangle$ の確率振幅を反転し，U_s を作用させると $|\psi_5\rangle$ の状態となります．このとき測定するとおよそ 90.8%という高い確率で $|0001\rangle$ が測定されることになります．次の反復操作を行って $|\psi_7\rangle$ の状態で測定すると 96.1%の確率で $|0001\rangle$ が測定されます．得られた $|0001\rangle$ は $(x_1, x_2, x_3, x_4) = (\mathbf{True}, \mathbf{False}, \mathbf{False}, \mathbf{False})$ の割り当てに対応する状態で，論理式 (4.8) に代入すると解になっていることが確かめられます．

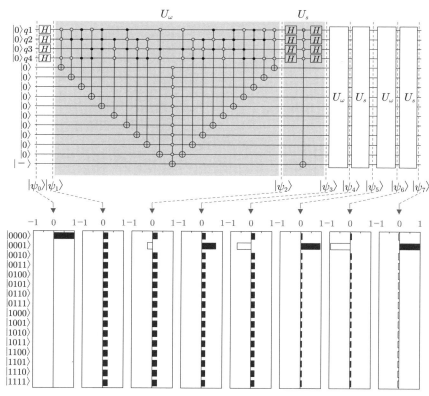

図 4.9　3-SAT 問題を解くグローバーのアルゴリズム

量子コンピュータと機械学習

4.4.1　機械学習

　機械学習は，明示的な方程式やルールを用いずに，データに潜むパターンから予測を行う計算で，スパムメールのフィルタやコンピュータビジョンなど，さまざまな分野で応用されています．ここでは，量子コンピュータによる機械学習を理解するのに必要な最小限の概要を紹介します．機械学習については優れた教科書や技術書があるので，詳しくはそちらを参照してください[63-67]．

　量子コンピュータによる機械学習を考える前に，現在の機械学習の取組みについて以下の3つの視点で整理してみましょう．

i)　　問題設定：与えられたタスクやデータについて，どのような形や性質の損失関数によって成功を評価するのか？

ii)　　モデル：学習をどのようなモデルのパラメータ最適化問題に帰着させるのか？

iii)　　計算：損失関数の評価やモデルのパラメータ最適化を効率よく行う方法は何か？

　まず，問題設定やモデルは基本的には量子力学とは無関係ですが，行列・ベクトルの計算と量子力学がもつ線形代数の構造はとても相性が良さそうです．量子コンピュータによる機械学習は，単純には，特徴ベクトル $\boldsymbol{x}$ を $|x\rangle$ と読み替えたり，行列 X をユニタリゲート操作 U_X で表現したり，量子コンピュータでアクセスできる高次元空間を特徴量空間として使うことが考えられます．量子力学的な問題設定の場合には，量子コンピュータ上で効率的なモデルを用いる利点がありそうです．計算の側面では，問題設定やモデルが古典であっても，内積や行列の固有値を量子サブルーチン（第3章）で効率的に計算可能です．

　代表的な問題設定として，入力データ $\{\boldsymbol{x}_i\}$ と出力データ $\{y_i\}$ の組 $\{\boldsymbol{x}_i, y_i\}$ が与えられたときに，y の生成規則 $f(\boldsymbol{x})$ を推定する**教師あり学習**があります．タスクの例を**表 4.3**に示しました．一方，訓練出力が全く与えられないような問題設定は**教師なし学習**と呼ばれます．このときは与えられたデータのうち性質が近いものを複数のグループにまとめる処理（クラスタリング）が基本となります．

第4章 量子アルゴリズム

　多くの問題設定ではアルゴリズムやモデルの準備以上に訓練データの用意が重要です．例えば画像の分類問題では，訓練データとなる画像すべてにアノテーションをつける作業（正解となる入出力の組を用意する作業）が必要で，基本的には人手作業です．教師なし学習は訓練データすべてにラベルが付いていない状態で学習できますが，得られたクラスタの意味づけには人間の判断が必要です．訓練データに使いたいデータの一部にはラベルがついている（かつ，ラベルのないデータは入手が容易）という状況も多く，さまざまな**半教師あり学習**手法が提案されています．

　強化学習は，ある環境内におけるエージェントが，現在の状態を観測し，将来の期待報酬を最大化するような行動を学習するという問題設定です．正解となる訓練データは与えられず，試行錯誤を通じて学習が行われます．強化学習はロボットの制御や自動運転などの基礎となる機械学習手法で，AlphaGo のアルゴリズムとしても近年注目を集めました [68]．

表 4.3　さまざまな教師あり学習タスク

タスク	入　力	出　力
スパムフィルタ	メール	ラベル
一般物体認識	写真	ものの種類・位置
超解像	低解像度の画像	高解像度の画像
音声認識	音声データ	文字列
機械翻訳	英文	和文
物性予測	化学式	機能・性質

　教師あり学習は $f(\boldsymbol{x}) \simeq y$ となる f の推定（近似）と理解できますが，計算機では f の候補をパラメータで指定される関数やネットワーク構造に限定し，パラメータの最適化問題として解きます．よく使われるのは

$$f_{\boldsymbol{w}}(\boldsymbol{x}) = \sum_{j=1}^{N} w_j \phi_j(\boldsymbol{x})$$

のようにパラメータ w_j と基底関数 ϕ_j で書かれる**線形モデル**です．基底関数は，多項式や三角多項式などが使われます．**カーネルモデル**は訓練データ $\boldsymbol{x}_i$ を使い

$$f_{\boldsymbol{w}}(\boldsymbol{x}) = \sum_{i=1}^{N} w_i K(\boldsymbol{x}, \boldsymbol{x}_i)$$

と表されます．カーネルモデルのパラメータ数 N は入力データの次元 d には依存

118

しません（訓練データ数に依存します）．ガウシアンカーネル（＝ガウス関数）

$$K(\boldsymbol{x}, \boldsymbol{c}) = \exp\left(\frac{|\boldsymbol{x} - \boldsymbol{c}|^2}{2h^2}\right)$$

がよく利用されます．このようにカーネル関数そのものが線形である必要はありませんが，$f_{\boldsymbol{w}}(\boldsymbol{x})$ はパラメータ $\boldsymbol{w}$ に対して線形です．$\boldsymbol{x}$ を非線形変換する関数そのものを陽に計算することなしにその内積に相当するカーネルの計算のみで識別を行うテクニックは**カーネルトリック**と呼ばれます．最適なパラメータ $\boldsymbol{w}$ はある制約条件の下での 2 次計画問題（の双対問題）を解くことで得られます [63, 64]．

　ニューラルネットワークや**決定木**など，関数以外のモデルもよく利用されます．多くの層とパラメータを使うニューラルネットワークを使う学習モデルは**深層学習**とも呼ばれます．決定木モデルは樹形構造で段階的にデータを分割する手法で，前処理の少なさや解釈の容易さから人気があります．

　機械学習における "学習" はパラメータの最適化を意味しますが，その際に最小化すべき目的関数（コスト関数）は主に**損失関数**と**正則化項**からなります．損失関数はモデル予測と訓練データとの差を評価する関数で，平均 2 乗誤差，ヒンジ損失関数，クロスエントロピー誤差関数など適切なものを選ぶ必要があります．

　また，訓練データのみについての最適化（＝経験損失の最小化）をしてしまうと，本番の入力に対して精度の良い予測ができなくなります（**過学習**）．そこで，損失関数（経験損失）と正則化項 $\lambda\Omega(\boldsymbol{w})$ の和の最小化でこの誤差（汎化誤差）を小さくします（$\boldsymbol{w}$ はパラメータ，λ はハイパーパラメータ）．この処理は**正則化**と呼ばれ，さまざまな方法があります（**表 4.4**）．

　問題設定とモデル以外に，各種の計算コストについても注意を払う必要があります．機械学習で頻出する計算は各種の線形代数演算で，逆行列やヘッセ行列の

表 4.4　さまざまな正則化

正則化法	正則化項	効　果
L2 正則化	$\|\boldsymbol{w}\|_2^2$	$\boldsymbol{w}$ の大きさを抑える効果がある．最もよく使われる正則化法．線形回帰モデルのリッジ回帰，ニューラルネットワークモデルの荷重減衰と等価．
L1 正則化	$\|\boldsymbol{w}\|_1$	いくつかのパラメータを 0 にし，特徴量の選択を行う効果がある．線形回帰モデルでの LASSO 回帰．
L0 正則化	$\|\boldsymbol{w}\|_0$	0 でないパラメータの数を制限する．どのパラメータを採用するかは一般には組合せ最適化問題となり，計算コストは大きい．

計算がアルゴリズム全体の計算量を支配することもあります．何の工夫もない逆行列計算の計算量は行列のサイズ M に対して $O(M^3)$ です．例えば，最小 2 乗回帰では，逆行列を求めるべきカーネル行列のサイズはデータ数に比例し，大規模データの処理を逆行列演算が律速します [*17]．

最適化やモデルのバリアンス解析，解釈性の解析などに使われるヘッセ行列

$$H(f)(\boldsymbol{x}) = \nabla_{\boldsymbol{x}}^2 f(\boldsymbol{x}) = \begin{bmatrix} \frac{\partial^2 f}{\partial x_1^2} & \frac{\partial^2 f}{\partial x_1 \partial x_2} & \cdots & \frac{\partial^2 f}{\partial x_1 \partial x_N} \\ \frac{\partial^2 f}{\partial x_2 \partial x_1} & \frac{\partial^2 f}{\partial x_2^2} & \cdots & \frac{\partial^2 f}{\partial x_2 \partial x_N} \\ \vdots & \vdots & \ddots & \vdots \\ \frac{\partial^2 f}{\partial x_N \partial x_1} & \frac{\partial^2 f}{\partial x_N \partial x_2} & \cdots & \frac{\partial^2 f}{\partial x_N^2} \end{bmatrix}$$

の計算量はパラメータ数 N に対して $O(N^3)$ であり，深層学習などパラメータ数が多い場合には問題になります（必要なメモリは $O(N^2)$）．ただし，ヘッセ行列そのものではなく，ヘッセ行列とベクトルの積を知りたい場合にはクリロフ法で効率的に計算できます．

　線形代数演算に加え**最適化問題**にも注意が必要です．機械学習には**連続最適化**がよく現れますが，グラフ表現や組合せ最適化問題などの形で**離散最適化**もしばしば必要です．問題が**凸計画**（＝目的関数が凸関数で，実行可能領域も凸集合）の時には，勾配降下法などにより効率的に大域的最適解を見つけ出せます．それに対して**非凸計画**の場合には，工夫のないプログラムは局所最適解にハマってしまい，大域的な最適解（真の解）になかなかたどり着けません．

　計算量の観点からは，凸計画問題で定式化できるのが必ずしも嬉しいわけではありません．例えば，サポートベクタマシン（Support Vector Machine, SVM）の最適化は 2 次凸錐計画問題ですが，訓練データセットのサイズ n に対して時間計算量は $O(n^3)$，空間計算量は $O(n^2)$ で，大規模高次元データに対する計算は大変です [69, 70]．一方，深層学習のパラメータ最適化は大抵の場合非凸計画問題ですが，よく用いられる**確率的勾配降下法**（Stochastic Gradient Descent, SGD）の計算量は $O(1)$ でデータサイズの影響を受けません [*18]．SGD が出す解は大域的最適解ではなく近似解ですが，良い精度の解が求まるので多用されます．

[*17]　例えば，1 個抜き交差確認法でモデル選択をする場合には n 個のデータすべてに対して逆行列計算が必要で，モデル選択全体の計算量は $O(n^4)$ になってしまいます．

[*18]　1 回のパラメータ更新の計算量です．精度 ϵ の最適解を得るためには $O(1/\epsilon)$ 回反復が必要です．

4.4.2 量子コンピュータで逆行列を高速に求める

逆行列の計算は機械学習のさまざまな場面に登場します．効率的に逆行列を求める手法として，量子位相推定サブルーチンを使うホロー・ハシディム・ロイド（Harrow-Hassidim-Lloyd）のアルゴリズム（**HHL アルゴリズム**）を紹介しましょう[71]．このアルゴリズムは $N \times N$ のエルミート行列 A と N 次元ベクトル $\boldsymbol{b}$ について

$$A\boldsymbol{x} = \boldsymbol{b}$$

という線形方程式の解 $\boldsymbol{x}$ を求める計算量 $O(s\kappa \, \mathrm{poly} \log(s\kappa/\varepsilon))$ の量子アルゴリズムです．ここで，s は行列 A の非ゼロ要素の割合，κ は行列 A の条件数[*19]，ε は精度です．HHL アルゴリズムの流れは以下のとおりです（**図 4.10**）.

i) $\boldsymbol{b}$ を振幅エンコーディングした $|b\rangle := \sum_i b_i |i\rangle$ を用意する．

ii) 制御 e^{iAt} ゲートを使う量子位相推定サブルーチンにより A の固有値 λ_i をレジスタ量子ビットに取り出し，$\sum_i \beta_i |\lambda_i\rangle |u_i\rangle$ を作る（β_i は $|b\rangle$ を λ_i に対応する固有ベクトル $|u_i\rangle$ で $|b\rangle = \sum_i \beta_i |u_i\rangle$ と展開したときの展開係数）.

iii) 2.7.2 項の方法と同様に，$|\lambda_i\rangle$ を制御部とする制御回転ゲートを補助量子ビットに作用させ $\lambda_i^{-1} |0\rangle + \sqrt{1 - \lambda_i^{-2}} |1\rangle$ に変換する．

iv) 補助量子ビットを測定し，逆演算（uncomputation）によって不要な量子ビットを $|0\rangle$ に戻しておく．測定結果が 0 のとき，残りの量子ビットの状態は，$\sum_i \beta_i \lambda_i^{-1} |u_i\rangle = |A^{-1}\boldsymbol{b}\rangle$ が得られる（測定結果が 1 の場合にはステップ i) に戻る）.

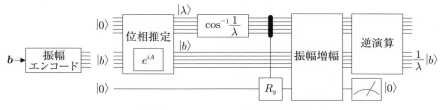

図 4.10 HHL アルゴリズムの概要

[*19] A が正則のとき，最大固有値 $\lambda_{\max}$ と最小固有値 $\lambda_{\min}$ の絶対値の比 $|\lambda_{\max}/\lambda_{\min}|$ です．

ポイントは，古典コンピュータでは A の固有ベクトル $\{u_i\}$ を知らなければ $b = \sum_i \beta_i u_i$ と展開できないところを，量子コンピュータ上では振幅エンコーディングで $|b\rangle$ さえ用意すれば，$|b\rangle = \sum_i \beta_i |u_i\rangle$ のように展開された状態について計算できることです．$\{u_i\}$ を基底にすると A は対角行列で，逆行列演算 $A^{-1}b$ も単に λ_i の割り算なので，解 x は $x = A^{-1}b = \sum_i \frac{\beta_i}{\lambda_i} u_i$ と求まります．

まず，量子位相推定サブルーチンにより，初期状態 $|b\rangle$ に制御 e^{iA} ゲートを作用させ，レジスタ量子ビット $|0\rangle_{\mathrm{r}}$ に

$$|0\rangle_{\mathrm{r}} \sum_i \Big(\beta_i |u_i\rangle \Big) |0\rangle_{\mathrm{a}} \xrightarrow{\text{QPE}} \sum_i \Big(\beta_i |\lambda_i\rangle_{\mathrm{r}} |u_i\rangle \Big) |0\rangle_{\mathrm{a}}$$

のように固有値 λ_i を取り出します．次に，$|\lambda_i\rangle_{\mathrm{r}}$ を制御部とする制御回転ゲート操作を別途用意した補助量子ビット $|0\rangle_{\mathrm{a}}$ に作用させ，$1/\lambda_i$ を計算します（この手順は 2.7.2 項と同様の方法です）．これにより

$$|\lambda_i\rangle_{\mathrm{r}} |0\rangle_{\mathrm{a}} \xrightarrow{\text{Ctrl-}R_y} |\lambda_i\rangle_{\mathrm{r}} \left(\frac{1}{\lambda_i} |0\rangle_{\mathrm{a}} + \sqrt{1 - \frac{1}{\lambda_i^2}} |1\rangle_{\mathrm{a}} \right)$$

という状態を作れます．最後に補助量子ビットを測定し 0 が出たときには

$$\sum_i \beta_i |\lambda_i\rangle_{\mathrm{r}} |u_i\rangle \left(\frac{1}{\lambda_i} |0\rangle_{\mathrm{a}} + \sqrt{1 - \frac{1}{\lambda_i^2}} |1\rangle_{\mathrm{a}} \right) \to C \sum_i \frac{\beta_i}{\lambda_i} |\lambda_i\rangle_{\mathrm{r}} |u_i\rangle |0\rangle_{\mathrm{a}}$$

という状態になっています（C は規格化定数）．最後に位相推定サブルーチンの逆変換を行い，$|\lambda_i\rangle_r$ を

$$C \sum_i \frac{\beta_i}{\lambda_i} |\lambda_i\rangle_{\mathrm{r}} |u_i\rangle |0\rangle_{\mathrm{a}} \xrightarrow{\text{QPE}^{-1}} C |0\rangle_{\mathrm{r}} \left(\sum_i \frac{\beta_i}{\lambda_i} |u_i\rangle \right) |0\rangle_{\mathrm{a}}$$

と初期状態に戻します．これで，$|A^{-1}b\rangle$ という状態が得られました．

エンコーディングの観点で見ると，振幅エンコーディングで用意した $|b\rangle$ を使った量子位相推定サブルーチンによって，固有値 λ_i はまず基底エンコーディングで $|\lambda_i\rangle_r$ とレジスタ量子ビットに入ります．そして，量子版算術演算，制御 R_y ゲート操作，補助量子ビットの測定を経ると，（確率的に）振幅エンコーディングされた $\lambda_i^{-1} |\lambda_i\rangle_r$ が得られる，という流れになっています[20]．

古典アルゴリズムによる線形方程式の解法のベストは計算量 $O(Ns\kappa \log(1/\varepsilon))$ の共役勾配法です[72]．行列 A がスパース（$s \sim O(\mathrm{poly}\log N)$）なら，HHL アルゴリズムは行列 A の次元 N について指数加速していることになります[19, 71]．

4.4.3 さまざまな量子機械学習アルゴリズム

　量子コンピュータで機械学習を行うアルゴリズム（量子機械学習アルゴリズム）を，これまでに紹介した量子アルゴリズムとともに**表 4.5**にまとめました[19, 73, 74]．主な戦略は，最適化問題として定式化してグローバーの検索アルゴリズム（4.3 節）を用いるか，逆行列演算に帰着して HHL アルゴリズムを用いるかです．以降の節では HHL アルゴリズムを基本とする教師あり機械学習アルゴリズムとして量子線形回帰と量子サポートベクタマシン，教師なし機械学習アルゴリズムとして量子主成分分析を紹介します．

表 4.5　本書で紹介する量子アルゴリズム

アルゴリズム	サブルーチン	量子加速	データ	節番号
ショアの素因数分解アルゴリズム [75]	位相推定	指数	古典	4.1
量子化学計算（Full-CI 計算）[76]	位相推定	指数	古典	4.2
グローバーの検索アルゴリズム [77]	振幅増幅	2 次	量子	4.3
線形方程式（HHL アルゴリズム）[71]	位相推定	指数	量子	4.4
（教師あり機械学習）				
線形回帰（行列はスパース）[78]	HHL	指数	量子	-
線形回帰（行列は低ランク近似可能）[79]	HHL	指数	量子	4.4.4
k 近傍法 [80]	G	2 次	古典	-
サポートベクタマシン [81]	G	2 次	古典	-
サポートベクタマシン [82]	HHL	指数	量子	4.4.5
（教師なし機械学習）				
主成分分析 [33]	HHL	指数	量子	
主成分分析 [27]	HHL+QW	指数	量子	4.4.6
クラスタリング（K-means）[83]	G	指数	量子	
クラスタリング（K-median）[84]	G	2 次	古典	
階層的クラスタリング [84]	G	2 次	古典	
（強化学習）				
Q 学習 [85]	G	2 次	古典	-
Projective Simulation [86, 87]	G, QW	2 次	古典	-

（G: グローバーの検索アルゴリズム，QW: 量子ウォーク）

4.4.4　量子線形回帰

線形回帰は M 次元の実数ベクトルの教師データ $\boldsymbol{x}$ が N 個与えられたときに

$$f_{\boldsymbol{w}}(\boldsymbol{x}) = \boldsymbol{w} \cdot \boldsymbol{x}$$

の形の線形モデルを用いて $\boldsymbol{x}$ と出力 $\boldsymbol{y}$ の関係 $\boldsymbol{y} = f_{\boldsymbol{w}}(\boldsymbol{x})$ を学習する機械学習手法です（ただし，データ $\boldsymbol{x} = \{x_i\}_{i=0}^{M}$ の先頭には $x_0 = 1$ が入っており，オフセットパラメータ w_0 がパラメータベクトル $\boldsymbol{w}$ の先頭に入っているとします）．N 個のデータベクトル $\boldsymbol{x}^{(j)}$ からなる行列 $X := \left[\boldsymbol{x}^{(1)}, \boldsymbol{x}^{(2)}, \cdots, \boldsymbol{x}^{(N)} \right]^{T}$（行列の (i,j) 成分は $x_j^{(i)}$）を使うと，損失関数（2 乗誤差）を最小化する問題は

$$\frac{\partial}{\partial \boldsymbol{w}} \left| \boldsymbol{y} - X\boldsymbol{w} \right|^2 = \frac{\partial}{\partial \boldsymbol{w}} \left(\boldsymbol{y} - X\boldsymbol{w} \right)^T \left(\boldsymbol{y} - X\boldsymbol{w} \right) = -2X^T \left(\boldsymbol{y} - X\boldsymbol{w} \right) = 0$$

より

$$X^T X \boldsymbol{w} = X^T \boldsymbol{y}$$

という方程式に帰着されます．したがって，最適なパラメータ $\boldsymbol{w}^*$ は

$$\boldsymbol{w}^* = (X^T X)^{-1} X^T \boldsymbol{y}$$

で計算できます．$(X^T X)^{-1} X^T$ は X の**疑似逆行列**と呼ばれ，行列 X が

$$X = U \operatorname{diag}(\sigma_1 \cdots \sigma_M) V^T$$

のように**特異値分解**により低ランク近似できると仮定すると

$$(X^T X)^{-1} X^T = V \operatorname{diag}\left(\frac{1}{\sigma_1}, \cdots \frac{1}{\sigma_r}, 0, \cdots, 0 \right) U^T \tag{4.9}$$

と書けます（r 個の非ゼロの特異値は大きさの降順に並んでいるとします）．

未知のデータ $\tilde{\boldsymbol{x}}$ に対する予測は，学習済みのモデル $f_{\boldsymbol{w}^*}(\boldsymbol{x})$ に $\tilde{\boldsymbol{x}}$ を入力し

$$\begin{aligned} f_{\boldsymbol{w}^*}(\tilde{\boldsymbol{x}}) &= \sum_i w_i^* \tilde{x}_i \\ &= \sum_{i=1}^{r} \frac{1}{\sigma_i} \left(\sum_{j=1}^{M} v_{ji} \tilde{x}_j \right) \left(\sum_{k=1}^{N} u_{ik} y_k \right) \end{aligned} \tag{4.10}$$

によって計算できます．ここで，v_{ij}, u_{ij} は行列 V, U の i, j 成分を表します．

　量子コンピュータで線形回帰を行う量子アルゴリズムはウィーブらによって提案されたアルゴリズム [78] があります．この提案方法は HHL アルゴリズムによる $X^T X$ の逆行列計算がベースとなっていますが，量子位相推定サブルーチンの効率的な実行のために行列 $X^T X$ のスパース性を仮定しています．これは後述するように，$e^{iX^T Xt}$ が量子コンピュータ上で効率的に実行できるかどうかに関係しています．本項では，この部分に密度行列冪（3.7 節）を使うことでスパースでない行列にも適用できるシュルドらのアルゴリズム [79] を紹介します．ただし，こちらもスパースでない場合にいつでも使えるということではなく，$X^T X$ を低ランク近似できることが仮定されています．基本的な流れは以下のように HHL アルゴリズムに似ています．

（学習）

i)　　補助量子ビット $|+\rangle_a$ を用意し，$|0\rangle_a$ のときに以下の操作を行う．

ii)　　$\frac{1}{\sqrt{N}} \sum_{i=1}^{N} |x_i\rangle |i\rangle$ を用意する．

iii)　行列 $X^T X$ を密度行列 $\rho_X = \sum_{i,j} \left(X^T X \right)_{ij} |i\rangle \langle j|$ にエンコードする．

iv)　$\frac{1}{\sqrt{N}} \sum_{i=1}^{N} |x_i\rangle |i\rangle$ に対して制御 $e^{-i\rho_X t}$ ゲートを使った位相推定サブルーチンを実行し，$X^T X$ の固有値 σ_i^2 を補助量子ビットに書き込む．$e^{-i\rho_X t}$ ゲートは密度行列冪によって **SWAP** ゲートで近似する．

v)　　制御回転ゲートと補助量子ビットの測定（2.7.2 項と同様）により $\frac{1}{\sigma_i^2}$ を掛け $\sum_{i=1}^{r} \frac{1}{\sigma_r} |v_r\rangle |u_r\rangle$ を得る．逆演算（uncomputation）で不要な量子ビットを $|0\rangle$ に戻す（ここで，$\boldsymbol{v}_i = \{v_{ji}\}_{j=1}^{M}$, $\boldsymbol{u}_i = \{u_{ji}\}_{j=1}^{N}$）．

vi)　$|\psi_1\rangle = \frac{1}{\sqrt{\sum_k \sigma_k^{-2}}} \sum_{k=1}^{r} \frac{1}{\sigma_k} |v_k\rangle |u_k\rangle$ を得る．

（予測）

i)　　補助量子ビットが $|1\rangle_a$ のときに，未知入力データ $\tilde{\boldsymbol{x}}$ と訓練出力 $\boldsymbol{y}$ をエンコードした $|\psi_2\rangle = |\tilde{x}\rangle |y\rangle = \sum_{i=1}^{N} \tilde{x}_i |i\rangle \sum_{j=1}^{M} y_j |j\rangle$ を用意する．

ii)　　$\frac{1}{\sqrt{2}} \left(|0\rangle_a |\psi_1\rangle + |1\rangle_a |\psi_2\rangle \right)$ を準備し，補助量子ビットにアダマールゲートを作用させてから測定する．

iii)　測定結果が 0 となる期待値から内積 $\langle \psi_1 | \psi_2 \rangle = f_{\boldsymbol{w}^*}(\tilde{\boldsymbol{x}})$ が得られる．

まず教師データ $\{\boldsymbol{x}_i\}$（M 次元，N 個）を振幅エンコードした状態

$$|\psi_X\rangle = \sum_{i=1}^{N} |x_i\rangle |i\rangle = \sum_{i=1}^{N} \sum_{j=1}^{M} x_{ij} |j\rangle |i\rangle$$

を用意します．$|\psi_X\rangle$ の密度行列は

$$|\psi_X\rangle \langle \psi_X| = \sum_{i=1}^{N} \sum_{j=1}^{N} |x_i\rangle \langle x_j| \otimes |i\rangle \langle j|$$

と書けるので，$|i\rangle$ について部分トレース（2.8 節）をとると

$$\begin{aligned}
\mathrm{Tr}_P\Big(|\psi_X\rangle \langle \psi_X|\Big) &= \sum_{i=1}^{N} \sum_{j=1}^{N} |x_i\rangle \langle x_j| \delta_{ij} \\
&= \sum_{i=1}^{N} |x_i\rangle \langle x_i| = \sum_{i=1}^{N} \sum_{j=1}^{M} \sum_{k=1}^{M} x_{ij} x_{ik} |j\rangle \langle k| \\
&= \sum_{j=1}^{M} \sum_{k=1}^{M} \Big(X^T X\Big)_{jk} |j\rangle \langle k| \quad\quad\quad (4.11)
\end{aligned}$$

というように $X^T X$ をエンコードした密度行列 ρ_X が用意できます．

　次に量子位相推定サブルーチンで制御 $e^{i\rho_X t}$ ゲートを作用させる部分は 3.7 節で紹介した密度行列冪を使います．具体的には，$|\psi_X\rangle$ をシュミット分解した

$$|\psi_X\rangle \to \sum_{i=1}^{N} \sum_{j=1}^{M} \sum_{k=1}^{r} u_{ik} \sigma_k v_{jk} |j\rangle |i\rangle = \sum_{k=1}^{r} \sigma_k |v_k\rangle |u_k\rangle$$

の行列 $X^T X$ の固有ベクトルである $|v_i\rangle$ と $|i\rangle$ の部分に対して **SWAP** ゲートをかけることを繰り返します．式 (4.9) より $\boldsymbol{v}_k$ は X の右特異ベクトルなので，$X^T X$ の固有ベクトルでもあります（対応する固有値は σ_k^2）．したがって，$|v_k\rangle$ に $e^{i\rho_X}$ を作用させる量子位相推定サブルーチンを実行すると $X^T X$ の固有値（の 2 進表示）が基底エンコーディングで

$$\sum_{k=1}^{r} \sigma_k |v_k\rangle |u_k\rangle |00\cdots0\rangle \xrightarrow{\mathsf{QPE}} \sum_{k=1}^{r} \sigma_k |v_k\rangle |u_k\rangle |\sigma_k^2\rangle$$

のように得られます．続いて，HHL アルゴリズムと同様に，$|\sigma_k^2\rangle$ を制御部とする制御回転ゲートと補助量子ビットの測定（$|0\rangle$ が測定されたとする）を行うことで確率振幅に $1/\sigma_k^2$ を取り出し，最後に量子位相推定サブルーチンの逆演算を経ると

$$|\psi_1\rangle := \frac{1}{\sqrt{\sum_k \sigma_k^{-2}}} \sum_{k=1}^{r} \frac{1}{\sigma_k} |v_k\rangle |u_k\rangle$$

が得られます．これで学習の部分は完了です．

予測も量子コンピュータ上で行います．予測は訓練出力 $\boldsymbol{y}$ と未知の入力 $\tilde{\boldsymbol{x}}$ について振幅エンコーディングで

$$|y\rangle = \sum_{j=1}^{M} y_j |j\rangle , \quad |\tilde{x}\rangle = \sum_{i=1}^{N} \tilde{x}_i |i\rangle$$

と用意し，$|\psi_2\rangle := |\tilde{x}\rangle |y\rangle$ を使って

$$f_{\boldsymbol{w}^*}(\tilde{\boldsymbol{x}}) = \sum_{i=1}^{r} \frac{1}{\sigma_i} \left(\sum_{j=1}^{M} v_{ji} \tilde{x}_j \right) \left(\sum_{k=1}^{N} u_{ik} y_k \right)$$

$$= \sum_{k=1}^{r} \frac{1}{\sigma_k} \langle v_k | \tilde{x} \rangle \langle u_k | y \rangle$$

$$= \langle \psi_1 | \psi_2 \rangle$$

のように内積で計算できます．内積の符号まで正しく評価する必要があるため，$|\psi_1\rangle$ と $|\psi_2\rangle$ を入力とする単純なスワップテストではなく，$|\psi_1\rangle$ と $|\psi_2\rangle$ の用意を補助量子ビット $|+\rangle_a$ を制御部とする制御操作として行い

$$\frac{1}{\sqrt{2}} \Big(|0\rangle |\psi_1\rangle + |1\rangle |\psi_2\rangle \Big)$$

という状態を準備し，補助量子ビットに再度アダマールゲートを施したうえで測定すれば，$|0\rangle$ を測定する期待値から $f_{\boldsymbol{w}^*}(\tilde{\boldsymbol{x}})$ の符号まで含められます（3.3 節）．

初期状態の準備を除くアルゴリズムの計算量は X の条件数 κ と予測の精度 ε に対して $O(\log N \kappa^2 \varepsilon^{-3})$ です [79]．の元々の提案 [78] では行列 $X^T X$ のスパース性を仮定していました．これは量子位相推定サブルーチンに使う $e^{iX^T X}$ が効率的に量子ゲート操作で書けるかどうかという事情によります．ここで紹介した方法は，（$X^T X$ がスパースである必要はありませんが）低ランク近似できることを仮定すればこの部分を密度行列冪によって $e^{i\rho_X t}$ を使って計算することで指数加速が可能となります．こちらの方法では ρ_X を準備できることも条件であり，スパースではない行列についていつでも使えるというわけではなく，行列に対する仮定の厳しさも似たりよったりの印象です．

4.4.5 量子サポートベクタマシン

サポートベクタマシン（SVM）は 2 値分類を行う教師あり学習手法の 1 つです．アルゴリズムは各データ点 $\boldsymbol{x}_i$ とそれらの属するクラス $y_i = \pm 1$ の組を訓練データとして，$\boldsymbol{x}_i$ を 2 つに区切る境目となる**超平面**を探索します．

SVM のモデルは $f_{\boldsymbol{w}, w_0}(\boldsymbol{x}) = \text{sign}(\boldsymbol{w} \cdot \boldsymbol{x} + w_0)$ で，超平面 $\boldsymbol{w} \cdot \boldsymbol{x} + w_0 = 0$ の探索はパラメータ $\boldsymbol{w}, w_0$ の最適化問題に帰着されます．この問題はパラメータ $\boldsymbol{w}$ の変数 $\boldsymbol{\alpha}$ への変換

$$\boldsymbol{w} = \sum_{i=1}^{N} \alpha_i \boldsymbol{x}_i$$

を通して線形連立方程式（行列 I_N は N 次元の単位行列）

$$\overset{F}{\begin{bmatrix} 0 & 1 & \cdots & 1 \\ 1 & & & \\ \vdots & & K + I_N/\gamma & \\ 1 & & & \end{bmatrix}} \overset{\boldsymbol{\alpha}'}{\begin{bmatrix} w_0 \\ \alpha_1 \\ \vdots \\ \alpha_N \end{bmatrix}} = \overset{\boldsymbol{y}'}{\begin{bmatrix} 0 \\ y_1 \\ \vdots \\ y_N \end{bmatrix}} \tag{4.12}$$

に帰着します（左から順に F, $\boldsymbol{\alpha}'$, $\boldsymbol{y}'$ と名前をつけます）．F に含まれる N 次元の行列 K は**カーネル行列**と呼ばれ

$$K_{ij} := \sum_{k=1}^{M} x_{ik} x_{jk}$$

と定義されます．**正則化パラメータ** γ は，超平面のマージン内のデータをどの程度許すかを表し，式 (4.12) では γ は行列 F に逆行列をもたせる効果があります．データが線形分離不可能なときに $\gamma \to \infty$ とハードマージンに設定すると，F が逆行列をもたなくなり，このままのモデルでは解なしとなります．

予測は，式 (4.12) の解となる $\{w_0^* \ \alpha_1^* \ \cdots \ \alpha_N^*\}$ について

$$f_{\boldsymbol{\alpha}'}(\boldsymbol{x}) = \text{sign}\left(\sum_{i=1}^{N} \alpha_i^* \boldsymbol{x}_i \cdot \boldsymbol{x} + w_0^* \right)$$

と書けます．

量子コンピュータで SVM を行う量子アルゴリズム [82] では，HHL アルゴリズムによって式 (4.12) を解きます（F の逆行列から最適なパラメータを $\boldsymbol{\alpha}'^* = F^{-1}\boldsymbol{y}'$ で求める）．量子位相推定サブルーチンに使う制御 e^{iF} ゲート操作は前節と同様

に密度行列冪により SWAP ゲートで近似します．ただし，データを振幅エンコーディングして作るカーネル行列 K ではなく，行列 F についての e^{iFt} が必要になるため，e^{iFt} をトロッター展開し $e^{iFt} \approx e^{iJt}e^{iKt}e^{iI_N t/\gamma}$ と近似して実行します．アルゴリズムの流れを（やや強引に）量子回路で書くと**図4.11**のようになります．

（学習）

i)　　補助量子ビット $|+\rangle_a$ を用意し，$|0\rangle_a$ のときに以下の操作を行う．

ii)　　$\boldsymbol{y}'$ を振幅エンコードした $|y'\rangle = \sum_{i=0}^{N} y_i' |i\rangle$ を準備する．

iii)　　カーネル行列 K を密度行列 $\rho_K = \sum_{ij} K_{ij} |i\rangle \langle j|$ として準備する．

iv)　　$|y'\rangle$ に制御 e^{iFt} を作用させる HHL アルゴリズムにより $F\boldsymbol{\alpha}' = \boldsymbol{y}'$ を解く．$e^{iFt} \approx e^{iJt}e^{iKt}e^{iI_N t/\gamma}$ とトロッター展開により近似し，e^{iKt} 部分は密度行列冪によって実行する．

v)　　最適なパラメータ $\boldsymbol{\alpha}'^*$ に対応する状態 $|\alpha'^*\rangle$ が得られる．

（予測）

i)　　補助量子ビットが $|1\rangle_a$ のときに，未知の入力 $\tilde{\boldsymbol{x}}$（M 次元）を振幅エンコードした状態 $|\psi_{\text{data}}\rangle = \frac{1}{\sqrt{N+1}} \left(|0\rangle |0\rangle + \sum_{i=1}^{N} |i\rangle |\tilde{x}\rangle \right)$ を用意する．

ii)　　$|\alpha'^*\rangle$ に $|x\rangle$ を加えた $|\psi_{\text{model}}\rangle = \frac{1}{\sqrt{C}} \left(w_0 |0\rangle |0\rangle + \sum_{i=1}^{N} \alpha_i |i\rangle |x_i\rangle \right)$ を用意する．

iii)　　$\frac{1}{\sqrt{2}} \left(|0\rangle_a |\psi_{\text{model}}\rangle + |1\rangle_a |\psi_{\text{data}}\rangle \right)$ を準備し，X 基底で測定する．

iv)　　測定結果が $|-\rangle$ となる確率 $p_- < 1/2$ のときに $+1$ に分類，そうでないときには -1 に分類する．

まず，データ $\boldsymbol{x}_i$ を振幅エンコードした状態を作り，その密度行列の部分トレースによってカーネル行列 K を密度行列

$$\rho_K = \sum_{ij} K_{ij} |i\rangle \langle j|$$

にエンコードしておきます（式 (4.11) と同様）．また，$|y'\rangle$ も振幅エンコーディングで準備しておきます．

量子位相推定サブルーチンに必要となる e^{iFt} はトロッター展開（3.6 節）により

$$e^{iF\delta t} \approx e^{iJ\delta t}e^{iK\delta t}e^{i(I_N/\gamma)\delta t}$$

のように, $J, K, I_N/\gamma$ を分けて考えます. ここで, 行列 J は $(N+1)$ 次元の行列

$$J := \begin{bmatrix} 0 & 1 & \cdots & 1 \\ 1 & 0 & \cdots & 0 \\ \vdots & \vdots & \ddots & \vdots \\ 1 & 0 & \cdots & 0 \end{bmatrix}$$

と定義され, その固有値は $\lambda_\pm = \pm\sqrt{N}$ と 0 ($(N-1)$ 個) です. したがって, $e^{iJ\delta t}$ は J の非ゼロの固有値に対応する固有ベクトル

$$|\lambda_\pm\rangle = \frac{1}{\sqrt{2}}\left(|0\rangle \pm \frac{1}{\sqrt{N}}\sum_{i=1}^{N}|i\rangle\right)$$

を基底とすれば位相ゲート操作 $e^{iJ\delta t} = e^{i\lambda_\pm \delta t}$ として実行できます. K は密度行列で用意しておいたので $e^{iK\delta t}$ を ρ_K を使った密度行列冪 (SWAP ゲートでの近似) によって実行できます. $e^{i(I_N/\gamma)\delta t}$ は単純な位相ゲートです.

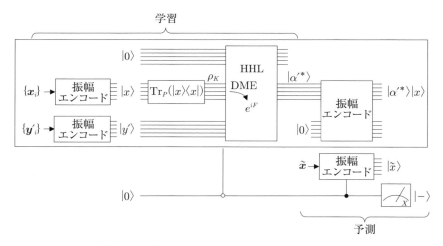

図 4.11 量子サポートベクタマシンの量子回路

制御 $e^{iF\delta t}$ ゲートを用いた量子位相推定サブルーチンによって F の固有値を取り出し，レジスタ量子ビットを制御部とする制御回転ゲート操作と補助量子ビットの測定によって（=HHL アルゴリズム）

$$|F^{-1}\boldsymbol{y}'\rangle = |\alpha'^*\rangle$$
$$= \frac{1}{\sqrt{C}} \left(w_0 |0\rangle + \sum_{i=1}^{N} \alpha_i |i\rangle \right)$$

が得られます．C は規格化定数で $C = w_0^2 + \sum_i^N \alpha_i^2$ です．

未知データ $\tilde{\boldsymbol{x}}$ についての予測（分類）$f_{\boldsymbol{\alpha}'^*}(\tilde{x})$ を計算するには，まずは $\sum_{i=1}^{N} \alpha_i |i\rangle$ の部分に対して $\boldsymbol{x}_i$ の振幅エンコードを行った

$$|\psi_{\text{model}}\rangle := \frac{1}{\sqrt{C}} \left(w_0 |0\rangle |0\rangle + \sum_{i=1}^{N} \alpha_i |i\rangle |x_i\rangle \right)$$

という状態を作ります．また，未知の入力データ $\tilde{\boldsymbol{x}}$ も

$$|\psi_{\text{data}}\rangle := \frac{1}{\sqrt{N+1}} \left(|0\rangle |0\rangle + \sum_{i=1}^{N} |i\rangle |\tilde{x}\rangle \right)$$

のように準備します．内積 $\langle\psi_{\text{model}}|\psi_{\text{data}}\rangle$ の符号が分類（予測）ですが，このまま単純にスワップテストを行うと符号がわからなくなってしまいます（符号は分類ラベルなのでわからないのは困る）．別の補助量子ビット $|+\rangle_a$ を用いて，$|\psi_{\text{model}}\rangle$ と $|\psi_{\text{data}}\rangle$ の用意を制御操作として実行し

$$|\psi\rangle = \frac{1}{\sqrt{2}} \left(|0\rangle_a |\psi_{\text{model}}\rangle + |1\rangle_a |\psi_{\text{data}}\rangle \right)$$

という状態を作ります（量子線形回帰のときと同様）．この状態を補助量子ビットの X 基底で測定したときに $|-\rangle_a = \frac{1}{\sqrt{2}}\left(|0\rangle_a - |1\rangle_a\right)$ である確率は

$$p_- = |\langle\psi|-\rangle|^2$$
$$= \frac{1}{2}\Big(1 - \langle\psi_{\text{model}}|\psi_{\text{data}}\rangle\Big)$$
$$= \frac{1}{2}\left\{1 - \frac{1}{\sqrt{C}\sqrt{N+1}} \left(w_0 + \sum_{i=1}^{N} \alpha_i \langle x_i|\tilde{x}\rangle \right)\right\}$$

なので，$p_- < 1/2$ のときには $+1$ に分類し，そうでないときは -1 に分類すれば，符号まで含めて $\langle\psi_{\text{model}}|\psi_{\text{data}}\rangle$ を正しく評価できます．

4.4.6　量子主成分分析

主成分分析は，ある行列 X の低ランクの行列での近似で，**特異値分解**とも呼ばれます．機械学習では，データ行列 X を特異値分解することで考慮すべき特徴量を絞り（次元削減），訓練データの説明にあまり寄与しない（特異値の小さい）部分を捨てる前処理としてよく利用されます．精度にもよりますが，古典アルゴリズムの計算量は $N \times M$ 行列に対して $O(NM^2)$（$N \geq M$）程度です．

N 個の M 次元データを表す $N \times M$ 行列 X を特異値分解すると

$$X = USV_{\mathrm{SVD}}^T$$

$$= \begin{bmatrix} u_{11} & \cdots & & \cdots & u_{1N} \\ \vdots & & & & \vdots \\ & & & & \\ & & & & \\ \vdots & & & & \vdots \\ u_{N1} & \cdots & & \cdots & u_{NN} \end{bmatrix} \begin{bmatrix} \sigma_1 & \cdots & & 0 \\ \vdots & \ddots & & \vdots \\ 0 & \cdots & & \sigma_M \\ 0 & \cdots & & 0 \\ \vdots & & \ddots & \vdots \\ 0 & \cdots & & 0 \end{bmatrix} \begin{bmatrix} v_{11} & \cdots & v_{1M} \\ \vdots & \ddots & \vdots \\ v_{M1} & \cdots & v_{MM} \end{bmatrix}$$

と書けるので，あるしきい値 σ_{th} よりも大きな特異値 σ_i にかかる行と列のみを取り出すことで X を近似できます．

このことは，主成分分析として考えると，共分散行列 Σ の固有値分解（λ_i は大きい順に並べた i 番目の固有値，対応する M 次元の固有ベクトルを $\boldsymbol{v}_i$ とします）

$$\Sigma = \frac{X^T X}{N-1}$$

$$= V_{\mathrm{PCA}} L V_{\mathrm{PCA}}^T$$

$$= \begin{bmatrix} \boldsymbol{v}_1 & \boldsymbol{v}_2 & \cdots & \boldsymbol{v}_M \end{bmatrix} \begin{bmatrix} \lambda_1 & 0 & \cdots & 0 \\ 0 & \lambda_2 & \cdots & 0 \\ \vdots & & \ddots & \vdots \\ 0 & \cdots & \cdots & \lambda_M \end{bmatrix} \begin{bmatrix} \boldsymbol{v}_1 \\ \boldsymbol{v}_2 \\ \vdots \\ \boldsymbol{v}_M \end{bmatrix}$$

について V_{PCA} から第 k 主成分 $\boldsymbol{v}_k$ までをとってきて M 次元から k 次元に特徴量の次元を削減することに対応します．$M \times M$ 行列 $S^T S$ の固有値は σ_i^2 ですから，$X^T X$ の固有値は X の特異値と $\lambda_i = \sigma_i^2$ の関係になっています．

この処理を量子コンピュータによって行うには，シンプルには HHL アルゴリズムによって $X^T X$ の固有値を求めることが考えられます．実際，密度行列冪を

用いて $e^{i\rho t}$ を実行することで $X^T X$ の固有値を取り出すアルゴリズムが提案されています [33]．この方法は精度 ε に対して $O(1/\varepsilon^3)$ の計算量ですが，本節で紹介する $O(1/\varepsilon)$ の巧妙なアルゴリズムが後に提案されました [23, 27]．

このアルゴリズムは，**量子ウォーク**というユニタリ行列 W を，その固有値 θ が $X^T X$ の固有値（X の特異値）に対応するよう上手に構築し，量子位相推定サブルーチンで固有値を取り出すことで実現します（量子ウォークについては後述します [*20]．アルゴリズムの全体の流れは以下のとおりです．量子回路で書くと**図 4.12** のようになります．

---

i) データ $\boldsymbol{x}_i$ から $|a_i\rangle := |x_i\rangle\,|i\rangle$ と $|b_j\rangle := |j\rangle\,\frac{1}{\sqrt{N}}\sum_{i=1}^{N}|i\rangle$ を用意する（$|x_i\rangle$ は M 次元ベクトル，$|i\rangle$ は N 次元ベクトルなので $|a_i\rangle$ は MN 次元ベクトル）．

ii) 量子ウォーク $W := \left(2\sum_{i=1}^{N}|a_i\rangle\langle a_i| - I\right)\left(2\sum_{j=1}^{M}|b_j\rangle\langle b_j| - I\right)$ を構築する．

iii) $\frac{1}{\sqrt{N}}\sum_{i=1}^{N}|x_i\rangle\,|i\rangle$ に対して e^{iW} を使った量子位相推定サブルーチンを実行し $\sum_{k=1}^{r}|\mu_{k,\pm}\rangle\,|\sigma_k^2\rangle$ を得る（$|\mu_{k,\pm}\rangle$ は W の固有ベクトル）．

iv) 補助量子ビットを追加し，$\sigma_k > \sigma_{\mathrm{th}}$ を条件とする **CNOT** ゲート（のような操作）を行う．

v) 補助ビットを測定し $|0\rangle$ が出れば $\sum_{k=1}^{k_{\mathrm{th}}}|\mu_{k,\pm}\rangle\,|\sigma_k^2\rangle\,|0\rangle$ が得られる（$\sigma_k > \sigma_{\mathrm{th}}$ 部分のみを取り出す）．

vi) 量子位相推定サブルーチンまで含めて逆演算（uncomputation）して余計な量子ビットを初期状態に戻すと $\frac{1}{\sqrt{N}}\sum_{i=1}^{N}|x_{\mathrm{th},i}\rangle\,|i\rangle$ が得られる（$\boldsymbol{x}_{\mathrm{th},i}$ は次元削減後 X_{th} の行ベクトル）．

量子ウォーク W とは，N 個の正規直交ベクトル $\{|a_i\rangle\}_{i=1}^{N}$ と，M 個の正規直交ベクトル $\{|b_j\rangle\}_{j=1}^{M}$ を使って

$$W = \left(2\sum_{i=1}^{N}|a_i\rangle\langle a_i| - I\right)\left(2\sum_{j=1}^{M}|b_j\rangle\langle b_j| - I\right)$$

と定義される演算子です．実は，前に紹介した振幅増幅サブルーチン（3.5 節）は

---

*20　量子ウォークを用いて固有値を求める手法は文献 88) も参考にしてください．

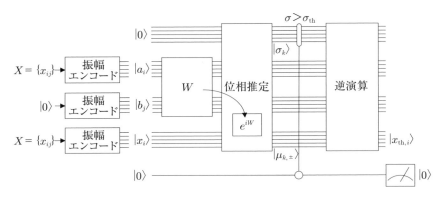

図 4.12　量子主成分分析の量子回路

量子ウォークの特別な場合

$$G = \left(2\,|\psi_0\rangle\,\langle\psi_0| - I\right)\left(2\,|x\rangle\,\langle x| - I\right)$$

に対応しています．振幅増幅サブルーチンでは，2 つのベクトル $|\psi_0\rangle$, $|x\rangle$ に対しての反転操作を繰り返しましたが，量子ウォークはその一般的な場合として，複数のベクトルに関する反転操作と理解できます．

さて，$D_{ij} = \langle a_i|b_j\rangle$ 成分とする $N \times M$ 行列（グラム行列）D を用意します [*21]．D の左特異ベクトルから $\boldsymbol{u}_k$ を，右特異ベクトルから $\boldsymbol{v}_k$ を，と同じ特異値 σ_k に対応するベクトルを 1 つずつ取り出して

$$\sum_i u_{k,i}\,|a_{k,i}\rangle, \quad \sum_j v_{k,j}\,|b_{k,j}\rangle$$

という 2 つのベクトルを定義します．対応する特異値 σ_k について $D\boldsymbol{v}_k = \sigma\boldsymbol{u}_k$, $D^\dagger \boldsymbol{u}_k = \sigma_k \boldsymbol{v}_k$ の関係を使うと W はこの基底の張る部分空間（不変部分空間）で

$$W_k = \begin{bmatrix} 4\sigma_k^2 - 1 & 2\sigma_k \\ -2\sigma_k & -1 \end{bmatrix}$$

と書けることから固有値 $e^{\pm i 2\theta_k}$ をもつとわかります．θ_k は 2 つのベクトルの成す角で，特異値と $\sigma_k = \cos\theta_k$ の関係があります．W_k はこの 2 つのベクトルが張る平面内での $2\theta_k$ 回転ゲート操作ともいえます．2 つの固有値に対応する固有ベクトルは

[*21] $|a_i\rangle$ どうし，$|b_j\rangle$ どうしは直交していますが，$|a_i\rangle$ と $|b_j\rangle$ は直交していません．

$$|\mu_{k,\pm}\rangle = e^{\pm i\theta_k} \sum_i u_{k,i} |a_{k,i}\rangle + \sum_j v_{k,j} |b_{k,j}\rangle$$

です．このような D の特異値・特異ベクトルと W の固有値・固有ベクトルの深い関係性は，データ行列 X の特異値分解と，共分散行列 $\Sigma = X^T X$ の固有値分解を思い出させます．量子ウォークを使った特異値分解アルゴリズムはまさにこの発想を実現するもので，データ行列 X が $X_{ij} = \langle a_i | b_j \rangle$ となるように $|a_i\rangle$, $|b_j\rangle$ にうまくエンコードし，X の特異値（あるいは $X^T X$ の固有値）を W を使った量子位相推定サブルーチンによって取り出します．

まず，$|a_i\rangle$, $|b_j\rangle$ を 2.7.2 項の方法を使って

$$|a_i\rangle = U_A \Big(|0\rangle |i\rangle \Big) = |x_i\rangle |i\rangle$$

$$|b_j\rangle = U_B \Big(|j\rangle |0\rangle \Big) = |j\rangle \frac{1}{\sqrt{N}} \sum_{i=1}^{N} |i\rangle$$

と用意します．状態準備に必要なユニタリ操作をそれぞれ U_A, U_B とします．この状態の内積は

$$
\begin{aligned}
D_{ij} &= \langle a_i | b_j \rangle \\
&= \Big(\langle x_i | \langle i | \Big) \left(|j\rangle \frac{1}{\sqrt{N}} \sum_{i=1}^{N} |i\rangle \right) \\
&= \frac{x_{ij}}{\sqrt{N}}
\end{aligned}
$$

と計算でき，確かにデータ行列 X の成分に対応しています．この2つのベクトルを使った量子ウォーク W を量子ゲート操作として構築することを考えます．まず

$$
\begin{aligned}
\sum_{i=1}^{N} |a_i\rangle \langle a_i| &= \sum_{i=1}^{N} U_A \Big(|0\rangle |i\rangle \langle 0| \langle i| \Big) U_A^\dagger \\
&= U_A \left\{ |0\rangle \langle 0| \otimes \left(\sum_{i=1}^{N} |i\rangle \langle i| \right) \right\} U_A^\dagger \\
&= U_A \Big(|0\rangle \langle 0| \otimes I_N \Big) U_A^\dagger
\end{aligned}
$$

なので，量子ウォーク W の第1項は

$$2 \sum_{i=1}^{N} |a_i\rangle \langle a_i| - I_{MN} = U_A \left\{ \Big(2 |0\rangle \langle 0| - I_M \Big) \otimes I_N \right\} U_A^\dagger$$

というように，U_A $(U_A^\dagger)$ と位相ゲート操作を使って実現できそうです．第 2 項も同様にして

$$2\sum_{j=1}^{M} |b_j\rangle \langle b_j| - I_{MN} = U_B \left\{ I_M \otimes \left(2|0\rangle \langle 0| - I_N \right) \right\} U_B^\dagger$$

と構成できます．e^{iW} を用いた量子位相推定サブルーチンにより

$$\frac{1}{\sqrt{N}} \sum_{i=1}^{N} |x_i\rangle |i\rangle \xrightarrow{\mathsf{QPE}} \sum_{k=1}^{r} |\mu_{k,\pm}\rangle |\sigma_k^2\rangle$$

が得られます．r 個の σ_k からしきい値 σ_{th} より大きい k_{th} 個だけを取り出す操作を行います．これは，1 つ加えた補助量子ビットに閾値 σ_{th} と σ_k^2 の大小関係を制御の条件とするようなゲート操作を施し

$$\sum_{k=1}^{k_{\mathrm{th}}} |\mu_{k,\pm}\rangle |\sigma_k^2\rangle |0\rangle + \sum_{k=k_{\mathrm{th}}+1}^{r} |\mu_{k,\pm}\rangle |\sigma_k^2\rangle |1\rangle$$

という状態を作った後に，補助量子ビットを測定して $|0\rangle$ が出れば

$$\sum_{k=1}^{k_{\mathrm{th}}} |\mu_{k,\pm}\rangle |\sigma_k^2\rangle$$

が得られることを用います．最後に量子位相推定の逆演算を行えば

$$\frac{1}{\sqrt{N}} \sum_{i=1}^{N} |x_{\mathrm{th},i}\rangle |i\rangle$$

が得られます．これは元の M 次元ベクトル $\boldsymbol{x}_i$ から特異値分解によって特徴量の次元削減を行った k_{th} 次元のベクトル $\boldsymbol{x}_{\mathrm{th},i}$ に対応する状態です（N はデータ点数）．

4.5 計算複雑性理論と量子アルゴリズム

4.5.1　問題の難しさを考える

　計算複雑性理論は理論計算機科学の一分野で，ある問題の困難さや，それを解くアルゴリズムがどのくらいの計算リソースを必要とするか，問題 A と問題 B のどちらがどの程度難しいかといった関係性などを扱います．

　問題の難しさは，あるアルゴリズムを実行するときに必要な計算リソースの量である**計算量**の観点で考えます．計算機として**チューリングマシン**などの計算モデルを仮定したうえで，入力データの大きさ（問題サイズ）などを変化させたときの，必要計算リソース量の漸近的挙動を評価します（Big-O 記法で書き表します）．計算量には，主に**時間計算量**（計算ステップ数）と**空間計算量**（メモリ量）の観点があります．

　問題の複雑性を表す直感的な指標は，ある計算モデルにおいて効率の最も良いアルゴリズムを使ったときに必要な計算量ですが，この "最良" を示すのは現実には困難です．大抵の場合は，"現在までに知られている中で最良" しかわかりません．アルゴリズムの観点からは，古典も量子も大差なく，チューリングマシンとは異なる計算モデルを仮定するという違いがあるだけです．この計算モデルの仮定の違いにより，ある仮定の中で知られている最良のアルゴリズムよりも指数関数的に計算量が小さくなる別のアルゴリズムを考えることができ，これを私たちは量子アルゴリズムと呼んでいたというわけです．

　判定問題（**決定問題**とも呼ばれます）を分類することで，問題の難しさを評価するのに便利なさまざまな**複雑性クラス**を考えることができます．判定問題は答えが "Yes" "No" になる問題で，コンピュータでは，入力ビット列 $x \in \{0,1\}^*$ に対して $y \in \{0,1\}$ を出力するようなものを扱えばよいでしょう．例えば，"x は偶数か？" という問題は，答えの集合 $L = \{0,2,4,\cdots\}$ を使って，入力 x が L に含まれているかどうかを判定する問題です．

　さて，正しい判定がどのくらいの計算量で実施できるかを考えることで，いくつかの複雑性クラスを導入しましょう．決定性チューリングマシン（＝古典コンピュータの計算モデル）によって多項式時間（入力 x の長さ n に対して $O(n^a)$ (a

は定数)）で

$$x \xrightarrow[\text{決定性チューリングマシン}]{O(n^a) \text{ アルゴリズム}} y = \begin{cases} 1 & (x \in L) \\ 0 & (x \notin L) \end{cases}$$

と解ける判定問題はクラス P (Polynomial time) です．確率的チューリングマシンによって多項式時間で

$$x \xrightarrow[\text{確率的チューリングマシン}]{O(n^a) \text{ アルゴリズム}} y = \begin{cases} \text{確率 } p \geq \frac{2}{3} \text{で } 1 & (x \in L) \\ \text{確率 } p \geq \frac{2}{3} \text{で } 0 & (x \notin L) \end{cases}$$

と解けるものはクラス BPP (Bounded-error Probabilistic Polynomial time) と呼ばれます．確率的チューリングマシンはこの問題に対し，正答が 1 の場合も 0 の場合も最大で 1/3 の確率で間違った答えを返しますが，アルゴリズムを何度も実行し多数決をとれば誤りを指数関数的に減少させられます．多項式時間かかるアルゴリズムを多項式回実行してもやはり多項式時間に収まります．

　さらに，確率的チューリングマシンによって

$$x \xrightarrow[\text{確率的チューリングマシン}]{O(n^a) \text{ アルゴリズム}} y = \begin{cases} \text{確率 } p > 0 \text{で } 1 & (x \in L) \\ \text{確率 } p = 1 \text{で } 0 & (x \notin L) \end{cases}$$

のように，運が良ければ解けるような問題は NP (Non-deterministic Polynomial time) と呼ばれます．入力 x が答えでなければ，アルゴリズムは 100％の確率で 0 と正しい答えを返します．しかし x が問題の答えの場合には，正しい判定結果はある確率 p でしか出てきません．同じ x に対して何度もアルゴリズムを繰り返し，1 回でも 1 が出力されれば受理し正しく問題を解けますが，クラス BPP と異なり，正しく判定する確率 p を都合よく増やすことができません（NP 問題の解が合っているかどうかの検証は多項式時間で行えます [22]）．

---

[22]　例えば，ある数独に "解があるか？" という問題は NP ですが，数が埋まった答案をチェックするのは簡単です．

4.5.2 量子コンピュータ版の複雑性クラス

計算モデルとして量子コンピュータ（量子チューリングマシン）を仮定すると，いくつかの量子複雑性クラスが導入できます．

クラス **BQP** (Bounded-error Quantum Polynomial-time) は，量子コンピュータによって効率的に解ける問題全体を表します．BPP との対比では

$$
x \xrightarrow[\text{量子チューリングマシン}]{O(n^a) \text{ 量子アルゴリズム}} y = \begin{cases} \text{確率 } p \geq \frac{2}{3} \text{ で } 1 & (x \in L) \\ \text{確率 } p \geq \frac{2}{3} \text{ で } 0 & (x \notin L) \end{cases}
$$

と書くこともできます．BQP は，クラス P とクラス BPP を含み，クラス PSPACE（空間計算量は多項式だが時間は無制限）に含まれています．このうち BPP⊆BQP ですが，BPP≠BQP かどうかはまだわかっていません．実は，古典コンピュータに比べて量子コンピュータに優位性があるということを信じるというのは，BPP≠BQP（すなわち古典コンピュータで効率的に解くことができない問題で，量子コンピュータなら効率的に解ける問題が存在する）を信じるという立場にほかなりません[89]．

残念なことに BPP≠BQP の証明はとても難しいと考えられています．もし仮に BPP≠BQP であれば，P⊆BPP と BQP⊆PSPACE より P≠PSPACE が成り立ちますが，これは計算量理論の長年の未解決問題の1つなのです．つまり，BPP≠BQP の証明は，少なくとも P≠PSPACE の証明と同等に難しいはずです．BQP 問題で BPP には属さないとはっきりわかるような問題が見つかればよいのですが，それもなかなか難しそうです[*23]．古典と量子の違いという物理学的な問いが，このように自然現象とは無関係な計算量理論上の未解決問題として顔を出すのは，なんとも不思議ですね．なお，BQP は，オラクルへの問合せ回数（質問計算量）の違いから，クラス NP に含まれないと考えられています[91]．

NP を乱択版に拡張したものがクラス **MA** です[*24]．MA は，二者間のメッセージ交換による計算モデルである**対話型証明系**を使うと，証明者から送られてくる証明を検証者が確率的チューリングマシンを使って多項式時間で検証し，ある確率で受理するモデルで定義できます．

[*23] BQP である素因数分解問題は BPP には入りそうにないと考えられています[90]．

[*24] アーサー王物語に由来します．今の場合，証明者 Merlin は無限の計算資源をもつ機械，検証者 Arthur は確率的チューリングマシンです．クラス NP は検証者が決定性チューリングマシンを使って証明者から送られてくる証拠を多項式時間で検証し，妥当であればそれを受理し，そうでないときには拒絶するモデルで定義できます．

MA の量子版がクラス QMA です．QMA は入力 x の答えが yes の場合（$x \in L_{yes}$），検証者は量子チューリングマシンを使って量子証明 $|\psi_x\rangle$ が正しいことを確率 $p \geq 2/3$ で多項式時間の量子アルゴリズムで検証できる問題と表現できます．答えが no の場合には偽の量子証明 $|\psi_x\rangle$ が正しくないことをやはり確率 $p \geq 2/3$ で多項式時間アルゴリズムによって検証できます．誤り確率 $1/3$ なので，BPP と同様に誤りを指数的に減少できます．なお QMA も PSPACE に含まれます．

充足可能性問題や巡回セールスマン問題などの NP 完全問題が重要であるのと同様に，QMA 完全問題も重要です．代表的な QMA 完全問題は量子版の k-SAT 問題ともいえる k-局所ハミルトニアン問題です [92, 93]．この問題では，論理式の 1 つの節 C_i をハミルトニアン H_i に，SAT 式への変数割り当てを $H_S = \sum_i H_i$ が作用する量子状態に対応づけます．ハミルトニアン H_S と実数 a, b を入力とし，H_S の最低エネルギー（最小固有値）が a 以下なら yes，b 以上なら no を出力する判定問題です．例えば，2-SAT 問題の論理式

$$f(x_1, x_2, x_3) = (\neg x_1 \vee x_2) \wedge (x_1 \vee x_3) \wedge (\neg x_2 \vee \neg x_3) \wedge (\neg x_1 \vee \neg x_3)$$

をハミルトニアンに対応づけた 2-局所ハミルトニアン問題は

$$H_S = H_1 + H_2 + H_3 + H_4$$
$$= \left(|100\rangle\langle100| + |101\rangle\langle101|\right) + \left(|000\rangle\langle000| + |010\rangle\langle010|\right)$$
$$+ \left(|011\rangle\langle011| + |111\rangle\langle111|\right) + \left(|101\rangle\langle101| + |111\rangle\langle111|\right)$$

と書き表せます（いま $a = 0, b = 1$ とします）．例えば，割り当て $|100\rangle$ によって 1 番目の節 C_1 が充足されないことは

$$\langle100|H_S|100\rangle = \langle100|H_1|100\rangle = 1$$

のようにエネルギー増加のペナルティとして与えられます．一方で，$|001\rangle$ は

$$\langle001|H_S|001\rangle = 0$$

と最低エネルギー 0 をもつ固有状態です．このような k-局所ハミルトニアン問題のうち $k \geq 2$ のとき QMA 完全です [92, 93]．他にも，スピン系の基底状態を求める問題や，量子化学計算における N-representability 問題などいくつかの QMA 完全問題が知られていますが，不思議なことに物理学的な問題ばかりです [94]．

4.5.3 量子コンピュータのほうが速いことを証明するには？

量子コンピュータと古典コンピュータの計算能力が違う[*25]ことを，どのように確かめたらよいでしょうか？ 量子コンピュータでは効率的に解けるのに古典コンピュータでは時間のかかる素因数分解を考えるのは一見良さそうですが，実機でショアのアルゴリズムを動作させて，スパコンと比べられるようになるには，まだ量子ビット数や忠実度などハードウェア性能が足りません．また，計算量理論で正面からアプローチすると BQP≠BPP を証明することになり，これは P≠PSPACE という未解決問題の証明になり，やはり今すぐには無理そうです．

量子と古典の計算能力の違いを調べるのに，**質問計算量**（オラクルへの問合せ回数）や**通信計算量**（通信ビット数）もよく用いられます．いずれも計算機内部での計算量を考慮しません．グローバーのアルゴリズム（4.3節）の質問計算量は $O(\sqrt{N})$ で，古典の場合（$O(N)$）より常に少なくて済むとわかっていますが，実際のマシンで試した時のプログラム実行時間の長短はわかりません．

これらに加えて**量子超越**と呼ばれる第3のアプローチが注目されています[95, 96]．この方法では，量子コンピュータが古典コンピュータより高速かどうかという問題を，計算量理論で強く信じられている未解決問題である**多項式階層の崩壊**（一般化した P=NP 問題）に帰着します．具体的には

量子計算は古典計算より速<u>くない</u> ⇒ 多項式階層が崩壊する

を示し，その対偶として，多項式階層が崩壊しないだろうということを根拠に，量子計算は古典計算より速いだろうと主張するわけです[*26]．

このアプローチの魅力の1つは，任意の量子回路を実行できるような量子コンピュータは不要で，計算能力の限られた "弱い" 量子コンピュータで優位性を示せることです．具体的には "古典コンピュータで弱い量子コンピュータを効率的にシミュレート可能 ⇒ 多項式階層が崩壊する" を示します．この対偶は "多項式階層は崩壊しない ⇒ 古典コンピュータでは弱い量子コンピュータを効率的にシミュレートできない" なので，量子コンピュータの優位性を多項式階層の崩壊という理論的に強い根拠をもとにいえるわけです．

[*25] 特に，量子コンピュータのほうが計算能力が高いことを証明したいのです．

[*26] 多項式階層の崩壊は，計算機科学の歴史をひっくり返すような出来事で，素因数分解を行う多項式時間古典アルゴリズムの発見よりもはるかに大きな意味があります．崩壊が示されたときはもはや量子と古典の違いを比べている場合ではないでしょう．それほど，"多項式階層は崩壊しない" という仮定は，計算量理論的に安全な主張と考えられます．

●COLUMN●

コラム 4.4　量子コンピュータの優位性

"弱い" 量子コンピュータを使って多項式階層の崩壊を導く流れを，可換な量子ゲートのみからなる IQP（Instantaneous Quantum Computation）という量子計算モデルを具体例に見てみましょう [97]．

まず，IQP に測定結果の選択 (post-selection) という強力な能力を付与したクラス Post-IQP や，BQP に付与した Post-BQP が

$$\text{Post-IQP} = \text{Post-BQP} = \text{PP} \tag{4.13}$$

のようにクラス PP（確率的チューリングマシンによって多項式時間で解くことができる決定問題）と同等の計算能力をもつことを使います（Post-BQP = PP は文献 [98] に示されています）．

一方で，IQP が古典コンピュータで効率的にシミュレート可能と仮定すると

$$\text{Post-IQP} \subseteq \text{Post-BPP}$$

が成り立ちます．Post-BPP $\subseteq$ Post-BQP なので，式 (4.13) より

$$\text{Post-BPP} = \text{PP}$$

といえます．ここで，シミュレートとは量子コンピュータの出力する確率分布のサンプリングを，古典コンピュータがある精度で行うことを意味します．

最後に，どんな PP の問題でも 1 ステップで答えを出すオラクルを加えたチューリングマシンを使って多項式時間で解ける問題のクラス P^{PP} が戸田の定理

$$\text{PH} \subseteq P^{PP}$$

を満たすことを利用して包含関係を上から抑えていくと

$$\text{PH} \subseteq P^{PP} = P^{\text{Post-BPP}} \subseteq P^{NP^{NP}}$$

と多項式階層が第 3 レベル（$\Delta_3 := P^{NP^{NP}}$）で崩壊することが示されます．この対偶として，多項式階層が崩壊しないと仮定すると，"弱い" 量子コンピュータであるクラス IQP さえ古典コンピュータで効率的にシミュレートすることができない，つまり量子コンピュータの優位性を示せたことになります．

このような "弱い" 量子コンピュータは IQP のほかにも，ボソンサンプリング（相互作用のない光子を使った量子計算）[99]，低デプス量子回路 [100]，one-clean-qubit モデル（正しく初期化された量子ビットが 1 つしか使えない量子回路）[101]，ランダムなゲートからなる量子回路 [102] などがあります．

第 **5** 章

NISQ量子アルゴリズム

　ハードウェア開発の長年の努力によって，量子ビットの寿命や量子ゲート操作の忠実度はこの 10 年で何桁も向上してきてました．しかし，残念ながら今手に入る最高水準のハードウェアをもってしても，前章で見たショアの素因数分解アルゴリズムやグローバーの検索アルゴリズムを実行して，実問題を解くようなことはできません．

　現在の量子コンピュータは量子ビット数も量子ゲート操作精度も足りないのですが，何らか古典コンピュータを凌駕するような使い道があるのではないかという期待から，NISQ（Noisy Intermediate-Scale Quantum）量子コンピュータと呼ばれ，精力的な研究開発が進められています．

　NISQ 量子コンピュータの量子ビットは常にノイズにさらされており，可能な限り素早く計算を終わらせる必要があります．また，量子ゲート操作 1 回につき0.1〜1%という高い確率で発生するエラーを訂正する機能が十分でないため，多数のゲート操作によってエラーが蓄積し，やがては意図したような計算はできなくなってしまいます．

　本章では，量子ビット数や量子ゲート操作数が限られるなど厳しい制約条件の中でも動作する変分アプローチによる量子古典ハイブリッドアルゴリズムを紹介します．

5.1 **エネルギー最小化問題として解く**

5.1.1　VQE と量子化学計算

　量子化学や物性物理学では，分子や結晶中の複数の電子からなる量子多体系の
エネルギー計算は，その物質の性質を知るうえで最も基礎となる重要な問題です．
量子化学では配置間相互作用法（4.2 節），結合クラスタ展開法，メラー・プレセッ
ト摂動論法など，物性物理学では密度汎関数法，量子モンテカルロ法など優れた
方法がさまざまに開発されています．近年には，物性物理学で開発された密度行
列繰り込み群法（Density Matrix Renormalization Group, DMRG）が量子化学
計算でも用いられるようになるなど，さまざまなアプローチの手法が発展してい
ます [103]．

　多数の電子の間の複雑な量子相関を取り込むことで計算結果の精度を上げられ
ますが，必要な計算コストも大きくなってしまいます．そのため，Hartree-Fock
計算にいくつかの電子配置を加える補正を行うことで電子相関の効果を効率よく
取り込む方法が検討されてきました．このとき加える電子配置の係数を決める方
法として，変分法と摂動法という 2 つのアプローチがあります [37]．配置間相互作
用法は代表的な変分法，結合クラスタ展開法は代表的な摂動法です．

　量子コンピュータ上で効率的に記述できる量子状態を用いて，量子多体系の
基底状態（エネルギー最低状態）を求める変分アルゴリズムが**変分量子固有値法**
（**Variational Quantum Eigensolver, VQE**）です．量子コンピュータ上では，変分
法の試行状態（3.6.2 項）として用意できる量子状態に，古典コンピュータ上より
も効率よく複雑な量子相関まで取り入れることができ，エネルギー期待値の評価
も実機ではシンプルに実行できます．これは，量子力学で動作する計算機を用い
て量子力学的な変分法を実行することにほかなりません．

　VQE アルゴリズムは**図 5.1** のように量子コンピュータで実行する部分と，古典
コンピュータで実行する部分のハイブリッドになっています．量子コンピュータ
では，$|0\rangle$ に初期化された複数の量子ビットに，あるパラメータ θ をもつ量子ゲー
トのセットを作用させて試行状態を構築し，測定結果からエネルギー期待値を計
算し結果を古典コンピュータに渡します．すると古典コンピュータはエネルギー

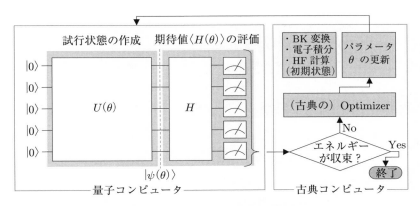

図 5.1 VQE アルゴリズムの概要

期待値が小さくなる方向にパラメータを更新し，量子コンピュータに渡します．

このように VQE は古典コンピュータによるパラメータ θ の最適化の中に，試行状態の準備とそれを用いてエネルギー期待値（＝目的関数）を計算するという量子コンピュータの担当部分が組み込まれた構造になっています．VQE アルゴリズムによって量子化学計算を行う手順は以下のとおりです．

---

i)　解きたい電子系のハミルトニアンを用意する（Born-Oppenhimer 近似，第二量子化，Bravyi-Kitaev 変換，電子積分の計算）．

ii)　初期化された量子ビットをパラメータ θ で指定される量子回路 $U(\theta)$ に入力し試行状態 $U(\theta)|00\cdots0\rangle = |\psi(\theta)\rangle$ を作る．

iii)　測定値からエネルギー期待値 $\langle H(\theta)\rangle = \langle\psi(\theta)|H|\psi(\theta)\rangle$ を計算する．

iv)　ステップ ii) と iii) を繰り返し，$\langle H(\theta)\rangle$ を最小化するように θ を最適化する（古典の最適化）．

ハミルトニアンをパウリ演算子で書き下すところまでの前処理は 4.2 節のとおりです．例えば，STO-6G 基底関数系を使った水素分子のハミルトニアンは

$$\tilde{H} = g_0 I + g_1 Z_0 + g_2 Z_1 + g_3 Z_0 Z_1 + g_4 X_0 X_1 + g_5 Y_0 Y_1$$

という形になるまで古典コンピュータで処理した後で量子コンピュータで計算します．4.2 節では，ハミルトニアン H による時間発展シミュレーション（e^{iHt} の実行）をトロッター展開したうえで，量子位相推定サブルーチンによって H の固

有値（＝エネルギー）の情報を補助量子ビットに取り出しました．VQE アルゴリズムではハミルトニアン H の基底状態を変分的に求めます．

　まず n 量子ビットの $|0\rangle$ に初期化された量子ビットを用意し，回転角などの量子ゲート操作を決めるパラメータ θ を含む量子回路 $U(\theta)$ を作用させます（$U(\theta)$ は $2^n \times 2^n$ のユニタリ行列で表せます）．初期状態に $U(\theta)$ を作用して得られる

$$|\psi(\theta)\rangle := U(\theta)|00\cdots 0\rangle$$

という量子状態を変分法の試行状態（3.6.2 項）として使い，あるパラメータ θ におけるエネルギー期待値 $\langle H(\theta)\rangle := \langle\psi(\theta)|H|\psi(\theta)\rangle$ を評価します．

　ハミルトニアン H は上で見たとおりパウリ演算子の積の線形結合で書け，一般には n 量子ビットのパウリ演算子 $P_i \in \mathcal{P} = \{I, X, Y, Z\}^{\otimes n}$ を使って

$$H = \sum_i h_i P_i$$

という形で書けます（h_i は実数）．このとき重要なポイントは，ハミルトニアン H に表れる n 量子ビットパウリ演算子 P_i の個数が，量子ビットの数に対して指数個になっていないことです．指数個だと量子コンピュータで高速処理できる旨味がなくなってしまいますが，量子化学に登場するハミルトニアンではいつも多項式個のパウリ演算子で済みます [*1]．

　結局，エネルギー期待値は

$$\langle H(\theta)\rangle = \sum_i h_i \langle\psi(\theta)|P_i|\psi(\theta)\rangle$$

のように，それぞれのパウリ演算子 P_i の期待値 $\langle\psi(\theta)|P_i|\psi(\theta)\rangle$ を量子ビット 1 つずつの測定結果として求めたうえで，古典コンピュータで和をとることで計算できます．パウリ演算子の個数は量子ビット数に対して多項式個ですから，量子ビットの測定を通じたエネルギー期待値の計算に必要な時間は，量子ビットの数に対して指数的に増えてしまうようなことはありません．例えば，$Z_1 X_2$ の項は，量子ビット 1 を Z 基底で，量子ビット 2 を X 基底で測定し，何度も量子回路の実行と測定を行って測定結果 ± 1 の積の期待値を求めればよいことになります．

[*1]　n 量子ビットパウリ演算子は量子ビット数に対して指数種類あり，一般には指数個のパウリ演算子を含むハミルトニアンも可能です．しかし，不思議なことに量子化学や固体物理学で登場するハミルトニアンには，量子ビットの数に対し多項式個のパウリ演算子しか含まれていません．

VQEによる変分法でよく使われる試行状態として**ユニタリ結合クラスタ**（Unitary Coupled Cluster, UCC）状態があります[104]．これは励起演算子

$$T := T_1 + T_2 + \cdots = \sum_{\substack{i \in occ \\ \alpha \in virt}} \lambda_{\alpha i} a_\alpha^\dagger a_i + \sum_{\substack{i > j \in occ \\ \alpha > \beta \in virt}} \lambda_{\alpha\beta ij} a_\alpha^\dagger a_\beta^\dagger a_i a_j + \cdots$$

を用いて定義されるユニタリ変換 $U_{UCC} = e^{T - T^\dagger}$ を Hartree-Fock 法によって計算した初期状態 $|\psi_{HF}\rangle$ に作用させた

$$|\psi\rangle := U_{UCC} |\psi_{HF}\rangle = e^{T - T^\dagger} |\psi_{HF}\rangle$$

という状態です（ここで，occ は電子の入っているスピン軌道，virt は電子が入っていない空のスピン軌道を表しています）．$\{\lambda_{\alpha i}, \lambda_{\alpha\beta ij}\}$ はパラメータで，VQEアルゴリズムにより変分的に決定します．この U_{UCC} を量子回路として量子コンピュータ上で実行する際に，必要となる量子ゲート数を多項式個に留めるには，T の展開（結合クラスタ展開）をどこかで打ち切る必要があり，量子化学では2電子励起（T_2）までとすることが多いようです[105]．

試行状態のデザインは探索空間を決める重要な要素です．UCC 試行状態は量子化学の知識に基づいたものですが，このほかにも，実際のハードウェアでの実装容易性の考慮[106]，ノイズの影響を受けにくい構成[107]，使用する量子ゲート数の削減[108]，など試行状態を生成する量子回路を工夫するさまざまな取組みがあります．また分子振動[109]や一般の相互作用[110]への UCC 試行状態の拡張や，励起状態を計算するさまざまな方法[111–113]など，量子化学計算としての発展も続き，既存手法に比べた優位性についても研究が進められています[48]．

VQE アルゴリズムが古典コンピュータによる変分法やそのほかの手法に比べ，何がどの程度優れているのかは十分に理解されていません[*2]．しかし，量子化学や固体物理学は（まさに自然と）自然界で実現されている量子多体系を対象としているので，その自然現象の背後にあるのと同じメカニズム（＝量子力学）を動作原理としてもつ量子コンピュータなら効率よく生成できると期待することは妥当でしょう[114]．量子コンピュータならば UCC のような量子状態まで探索することが可能で，ノイズがなければ明らかに古典コンピュータによる変分法に比べて VQE に優位性があるようにも思われます．

---

*2 そもそも，与えられたハミルトニアンについて最小エネルギーを求める問題は QMA 問題（4.5 節）なので，量子コンピュータでも効率よく解けません．

5.1.2　QAOA と組合せ最適化

VQE を使って 0-1 整数計画問題 (変数が 0,1 だけからなる最適化問題) を解くこともできます. 0-1 整数計画問題はイジングハミルトニアン

$$H = \sum_{i=1}^{n} h_i Z_i + \sum_{i=1}^{n} \sum_{j=1}^{i} J_{ij} Z_i Z_j$$

のエネルギー期待値を最小化する問題に帰着できるので, 基底状態を VQE で探索すればよいことになります. このような組合せ最適化アルゴリズムは, **QAOA** (Quantum Approximate Optimization Algorithm) と呼ばれます [115].

さて, n 桁のビット列 z を引数とするコスト関数 $C(z) = \sum_{\alpha} C_{\alpha}(z)$ を最小化する最適化問題を考えてみましょう. イジングモデルで書ける最適化問題であれば $C(z)$ は $C_{\alpha}(z) = z_i \cdot z_j$ のような項から構成されています. この問題を解く QAOA アルゴリズムの手順は以下のとおりです [*3].

---

i)　　初期状態 $|s\rangle = |+\rangle^{\otimes n}$ を用意する.

ii)　　パラメータ $\{\beta_1, \cdots, \beta_\ell\}$ と $\{\gamma_1, \cdots, \gamma_\ell\}$ で指定されるユニタリゲート $U_C(\gamma_i), U_X(\beta_i)$ を作用させ状態 $|s\rangle \to |\beta, \gamma\rangle$ を得る.

iii)　　量子コンピュータで期待値 $\langle \beta, \gamma | C(Z) | \beta, \gamma \rangle$ を評価 (測定) する.

iv)　　$\langle \beta, \gamma | C(Z) | \beta, \gamma \rangle$ を小さくするように古典コンピュータでパラメータ β, γ を更新する.

v)　　最適解 β^*, γ^* を得るまで i)〜iv) を繰り返す.

vi)　　何回か状態 $|\beta^*, \gamma^*\rangle$ を Z 基底で測定し, 良さそうな測定結果 (ビット列 $z_1 \cdots z_n$ を解として出力する.

まず初期状態としてすべての可能なビット列の重ね合わせ状態

$$|s\rangle := |+\rangle^{\otimes n} = \frac{1}{\sqrt{2^n}} \sum_{z=0}^{2^n - 1} |z\rangle$$

を用意します. この状態に, パラメータ $\beta := \{\beta_1, \cdots, \beta_\ell\}, \gamma := \{\gamma_1, \cdots, \gamma_\ell\}$ で

---

*3　QAOA で得られる解は近似解 (局所解) で, 大域的最適解ではありません. また解の精度保証もなく, 量子アニーリングと同様にヒューリスティクスの 1 つです. 得られた解が問題に課された制約条件を満たすかどうかは後でチェックできますが, コスト関数を真に最小化しているかどうかは確かめようがありません.

指定される 2 種類のユニタリゲート

$$U_C(\gamma_i) := e^{-i\gamma_i H_C}, \ U_X(\beta_i) := e^{-i\beta_i H_X}$$

を作用させ n ビット量子状態

$$|\beta,\gamma\rangle = U_X(\beta_\ell)U_C(\gamma_\ell)\cdots U_X(\beta_1)U_C(\gamma_1)\,|s\rangle$$

を作ります（$U_X U_C$ の個数 ℓ はハイパーパラメータです）．これは断熱量子計算で自明な基底状態をもつ初期ハミルトニアン H_X からコストハミルトニアン H_C に時間発展させる $\exp(iH(t)t)$ を ℓ ステップで離散的に実行するトロッター分解（3.6 節）に相当しています（コラム 5.1 参照）．

0-1 整数計画問題の場合には，$H_C = C(Z)$（コスト関数 $C(z)$ の引数であるビット z_i を量子ビット i に作用するパウリゲート Z_i に置き換えたもの）です．H_X は

$$H_X := \sum_{j=1}^{n} X_j$$

とします（初期状態として用意する $|+\rangle = \frac{1}{\sqrt{2}}(|0\rangle + |1\rangle)$ は X の固有状態です）．

このような状態を用意したうえで，コストハミルトニアンのエネルギー期待値 $\langle\beta,\gamma|H_C|\beta,\gamma\rangle$ の期待値を最小にする β,γ を探索します．最適化計算は古典コンピュータによって行います．量子コンピュータが出力する期待値を最小にするパラメータを古典コンピュータで探索するという枠組みは VQE と同様です．QAOA の概略を**図 5.2** に示しました．

具体例として，実機による実験も行われた**最大カット問題**を見てみましょう [116]．最大カット問題は，重み付きグラフのノードを 2 つにグループ分けするとき，グループをまたぐエッジの重みの総和を最大化する問題です（異なるグループのノード間のエッジを "カット" する）．最大カット問題は NP 完全問題なので量子コンピュータであっても多項式時間で厳密解を求めることは望めません [*4]．

図 5.3 に示した 4 ノードのグラフを考えます．例えば {ノード 1, ノード 4}, {ノード 2, ノード 3} や，{ノード 1}, {その他のノード} という分け方は 2 本のエッジをカットします．コスト関数は，あるノード i の属するグループを変数 $z_i = \{1, -1\}$ で表すと

[*4] したがって，QAOA のライバルは精度保証付き多項式時間近似アルゴリズム [117] や，タブー法や遺伝的アルゴリズムなどのヒューリスティクスです．

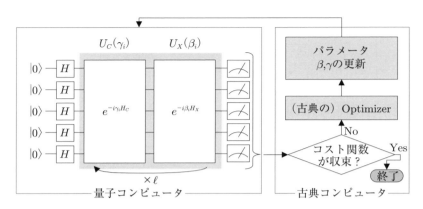

図 5.2　QAOA の概要

$$C(z) = -\frac{1}{2} \sum_{i,j} C_{ij}(1 - z_i z_j)$$

と書けます（C_{ij} はグラフの隣接行列）．ノード i と j が同グループの場合には $z_i z_j = 1$ よりコスト関数への寄与は 0 で，エッジでつながる（$C_{ij} \neq 0$）ノード i と j が異なるグループに分けられた場合だけ $z_i z_j = -1$ よりコスト関数に $-C_{ij}$ が加算されます．$C(z)$ の値はカットされるエッジの重みの総和に (-1) をかけたものなので，最大カット問題は $C(z)$ の最小化問題として解けます．

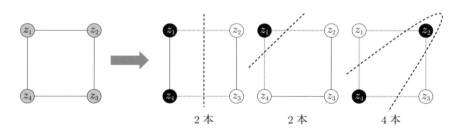

図 5.3　最大カット問題の例

　コスト関数を量子コンピュータで処理するには，コスト関数の z_i をパウリゲート Z_i に置き換えたハミルトニアン

$$H_C = \frac{1}{2}(Z_1 Z_2 + Z_2 Z_3 + Z_3 Z_4 + Z_4 Z_1) - 2$$

を考えます（$C_{ij} = 1$）．試行状態の作成には $U_X(\beta) := e^{-i\beta H_X}$ の中にある $e^{-i\beta X_i}$ や $U_C(\gamma) := e^{-i\gamma H_C}$ の中の $e^{-i\gamma Z_i Z_j}$ の項の量子ゲート表現が必要で，これは量

子化学計算のときに紹介した方法（表 4.2）を使って実現します．ただし，同じ量子ビットを使う CNOT ゲートは同時には実行できないため，実機の場合には量子ビットの結合状況も考慮して $e^{-i\gamma Z_i Z_j}$ 項の実行順を決める必要があります [116]．

量子回路シミュレータを使って $\ell = 2$ の試行状態（パラメータ 4 個）

$$|\beta, \gamma\rangle = U_X(\beta_2)U_C(\gamma_2)U_X(\beta_1)U_C(\gamma_1)|s\rangle$$

について $\langle \beta, \gamma | C(Z) | \beta, \gamma \rangle$ の値を計算し，最小化するようにパラメータ最適化を行うと $\{\beta_1, \gamma_1, \beta_2, \gamma_2\} \approx \{1.013, 2.688, 0.454, 0.558\}$ などの値が得られます [*5]．このパラメータに対応する状態 $|\beta^*, \gamma^*\rangle$ は**図 5.4** のとおり $|0101\rangle$ と $|1010\rangle$ の確率振幅が大きくなっており，高確率で測定されることになります．この 2 状態は共に $\{$ノード 1, ノード 3$\}$，$\{$ノード 2, ノード 4$\}$ のグループ分け（図 5.3 右端）なので，正しい最適解です．また，コスト関数の期待値 $\langle \beta^*, \gamma^* | C(Z) | \beta^*, \gamma^* \rangle$ も -2.000 と正しい値（4 本の辺をカットする）が得られます．

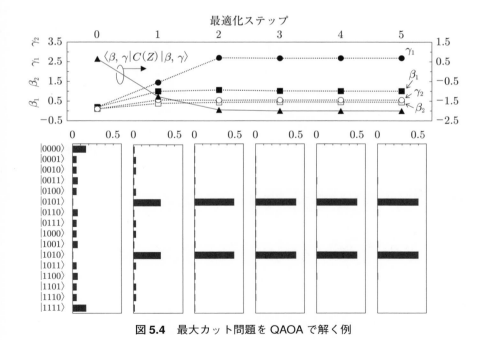

図 5.4 最大カット問題を QAOA で解く例

[*5] ここでは，$\{0.2, 0.2, 0.1, 0.1\}$ を初期値とし，Quantum Native Dojo [54] のコードを参考に，SciPy の minimize 関数で非線形最適化（Powell 法）を行いました．

5.1.3 組合せ最適化問題のハミルトニアン

QAOA は汎用な問題解決法で，コスト関数をイジングハミルトニアンで書けさ
えすれば，基本的にはどんな組合せ最適化問題も扱うことができます [*6]．代表的
ないくつかの問題のコスト関数を紹介しましょう．

厳密被覆問題は，ある自然数の集合 $U, V_1, V_2, \cdots, V_N$ があるときに，いくつか
の V_i を選んで含まれる自然数が，同じ自然数が複数含まれないようにしつつ U と
同じセットになるように V_i を選ぶという問題です．例えば $U = \{1,2,3,4,5,6,7\}$
で，$V = \{\{1,4,6\}, \{1,4\}, \{3,4,6\}, \{2,3,7\}, \{2,5,6,7\}, \{5,6\}\}$ のとき，最適
解（厳密被覆）は $\{\{1,4\}, \{2,3,7\}, \{5,6\}\}$ です．厳密被覆問題は **NP** 完全問題で
すが，さまざまな実問題を厳密被覆問題として定式化して解くことができます．

コスト関数は，V_i を選んだことを表す変数 $x_i \in \{0,1\}$（選んだら 1）に対して

$$C \sum_{a=1}^{n} \left(1 - \sum_{i, a \in V_i} x_i\right)^2 \to C \sum_{a=1}^{n} \left(- \sum_{\substack{i=j, \\ a \in V_i, V_j}} x_i x_j + 2 \sum_{\substack{i \neq j, \\ a \in V_i, V_j}} x_i x_j\right)$$

と書けます（定数項は削除）．これは，n 個の自然数 a について，選択された V_i の
うち 1 つだけに含まれているときに最小値 0 をとるコスト関数です．$x = \frac{1}{2}(1+z)$
により $z_i \in \{-1, +1\}$ に変換すればイジングハミルトニアンとして使えます．

巡回セールスマン問題は，都市の集合と各都市間の移動コスト（距離など）が
与えられたとき，すべての都市を一度ずつだけ訪問し，出発地に戻る巡回路のう
ちで総移動コストが最小の経路を求めるという組合せ最適化問題（**NP** 困難）で
す．巡回セールスマン問題のコスト関数は，都市 v を j 番目に訪れるかどうかを
表す変数 $x_{v,j} \in \{0,1\}$ に対して

$$C_1 \sum_{v=1}^{N} \left(1 - \sum_{j=1}^{N} x_{v,j}\right)^2 + C_2 \sum_{j=1}^{N} \left(1 - \sum_{v=1}^{N} x_{v,j}\right)^2$$
$$+ \sum_{(u,v) \in E} W_{u,v} \sum_{j=1}^{N} x_{u,j} x_{v,j+1}$$

と表せます（N は都市数，C_1, C_2 は定数）．コスト関数の各項は "各都市を訪れる

[*6] 制約条件を反映する工夫は必要です．組合せ最適化問題の多くは $x \in \{0,1\}$ を変数とす
る **QUBO (Quadratic Unconstrained Binary Optimization)**（2 次制約なし 2 値最適化）の形
で表現できます．QUBO 形式のコスト関数とイジングモデルのエネルギー関数は等価です．

のは 1 回ずつ" "j 番目に訪れた都市は 1 つだけ" "移動距離を最小にする" という条件に対応しています. 変数は N^2 個あるので, コスト関数を表す行列 (QUBO 行列) は $N^2 \times N^2$ 行列です. QAOA では変数の個数と同じ数の量子ビットが必要なので, 大規模な問題 [*7] は NISQ 量子コンピュータに載りません.

ポートフォリオ最適化問題も QUBO 形式で書くことができます. さまざまな制約条件のものがありますが, ここでは, ポートフォリオがもたらす収益率の期待値と変動の大きさであるリスクを, 収益率の分布の平均と分散を用いてそれぞれ評価するモデル (Markowitz モデル) で, 分散を最小化する問題を考えます.

資産 i を保有しているかどうかの変数を $x_i \in \{0, 1\}$ とすると, コスト関数は

$$-\sum_i \mu_i x_i + \gamma \sum_{ij} \sigma_{ij} x_i x_j + C \left(\sum_i x_i - N \right)^2$$

のようになります. ここで, μ_i は資産 i からのリターンの期待値, σ_{ij} は資産 i, j のリターンの共分散, γ はどれだけリスクを考慮するかというパラメータです. 第3項は資産数 N を一定とする制約条件に対応する項で, 選択された $x_i = 1$ の個数が指定の資産数 N のときに最小値 0 をとります.

このほかにも, データの類似度を重みとするグラフの MAXCUT 問題としてクラスタリングを QAOA で行う実験 [116] や, 初期状態を作る $U_X(\beta)$ を工夫することで初期状態を制限し, 制約条件を考慮しつつ探索空間を削減して計算の効率化を図る Quantum Alternating Operator Ansatz と呼ばれる手法の提案 [119] など, 研究が進められています.

イジングモデル (QUBO 形式) にはカープの 21 の **NP** 完全問題など, さまざまな問題を制約条件まで含めてマップすることができます [120]. しかし, QAOA で大規模な問題を解くには多数の量子ビットが必要で, 実機の量子ビットの接続トポロジーと問題のグラフは必ずしもマッチしないので埋め込みのための冗長性も必要です [121]. 近似解アルゴリズムとしての性能もそれほど明らかではありません [*8]. QUBO 形式の組合せ最適化問題を扱う専用マシンは多く (1.4 節), NISQ 量子コンピュータ上の QAOA アルゴリズムがサイズや解の精度など何らかの点で優位となるような問題設定の発見が待たれます.

[*7] たとえば 100 万都市などでしょうか [118].

[*8] ファーヒらにより QAOA が組合せ最適化問題 Max E3LIN2 について, 当時知られていたどの多項式時間アルゴリズムよりも良い近似比で解くと報告されました [122] が, その後の研究でより良い近似比の多項式時間古典アルゴリズムが発見されています.

●COLUMN●

コラム 5.1　断熱量子計算

　イジングハミルトニアンの基底状態探索という観点では，QAOA は量子アニー リング [123)] との共通点も多いアルゴリズムです．

　QAOA の背景となるアイディアである断熱量子計算について紹介しましょう． いまハミルトニアン H_{my} の基底状態が知りたいとします．そのために H_{my} と非可 換なハミルトニアン H_0 を使い，全体のハミルトニアンを

$$H(t) := \left(1 - \frac{t}{T} \right) H_0 + \frac{t}{T} H_{my}$$

とします．このハミルトニアンは $t = 0$ で H_0 に，$t = T$ で H_{my} に等しくなります． 最初のハミルトニアン H_0 は自明な基底状態をもつものをうまく選んでおきます． QAOA の場合には固有状態 $|+\rangle$ をもつパウリ演算子 X を初期ハミルトニアンにし ました．そして，この量子系を $H(t)$ によって（シュレディンガー方程式に従って） 時間発展させます（時間発展は e^{-iHt} という演算子によって行うのでした (3.6 節)．）

　ここで，ハミルトニアンの時間変化が非常にゆっくりになるように十分大きな T をとると断熱定理が適用できるようになります．こうすると，系の状態が H_0 の基 底状態からスタートする場合，少し時間変化したときも系は $H(t)$ の基底状態であ り続けるようになります．このままゆっくりとハミルトニアン $H(t)$ を変化させ， 各時刻 t における $H(t)$ の基底状態の間を遷移しながら系を時間発展させ，最終的 に $t = T$ で H_{my} の基底状態に落ち着くようにするというわけです．

　このように，ある種の自然計算によって H_{my} の基底状態を得るというのが断熱 量子計算のカラクリです．

5.2 時間発展シミュレーションをバイパスする

　量子コンピュータによる量子系の時間発展シミュレーション（3.6節）の方法として
トロッター分解による e^{-iHt} の実行に代わる，NISQ 量子コンピュータ向け
の方法として **VQS (Variational Quantum Simulator)** が提案されています[124]．

　この方法も VQE や QAOA と同様に，全体の計算は古典コンピュータが担いつ
つ，量子コンピュータが担うサブルーチン部分を内包した量子・古典ハイブリッ
ドアルゴリズムです．トロッター分解による方法よりも小さな量子回路で計算で
き，エラーの発生確率を変化させた外挿から，エラーがない場合の結果を推定す
ることもできます．具体的なフローは下記のとおりです．

---

i)　　試行状態 $|\psi(\lambda)\rangle = R_N(\lambda_N) \cdots R_1(\lambda_1) |0\rangle$ を用意する（λ はパラメー
　　　タ）．

ii)　　以下を $t = 0, \delta t, 2\delta t, \cdots, T$ で繰り返す．

iii)　　$\{\lambda(t)\}$ で $|\psi(\lambda)\rangle$ を作る．

iv)　　$M_{k,q} = i\eta \dfrac{\partial \langle\psi|}{\partial \lambda_k} \dfrac{\partial |\psi\rangle}{\partial \lambda_q} + \text{h.c.}$ と $V_k = \eta \dfrac{\partial \langle\psi|}{\partial \lambda_k} H |\psi\rangle + \text{h.c.}$ を量子コン
　　　ピュータにより計算する（h.c. は第 1 項目のエルミート共役）．

v)　　オイラー・ラグランジュ方程式 $\displaystyle\sum_q M_{k,q}\dot{\lambda}_q = V_k$ を古典コンピュー
　　　タで解き，$\{\dot{\lambda}\}$ を求める．

vi)　　$\lambda(t) \to \lambda(t+\delta t) = \lambda(t) + \delta t \dot{\lambda}(t)$ という更新式でパラメータ $\{\lambda\}$ を
　　　更新．

vii)　各ステップ t における $|\psi\rangle$ が求めたい状態

　VQS アルゴリズムも他の変分法アルゴリズムと同様に量子コンピュータと古典
コンピュータが役割分担するアルゴリズムです．量子系のシミュレーションでは
各時刻 t における量子状態 $|\psi(t)\rangle$ を計算したいわけですが（3.6節），VQS アルゴ
リズムでは $|\psi(t)\rangle$ の代わりにある実数パラメータ $\lambda = \{\lambda_1, \lambda_2, \cdots\}$ で決まる状態
$|\psi(\lambda)\rangle$ を考え，このパラメータ λ の更新により量子状態の時間発展をシミュレー
ションします．

$|\psi(t)\rangle$ 時間発展を記述するシュレディンガー方程式は，パラメータ λ について
のオイラー・ラグランジュ方程式

$$\sum_q M_{k,q} \frac{d\lambda_k}{dt} = V_k \tag{5.1}$$

に帰着します [*9]．ここで $M_{k,q}, V_k$ はそれぞれ

$$M_{k,q} = i\eta \frac{\partial \langle\psi|}{\partial \lambda_k} \frac{\partial |\psi\rangle}{\partial \lambda_q} + \text{h.c.}$$

$$V_k = \eta \frac{\partial \langle\psi|}{\partial \lambda_k} H |\psi\rangle + \text{h.c.}$$

です．提案手法 [124] では $\eta = 1$ として $M_{k,q}$ と V_k を実数に制限しています．

さて，この $M_{k,q}, V_k$ を量子コンピュータで評価することを考えます．まず試行
状態をパラメータ $\{\lambda_k\}$ で決まる量子ゲート操作 $R(\lambda_k)$ の組として

$$|\psi(\lambda)\rangle = R_N(\lambda_N) \cdots R_1(\lambda_1) |00\cdots0\rangle$$

$$:= R |\mathbf{0}\rangle$$

のように準備します．この R_k のパラメータ λ_k に対する微分はハミルトニアンが
$H = \sum_i h_i P_i$ とパウリ演算子 P_i の線形結合で書けるとき

$$\frac{dR_k}{d\lambda_k} = \sum_i f_{k,i} R_k P_{k,i}$$

と表せることを使って，試行状態 $|\psi\rangle$ の λ_k に関する偏微分を

$$\frac{\partial |\psi\rangle}{\partial \lambda_k} = \sum_i f_{k,i} (R_N R_{N-1} \cdots R_{k+1} R_k P_{k,i} \cdots R_2 R_1) |\mathbf{0}\rangle$$

$$:= \sum_i f_{k,i} R_{k,i} |\mathbf{0}\rangle$$

のように変形します．これにより $M_{k,q}, V_k$ は

$$M_{k,q} = \sum_{i,j} \left(i f_{k,i}^* f_{q,j} \langle \mathbf{0}| R_{k,i}^\dagger R_{q,j} |\mathbf{0}\rangle + \text{h.c.} \right)$$

$$V_k = \sum_{i,j} \left(f_{k,i}^* h_j \langle \mathbf{0}| R_{k,i}^\dagger P_j R |\mathbf{0}\rangle + \text{h.c} \right)$$

[*9] ラグランジアン $\mathcal{L} = \left\langle \psi(t) \left| \left(i\frac{\partial}{\partial t} - \mathcal{H} \right) \right| \psi(t) \right\rangle$ を使った作用のパラメータ λ_k に関する
変分を 0 として導出できます．

と表せるので

$$a := 2|if_{k,i}^* f_{q,j}|, \quad \theta := \arg(if_{k,i}^* f_{q,j})$$
$$b := 2|f_{k,i}^* h_j|, \quad \theta' := \arg(f_{k,i}^* h_j)$$

とする

$$a\mathrm{Re}\Big(e^{i\theta}\,\langle\mathbf{0}|R_{k,i}^\dagger R_{q,j}|\mathbf{0}\rangle\Big)$$
$$b\mathrm{Re}\Big(e^{i\theta'}\,\langle\mathbf{0}|R_{k,i}^\dagger P_j R|\mathbf{0}\rangle\Big)$$

を量子コンピュータで計算できればよいことになります. これは**図5.5**に示したように

$$\frac{1}{\sqrt{2}}\Big(|0\rangle + \exp(i\theta)\,|1\rangle\Big)$$

に初期化された補助量子ビットと, 制御 U_k ゲート操作からなる量子回路を実行し, 補助量子ビットを X 基底で測定したときの期待値 (何度もプログラムを実行して平均をとる) として評価できます (図中で $U = R_1^\dagger \cdots U_k^\dagger R_k^\dagger \cdots R_N^\dagger R_N \cdots R_q U_q \cdots R_1$ です).

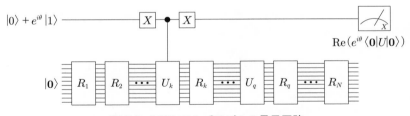

図5.5 VQSアルゴリズムの量子回路

古典コンピュータでは量子コンピュータから受け取った値をもとに $M_{k,q}, V_k$ を計算し, もともとのオイラー・ラグランジュ方程式 (5.1) を数値的に解きます. 時間ステップを $t_n = n\delta t$ $(t_0 = 0, t_N = T)$ として, $\lambda_k(t_n)$ についての $M_{k,q}, V_k$ から時間微分 $\{\dot{\lambda}_k(t_n)\}$ が計算できるので, 新たなパラメータとして

$$\lambda_k(t_{n+1}) = \lambda_k(t_n) + \dot{\lambda}_k(t_n)\delta t$$

と更新していき, 最終的にパラメータセット $\{\lambda_k(T)\}$ が得られたところで計算終了です. このパラメータを使って指定される状態が, 当初計算したかった $\psi(t)$ をハミルトニアン H によって T だけ時間発展させた $\psi(T)$ です.

5.3 パラメータ付き量子回路による機械学習

5.3.1 量子回路学習とニューラルネット

　量子回路を学習モデルと見立て機械学習タスクを行うアルゴリズムである**量子回路学習**（Quantum Circuit Learning, QCL）[125]を紹介しましょう．VQEやQAOAでは，ハミルトニアンの期待値を最小化するようにパラメータ付き量子回路で作り出される試行状態（ansatz）を最適化しました．QCLはこれを拡張し，パラメータ付き量子回路からの出力（測定値）と訓練出力の差（損失関数）を最小化するように，量子回路のパラメータを最適化します．

　パラメータ付き量子回路[*10]を用いた学習は，ニューラルネットワークによる学習と類似しています（**図5.6**）．ニューラルネットワークでは，パラメータ付き線形変換と非線形関数（活性化関数）を使ったモデルを使い，パラメータ最適化（損失関数の最小化）によって教師データの入出力関係を近似します．パラメータ付き量子回路では複数量子ビットのテンソル積構造による非線形性を使います．ニューラルネットワークの各層の重みパラメータは，量子回路に含まれる複数の回転ゲート操作の回転角 $\boldsymbol{\theta}$ に対応します．

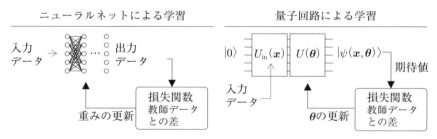

図5.6　ニューラルネットワークによる学習と量子回路による学習

　量子回路を学習モデルに使うと，重ね合わせの原理による高次元の特徴量空間が利用可能で，古典コンピュータ上で効率的に表現しにくい非線形モデルも効率的に構築できると期待できます．また，ユニタリ変換のみでモデルを構成すること

[*10]　英語では Parameterized quantum circuits と呼ばれます[126]．

がある種の正則化として機能し，過学習が抑えられるという特徴もあります[*11]．
QCL の具体的なフローは以下のとおりです．

i) 訓練入力 $\boldsymbol{x}_i$ をパラメータとする量子回路 $U_{\mathrm{in}}(\boldsymbol{x})$ を量子ビットに作用させ，$\boldsymbol{x}_i$ の情報をエンコードした状態 $\{|\psi_{\mathrm{in}}(\boldsymbol{x}_i)\rangle\}$ を作る．

ii) 入力状態 $\{|\psi_{\mathrm{in}}(\boldsymbol{x}_i)\rangle\}$ をパラメータ $\boldsymbol{\theta}$ で決まる量子回路 $U(\boldsymbol{\theta})$ によって出力状態 $\{|\psi_{\mathrm{out}}(\boldsymbol{x}_i, \boldsymbol{\theta})\rangle = U(\boldsymbol{\theta})|\phi_{\mathrm{in}}(\boldsymbol{x}_i)\rangle\}$ に変換する．

iii) 量子ビットを計算基底で測定し，ビット列 z_i を取得する．

iv) 関数 $y = f(z)$（定義域・値域が y, z に合うように定数倍，ソフトマックス関数など）で最終的なモデル出力 $\{y_i\}$ に変換する．

v) 訓練出力 $\{y_i\}$ とモデル出力 $\{y(\boldsymbol{x}_i, \boldsymbol{\theta})\}$ の間の差を評価する損失関数 $L(\boldsymbol{\theta})$ を計算し，$L(\boldsymbol{\theta})$ を最小化する $\boldsymbol{\theta}^*$ を求める．

vi) 未知の入力データ $\tilde{\boldsymbol{x}}$ を $U(\tilde{\boldsymbol{x}})$ でエンコードし，パラメータ $\boldsymbol{\theta}^*$ を使った量子回路 $U(\boldsymbol{\theta}^*)$ を実行して，予測 $y(\tilde{\boldsymbol{x}}, \boldsymbol{\theta}^*)$ を得る．

複数量子ビットのテンソル積構造により非線形性が現れることを 2 量子ビットの量子回路（**図 5.7**）で具体的に確認しましょう．まず，データ $\{\boldsymbol{x}_i\}$ を量子状態にエンコードする量子ゲート操作 $U_{\mathrm{in}}(\boldsymbol{x}_i)$ を考えます．例えば，1 次元のデータ x に対して線形となるような $\sin^{-1} x$ を引数（回転角）とする Y 軸回転ゲート

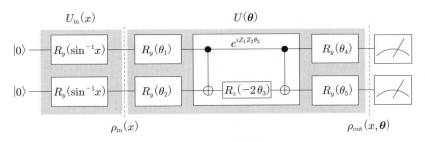

図 5.7 QCL の量子回路
（文献 114) より引用・著者により一部加筆）

$$R_y(\sin^{-1} x) = \sqrt{\frac{1 + \sqrt{1 - x^2}}{2}} I - i\sqrt{\frac{1 - \sqrt{1 - x^2}}{2}} Y$$

を 2 つの量子ビットそれぞれに作用させます．このゲート操作によってデータ x がエンコードされた状態は

$$\left(R_y(\sin^{-1} x) \,|0\rangle \right) \otimes \left(R_y(\sin^{-1} x) \,|0\rangle \right)$$
$$= \frac{1 + \sqrt{1 - x^2}}{2} \,|00\rangle + \frac{x}{2} \left(|01\rangle + |10\rangle \right) + \frac{1 - \sqrt{1 - x^2}}{2} \,|11\rangle$$

のように x に対して非線形な確率振幅をもつ状態が得られます．密度行列（2.8 節）を使うと，このときの状態は

$$\rho_{\mathrm{in}}(x) = \left(R_y(\sin^{-1} x)\,|0\rangle \otimes R_y(\sin^{-1} x)\,|0\rangle \right) \left(R_y^\dagger(\sin^{-1} x)\,\langle 0|\right.$$
$$\left. \otimes R_y^\dagger(\sin^{-1} x)\,\langle 0| \right)$$
$$= \left(\frac{I + xX + \sqrt{1 - x^2} Z}{2} \right)^{\otimes 2}$$

と書け，$X_1 X_2$ の期待値（X 基底での測定値の平均）を計算すると $\langle X_1 X_2\rangle = \mathrm{Tr}(\rho_{\mathrm{in}} X_1 X_2) = x^2$ という関数が得られます．

　このように，データをエンコードするユニタリ操作 $U_{\mathrm{in}}(\boldsymbol{x})$ を単純な 1 量子ビット回転ゲート操作で構成しても，複数量子ビットのテンソル積の構造により

$$U_{\mathrm{in}}(\boldsymbol{x}) \,|00\cdots 0\rangle = \sum_i a_i(\boldsymbol{x}) \,|i\rangle$$

のようにデータ $\boldsymbol{x}$ を非線形関数で変換した $a_i(\boldsymbol{x})$ を振幅エンコーディングで埋め込めます．このように古典データ入力を量子状態に符号化することは，高次元のヒルベルト空間という**特徴量空間**に古典データをマップする，ある種の**特徴量マップ**（feature map）と理解できます．古典の場合には計算量の増大を防ぐために基底関数の数を限定するところを，量子コンピュータの場合には量子ビット数に対して指数関数的に多くの基底関数を利用できます．この例では，説明のため $\sin^{-1} x$ を使いましたが，何らかの非線形関数 $\phi(x)$ やニューラルネットワークで変換してから入力することも可能です．古典の機械学習におけるカーネルトリックは，この場合にはデータ入力のユニタリゲート U_{in} を工夫することに相当します．

　データのエンコード $U_{\mathrm{in}}(\boldsymbol{x})$ の後，パラメータ $\boldsymbol{\theta} = \{\theta_i\}$ で決まる量子回路 $U(\boldsymbol{\theta})$（ユニタリゲート操作の組）によって量子状態を変換します．この出力状態 $\rho_{\mathrm{out}}(\boldsymbol{x}, \boldsymbol{\theta})$

について，量子ビットを計算基底で測定したときの期待値 $\langle Z(\boldsymbol{x}, \boldsymbol{\theta}) \rangle$ が，量子回路からのモデル出力 $f(\boldsymbol{x}|\boldsymbol{\theta})$ です [*12]．モデル出力 $f(\boldsymbol{x}|\boldsymbol{\theta})$ は $U(\boldsymbol{\theta})$ のデザインとパラメータ $\boldsymbol{\theta}$ の調節によって，やはり非線形関数まで含む関数によって $\boldsymbol{x}$ を変換したものになります．このモデル出力値と訓練出力 $\boldsymbol{y} = \{y_i\}$ の差を損失関数によって評価することで，パラメータ $\boldsymbol{\theta}$ の最適化を行うのが QCL アルゴリズムです．

●COLUMN●

コラム 5.2　量子コンピュータとカーネル法

　データを高次元の特徴量空間に埋め込むことで分析を容易にするというのが，（古典の）機械学習におけるカーネル法の基本的な考え方です [63, 64]．例えば，サポートベクタマシン（SVM）では，元のデータのままでは非線形の分類問題であっても，適切な特徴量空間にマップして，その空間中で 2 つのクラスのデータ点の間の決定境界を学習します（図 5.8）．

　量子コンピュータで教師あり機械学習を行うアプローチとして

  i)　カーネルを用いた古典的な学習モデルを使いつつ，カーネル関数の計算（特徴量空間での内積）に量子コンピュータを用いるアプローチ

  ii)　特徴量空間での線形の決定境界を変分量子回路を用いた量子的な学習モデルで直接学習するアプローチ

の 2 通りが考えられます．この節で紹介したパラメータ付き量子回路による機械学習（量子回路学習）は後者のアプローチです．いずれのアプローチでも，最適化の部分は古典的に行います．

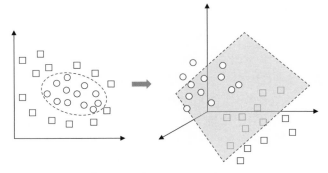

図 5.8　特徴量マップのイメージ

[*12]　モデル出力に用いる測定は Z 基底でなくてもかまいません．

5.3.2　いろいろなパラメータ付き量子回路モデル

QCL アルゴリズムによる学習や推論の性能は，データをエンコードする $U_{\mathrm{in}}(\boldsymbol{x})$ と，ニューラルネットワークに相当するパラメータ付き量子回路 $U(\boldsymbol{\theta})$ の形が決めます．問題設定（あるいはデータの構造）ごとに適したニューラルネットワークモデルがあるように，量子回路学習においても問題設定ごとに適した $U_{\mathrm{in}}(\boldsymbol{x}), U(\boldsymbol{\theta})$ のデザインが存在すると考えられます．ここでは，近年提案された NISQ 量子コンピュータ上での量子回路による機械学習モデルの例を紹介しましょう．

IBM の研究グループによって行われた 5 量子ビットの量子コンピュータを用いた実験 [127] で用いられた $U_{\mathrm{in}}(\boldsymbol{x})$ と $U(\boldsymbol{\theta})$ を見てみましょう（図 5.9）．実験には，2 次元実数データ $\boldsymbol{x} = (x_1, x_2)$ を入力とする 2 クラス分類のタスクが用いられました．量子ビットにデータをエンコードするユニタリゲート操作は

$$U_{\mathrm{in}}(\boldsymbol{x}) := U_{\Phi(\boldsymbol{x})} H^{\otimes n} U_{\Phi(\boldsymbol{x})} H^{\otimes n}$$
$$U_{\Phi(\boldsymbol{x})} := e^{i(x_1 Z_i + x_2 Z_j + x_1 x_2 Z_i Z_j)}$$

です．学習モデルとなるパラメータ付き量子回路 $U(\boldsymbol{\theta})$ は，1 量子ビットの任意回転ゲート $U(\theta_{i,\ell})$ と i, j 量子ビットに対する制御 Z ゲート $\mathsf{CZ}_{i,j}$ からなる

$$U(\boldsymbol{\theta}) := U_{\mathrm{loc}}^{(\ell)}(\theta_i) U_{\mathrm{ent}} \cdots U_{\mathrm{loc}}^{(2)}(\theta_2) U_{\mathrm{ent}} U_{\mathrm{loc}}^{(1)}(\theta_1)$$
$$U_{\mathrm{loc}}^{(k)} := \bigotimes_i^n U(\theta_{i,k})$$
$$U_{\mathrm{ent}} := \prod_{(i,j)\in E} \mathsf{CZ}_{i,j}$$

です．CZ ゲートは，ハードウェアで直接 CZ ゲートを作用させられる量子ビットの組合せ E についてすべて作用させるようになっています．ℓ はニューラルネットワーク構造からのアナロジーで，量子回路学習モデルでのレイヤ数を表すパラメータです．ℓ を大きくすると量子回路が深くなります（実験では $\ell = 0 \sim 4$ が試行され，$\ell = 2$ あたりで十分な精度の分類ができているように見受けられます）．

モデルからの出力は Z 基底での測定により行います．量子コンピュータからの出力である $\{0,1\}^n$ のビット列 z を分類 $y \in \{+1, -1\}$ に変換する $f(z)$ を介し，プログラムを複数回実行して得られた確率分布から，最終的なモデル出力であるラベル $\tilde{m}(\boldsymbol{x}) \in \{+1, -1\}$ が得られます．訓練データ $m(\boldsymbol{x})$ と比較するコスト関数は

$$C(\boldsymbol{\theta}) = \frac{1}{N_T} \sum_{\boldsymbol{x} \in T} \mathrm{Pr}\big(\tilde{m}(\boldsymbol{x}) \neq m(\boldsymbol{x})\big)$$

というように，誤分類してしまう確率の平均値が用いられました（N_T は訓練デー
タの数，T は訓練データの集合を表します）．実験では，ハードウェア起因のエ
ラーに対して堅牢な，近似的な勾配を使う SPSA (Simultaneous Perturbation
Stochastic Approximation) 法[128]によってパラメータ最適化を行っています．

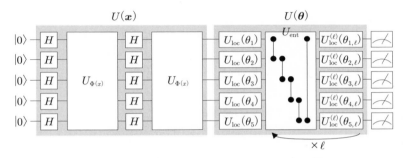

図 5.9　IBM グループの実験で用いられた量子回路
（文献 127) より引用・著者により一部加筆）

　NISQ 量子コンピュータ実機を用いた機械学習の取り組みは，生成器（generator）
と識別器の両方をパラメータ付き量子回路で用意する量子版の敵対的生成ネット
ワーク（GAN）の構築[129]や，GHZ（Greenberger-Horne-Zeilinger）状態など
所望の量子状態を準備するパラメータ付き量子回路を（古典の）機械学習手法の 1
つである生成モデルを使って最適化する試み[130]，分類タスクについて SVM や
MLP に比べて少ないパラメータ数でも同程度の性能を達成できる量子回路のアー
キテクチャの試行[131]など，パラメータ付き量子回路による機械学習は精力的な
研究が進められています．

　深層学習ライブラリである TensorFlow の中でパラメータ付き量子回路をニュー
ラルネットワークのレイヤのように扱える TensorFlow Quantum も登場しまし
た[132]．このライブラリを使うと，（古典の）ニューラルネットワークの入出力と
パラメータ付き量子回路の入出力をつないださまざまな量子・古典ハイブリッド
ネットワークモデルを試すことが可能で，シミュレータを使ってパラメータ付き
量子回路のアーキテクチャを試行錯誤するのに便利なツールです[*13]．

[*13]　パラメータ付き量子回路は**量子ニューラルネットワーク**（Quantum Neural Network,
QNN）とまさに古典のニューラルネットワークと並列に扱われています[132]．

　　カナダの XANADU 社が開発している PennyLane は PyTorch や TensorFlow などの機械学習フレームワークとさまざまな量子ハードウェアを結びつける意欲的な量子機械学習 Python ライブラリです [133]．量子回路を用いた教師あり機械学習，分類，GAN などチュートリアルが充実しており，7.5 節で紹介するようなさまざまな量子ソフトウェア開発プラットフォームにプラグインで対応しています．PennyLane の中では，パラメータ付き量子回路は（古典）データ x とパラメータ $\boldsymbol{\theta}$ を入力としてやはりデータ $f(x; \boldsymbol{\theta})$ を出力する計算ユニット QNode（量子ノード）として古典の計算と同じように扱われます [134]．このことは古典の機械学習フレームワーク側から見ると，量子回路という内部構造を隠ぺいし外部からの操作を制限する**カプセル化**の一種と考えることができます．

5.3.3　量子コンピュータ向きの機械学習タスクは…？

　　古典データの分類や確率分布の生成などのタスクについて，**表 5.1** に示したように実機を用いたさまざまなデモンストレーション実験が報告されています [126]．古典データに関する機械学習タスクでパラメータ付き量子回路による機械学習の利点が生かせるかどうかは，まだこれからの課題でしょう *14．量子データ（量子状態）の分類という問題設定なら，量子回路のほうがうまく学習できる可能性もあります．

　　深層学習では，画像データには**畳み込みニューラルネットワーク**（Convolutional Neural Network, CNN），時系列データには**リカレントニューラルネットワーク**（RNN）など，問題設定（データ）に応じて適したネットワーク構造があることが知られています．例えば画像認識タスクでは，画像内のどの場所にどの向きで出てくるかに関係なくエッジやコーナーを検出できるように，並進操作に対して不変性をもつ CNN を使うわけです．

　　量子 CNN の提案論文 [135] では，量子版の並進不変なデータとして**クラスタ状態**の分類に着目しました．TensorFlow Quantum のチュートリアル [136] では，用意したクラスタ状態が正しくできているか否かという分類問題（エラー検出タスク）について，**図 5.10** に挙げた古典 CNN と量子 CNN の複数の組合せ方の性能

---

*14　TensorFlow Quantum のチュートリアルでは MNIST の画像分類について，パラメータ数を CNN と揃えた場合でも，学習時間や予測精度の面で量子回路が CNN を上回るのは難しそうだとされています [132]．

を評価しています．量子 CNN のみ (a) よりも，ハイブリッド (b),(c) のモデルのほうが，学習スピードや予測精度の面で高性能のようです．

量子 CNN は，テンソルネットワークの一つである MERA (Multiscale Entanglement Renormalization Ansatz) の量子回路版と見なせます [137]．MERA は多体のエンタングル状態の簡潔な表現方法として物性物理学を中心に研究が進み，深層学習における表現の圧縮 [138] を彷彿とさせます．

RNN については，文献 136) では，QAOA の量子回路のパラメータ最適化を古典 RNN によって行うメタ学習や，ハミルトニアンによる時間発展シミュレーション（Hamiltonian Learning）を量子版グラフ RNN で行う方法などの例が挙げられています．

このように，現在までに知られている量子データを使う機械学習タスクはいずれも物理学的な問題設定で，計算機科学的な問題にどこまで拡張できるのかは，今後の研究による展開を待つしかありません．問題設定とそれに適した量子回路アーキテクチャのプラクティスも，これから集まってくるものと期待されます．

表 5.1 さまざまな機械学習タスクと実機デモンストレーション
（文献 126) より引用・著者により一部を抜粋）

モデル	タスク	データ	量子ビット数	ハードウェア
変分量子回路，量子カーネル推定 [127]	分 類	古 典	2	超伝導回路
量子パーセプトロン [139]	分 類	古 典	3	超伝導回路
量子 GAN[140]	生 成	古 典	3	超伝導回路
量子回路ボルンマシン（QCBM）[141]	生 成	古 典	4	超伝導回路
データ駆動型量子回路学習（DDQCL）[130, 142]	生 成	古 典	4	イオントラップ
QAOA[116]	クラスタリング	古 典	19	超伝導回路
量子オートエンコーダ（QAE）[143]	圧 縮	古 典	3	超伝導回路

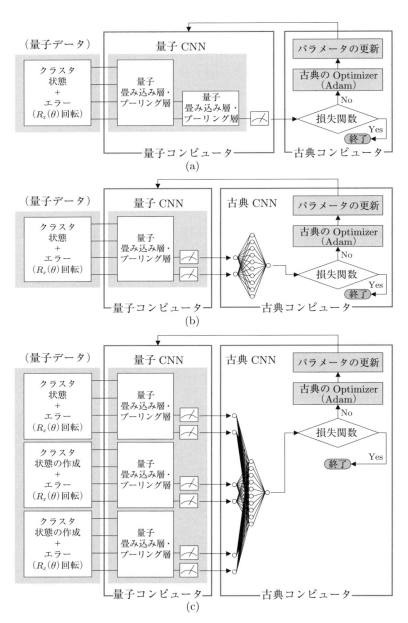

図 5.10　量子・古典ハイブリッド CNN を使ったクラスタ状態の分類
（文献 136) を参考に著者作成）

5.3.4 勾配を計算する

一般に，ある関数の数値的な最小化には，勾配情報を利用してパラメータ更新を行う方法が用いられます．機械学習で登場する最適化には，最急降下法の乱択版である**確率的勾配降下法**（Stochastic Gradient Descent, SGD）や，SGD の移動平均であるモーメンタム，勾配の大きさによって学習率を調整する RMSProp をモーメンタムに組み合わせた Adam などがあります．多層のニューラルネットワークの学習では勾配の**逆伝播**が重要で，深層学習は**自動微分**（アルゴリズムによる微分）ができる関数の組合せによる学習ということもできます．

この章で紹介したパラメータ付き量子回路によるさまざまなアルゴリズムの，いずれのパラメータ最適化にも目的関数の勾配の情報を使いたいところです．目的関数は VQE の場合にはエネルギー期待値 $\langle H(\boldsymbol{\theta}) \rangle$，QCL の場合には Z 期待値 $\langle Z(\boldsymbol{\theta}) \rangle$ と訓練出力の差を計算する損失関数です．この関数の $\boldsymbol{\theta}$ に関する勾配を求める**パラメータシフト法**を紹介します [125, 144, 145]．

1 パラメータの VQE の場合で，$\langle H(\theta) \rangle$ の θ 微分値を求めることを考えてみましょう．まず，試行状態を作る量子回路 $U(\theta)$ として，パラメータ θ に対して 1 量子ビットの回転ゲート $e^{-i\theta X/2}$ の形を仮定すると [*15]，エネルギー期待値は

$$\langle H(\theta) \rangle = \langle 0|e^{i\theta X/2} H e^{-i\theta X/2}|0 \rangle$$

と書けるので，これを θ で微分すると

$$\frac{d\langle H(\theta) \rangle}{d\theta} = \frac{i}{2}\left(\langle 0|X e^{i\theta X/2} H e^{-i\theta X/2}|0 \rangle - \langle 0|e^{i\theta X/2} H e^{-i\theta X/2} X|0 \rangle \right)$$

と書けます．この微分はパウリ演算子の性質

$$e^{-i\theta X/2} = \cos\frac{\theta}{2} I - i\sin\frac{\theta}{2} X$$

をうまく使えば

$$\frac{d\langle H(\theta) \rangle}{d\theta} = \frac{1}{2}\left\{ \left\langle H\left(\theta + \frac{\pi}{2}\right)\right\rangle - \left\langle H\left(\theta - \frac{\pi}{2}\right)\right\rangle \right\}$$

で評価できます．この方法は単純な差分法

$$\frac{d\langle H(\theta) \rangle}{d\theta} \approx \frac{\langle H(\theta + h) \rangle - \langle H(\theta - h) \rangle}{2h}$$

[*15] この仮定はやや強引な印象もしますが，実際の NISQ ハードウェアではこのような 1 量子ビットゲートが多用されています．

に似ていますが，パラメータを大きくシフトさせて差をとる計算なので誤差に対して堅牢というメリットがあります．差分法は h が小さいときの近似でしかありませんが，パラメータシフト法は大きなシフトを導入でき結果も厳密です．期待値 $\langle H(\theta) \rangle$ を評価する量子回路をそのまま用いて勾配を評価することができます（文献 145) の提案方法には補助量子ビットが必要です）．

この方法は，より一般の場合についても成り立ちます．固有値 $\{e_0, e_1\}$ をもつ一般のエルミート演算子 G を肩にもつユニタリ操作（＝パラメータ付き量子回路）

$$U_G(\theta) := e^{-ia\theta G}$$

$$= \cos\theta\, I - i \sin\theta\, G$$

で生成した状態について，あるオブザーバブル A の期待値の微分は

$$\frac{df(\theta)}{d\theta} := \frac{d}{d\theta} \langle \psi | U_G^\dagger(\theta) A U_G(\theta) | \psi \rangle$$

$$= r\left\{ f\left(\theta + \frac{\pi}{4r}\right) - f\left(\theta - \frac{\pi}{4r}\right) \right\}$$

で計算できることが知られています [146]．ここで，a は実数とし，$r = \frac{a}{2}(e_1 - e_0)$ とします．

パラメータ付き量子回路の勾配は，このパラメータシフトだけでなく，一般にはハミルトニアンの個々の項や訓練入力のインスタンスに渡るさまざまな期待値の線形結合で表されます．このことを上手に利用して，測定によるサンプリングと線形結合の項に渡るサンプリングとを組み合わせた "二重に" 確率的な勾配降下法 [147] の提案もあります．

古典ニューラルネットワークと量子回路を併用し，どちらのパラメータもすべて同じように扱って最適化（学習）するには，損失関数の微分の情報を，量子回路でも逆伝播させる必要があります．例えば，データ → 古典 NN(1) → 量子回路 → 古典 NN(2) → 損失関数というような構成では，古典 NN(2) が逆伝播する勾配情報を量子回路が受け取り，古典 NN(1) に逆伝播する必要があります．先述の TensorFlow Quantum では，有効逆伝播ハミルトニアンなるものを考え，その期待値として損失関数の勾配を前段の古典 NN に運ぶしくみが使われています [136]．

第 **6** 章

量子コンピュータの
エラー訂正

　現代のコンピュータシステムはとても高信頼な部品から構成され，大規模なスーパコンのノード当たりの故障率は 10^9 時間（> 10 万年）に数十回です．しかし，すべての部品がエラーを全く起こさないというわけではありません．普段は誰も意識していませんが，実際にはノイズによって意図しない変化が生じていないかどうかを常に監視し，エラーが検出されればそれを訂正するプログラムが組み込まれています．

　もしこのようなエラー訂正機能がなければ，ディスクやメモリに正しくデータを保存しておくことや，CPU がプログラムの命令どおりに計算することもできません．

　量子コンピュータの構成要素である量子ビットと量子ゲートは 1000 回に 1 回程度の確率でエラーを起こしており，エラーを訂正する何らかの対策が明らかに必要です．量子ビットには "コピーできない" "アナログ的なエラー" "測定すると状態が変化する" など古典ビットにはない特徴をもち，古典とは異なるエラー訂正法が必要です．この章では，量子コンピュータ上のエラーを検知し訂正する方法を紹介します．

6.1 符号化と論理ビット

　古典コンピュータにおける誤り訂正符号は 1947 年にハミングによって提案されたアイディアがもととなり、現在までに多数の方式が知られていますが、基本となる考え方は同じです。**誤り訂正符号**はメッセージ内の情報に冗長性をもたせることで、発生するエラーを検出・訂正します。

　最も単純な方法は単にビットを繰り返して、例えば<u>論理的な</u>0 と 1 をそれぞれ

$$0_L := 000, \ 1_L := 111$$

と 3 つのコピーで表す方法です。3 つのビットのうち 1 つにエラーが生じた場合、001 または 010 のように変化しているので、多数決から 000 が最も可能性の高い元の状態だと推測でき、1 を 0 に戻す操作で誤りを訂正できます。

　この 000 と 111 は**符号語**、ある符号語を別の符号語に変えるため必要な操作の数は**符号距離**と呼ばれます。上の例（3 回反復符号）では、000 ↔ 111 と変化させるには 3 回のビットフリップが必要なので、符号距離 $d = 3$ です。1 個のエラーは訂正できましたが、2 個の場合はどうでしょう？

　例えば、101 という結果だけを知っている場合、符号語に当てはまらない状態（符号空間の外にある状態）なので、何らかのエラーが生じていることはわかります。では、元の状態は 000 と 111 のどちらでしょう？　個々のビットが確率 p でエラーを起こすことを仮定すると、000 → 100 → 101 のように 2 つのエラーが発生した確率は $p^2(1-p)$、111 → 101 と 1 つのエラーしか発生していない確率は $p(1-p)^2$ です。確率の評価から後者の可能性が高いと判断され、元の状態が 000 であっても 111 であってもこの誤り訂正システムは常に 111 に訂正することを選択してしまいます。このように、誤り訂正符号は一般に、符号距離の半分未満のエラーだけを正しく訂正できます。

6.2 パリティチェックでエラーを見つける

古典ビットに起こりうるエラーは $0 \leftrightarrow 1$ のビット反転のみです．しかし，量子ビットは 0 と 1 の重ね合わせができ，ブロッホ球上で自由に回転できるのでした．実は，量子ビットの測定で重ね合わせ状態を壊すことで，すべてのエラーをビット反転（ブロッホ球の X 軸周りの π 回転）または位相反転（ブロッホ球の Z 軸周りの π 回転）に帰着できます．

古典の反復符号に倣って量子ビットを

$$|0_L\rangle := |000\rangle, \quad |1_L\rangle := |111\rangle \tag{6.1}$$

と物理量子ビット 3 個で 1 個の**論理量子ビット**を構成する三重冗長符号を考えてみましょう．符号化された論理的な量子ビットにも重ね合わせ状態 $a|0_L\rangle + b|1_L\rangle := a|000\rangle + b|111\rangle$ が許されています．このような符号化は**図 6.1**(a) のような量子回路（量子ビット q1 に $|\psi\rangle = a|0\rangle + b|1\rangle$ を入力する）で実現できます．

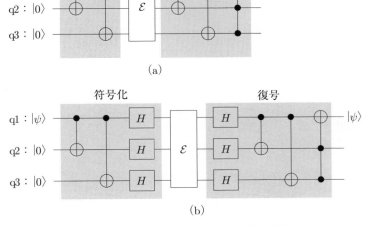

(a)

(b)

図 6.1 (a) ビット反転符号化と (b) 位相反転符号化の量子回路

　古典の誤り訂正符号は，ビット列の**パリティ**を算出することによってエラーを特定します．パリティは，ビット列の中の 1 の個数が偶数か奇数かを表す値で，001, 100, 111 などのパリティは 1，000, 101, 110 などのパリティは 0 です．パリティは，ビット列の排他的論理和（**XOR**）で計算できます．量子ビットの場合には **XOR** に対応する **CNOT** ゲートでパリティを検査できます．

　図 6.1(a) の $\mathcal{E}$ で量子ビット q2 にビット反転エラーが起きた場合を考えます．このとき量子ビットの状態は

$$a\,|000\rangle + b\,|111\rangle \xrightarrow{\mathcal{E}} a\,|010\rangle + b\,|101\rangle$$

になっています．測定をしてしまうと重ね合わせ状態が壊れてしまうので，測定してパリティを確認することはできません．しかし，**CNOT** ゲートより重ね合わせ状態のまま 2 つの量子ビット間のパリティを調べられます．具体的には

$$\begin{cases} |0\rangle\,|0\rangle \xrightarrow{\text{CNOT}} |0\rangle\,|\mathbf{0}\rangle, \quad |1\rangle\,|1\rangle \xrightarrow{\text{CNOT}} |1\rangle\,|\mathbf{0}\rangle \quad (\text{偶パリティ}) \\ |0\rangle\,|1\rangle \xrightarrow{\text{CNOT}} |0\rangle\,|\mathbf{1}\rangle, \quad |1\rangle\,|0\rangle \xrightarrow{\text{CNOT}} |1\rangle\,|\mathbf{1}\rangle \quad (\text{奇パリティ}) \end{cases}$$

とターゲット量子ビットにパリティの検査結果が反映されることを利用します（太字で強調しました）．図 6.1(a) の復号部の量子回路では，まず量子ビット q1 をコントロール量子ビットとする **CNOT** ゲートにより q1 と q2 のパリティを調べます．**CNOT** ゲート操作により量子ビットの状態は

$$a\,|010\rangle + b\,|101\rangle \xrightarrow{\text{CNOT}_{1,2}} a\,|010\rangle + b\,|111\rangle$$

に変化します．同様にして量子ビット q1 と q3 の間のパリティを調べた結果が量子ビット q3 に入力され状態は

$$a\,|010\rangle + b\,|111\rangle \xrightarrow{\text{CNOT}_{1,3}} a\,|010\rangle + b\,|110\rangle$$

となります．最後に量子ビット q2,q3 をコントロール量子ビットとする Toffoli ゲートを作用させます．今の場合には量子ビット q2 が $|0\rangle$ なので量子ビット q1 のビット反転操作は行われません．最終的な状態は

$$a\,|010\rangle + b\,|110\rangle = \left(a\,|0\rangle + b\,|1\rangle\right)|1\rangle\,|0\rangle$$

になっているので，量子ビット q1 に元の状態 $|\psi\rangle = a\,|0\rangle + b\,|1\rangle$ が正しく復号されています．同様に，q3 にビット反転エラーが起きた場合には

$$a\,|001\rangle + b\,|110\rangle \to a\,|001\rangle + b\,|100\rangle \to a\,|001\rangle + b\,|101\rangle \to a\,|001\rangle + b\,|101\rangle$$

となり量子ビット q1 は元の $|\psi\rangle$ です. q1 にビット反転エラーが起きた場合でも

$$a|100\rangle + b|011\rangle \rightarrow a|110\rangle + b|011\rangle \rightarrow a|111\rangle + b|011\rangle \rightarrow a|011\rangle + b|111\rangle$$

のように Toffoli ゲートにより q1 は元の $|\psi\rangle$ の状態に正しく戻っています.

このようにして, 2 個ずつのパリティを CNOT ゲートで調べることでどの量子ビットにエラーが生じたかを判断することが可能です. 表 **6.1** にはパリティチェック結果とエラーが生じた量子ビットの関係をまとめました. 図 6.1(a) の場合には, 量子ビット q1 にエラーが生じたと判断される場合だけ後段にある Toffoli ゲートがはたらいて量子ビット q1 を反転して戻します.

表 **6.1** パリティチェックとエラーの対応関係

		q1 と q3 のパリティ	
		偶	奇
q1 と q2 のパリティ	偶	エラーなし	q3
	奇	q2	q1

この符号は 1 個までのビット反転 (X エラー) を検出・訂正できますが, 位相反転 (Z エラー) は検出できません. 位相反転エラーとはある確率で状態 $a|0\rangle + b|1\rangle$ が $a|0\rangle - b|1\rangle$ に変化してしまうエラーです. $|000\rangle$ はそのままですが, $|111\rangle$ は $-|111\rangle$ になってしまいます. 量子位相推定サブルーチンなどアルゴリズムによって位相の情報を使うので, 位相反転エラーの検出・訂正はビット反転同様に重要です. $|111\rangle$ も $-|111\rangle$ も同じパリティなので, この方法では位相反転エラーを検出できません. これを解決するうまい方法はアダマールゲートで基底を変換し, $|+\rangle = \frac{1}{\sqrt{2}}(|0\rangle + |1\rangle)$, $|-\rangle = \frac{1}{\sqrt{2}}(|0\rangle - |1\rangle)$ で考えることです. 位相反転エラーはこの基底での $|+\rangle \leftrightarrow |-\rangle$ というビット反転に相当しているので

$$|0_L\rangle := |+++\rangle, \quad |1_L\rangle := |---\rangle$$

とエンコードして, ブロッホ球の X 軸に沿ってパリティを計算すれば, 先述のビット反転エラーの検出・訂正と同じようにして位相反転エラーを検出・訂正できます. 符号化する量子回路は図 6.1(b) のようになります ($\mathcal{E}$ の部分で位相反転エラーが生じたとして, 誤り訂正する部分も描かれています).

このとき, パリティを 2 個の量子ビットずつの組で評価するのがポイントです. 例えば, 補助量子ビット $|0\rangle_a$ を追加し 3 個の量子ビットのパリティを書き込むと

$$\frac{1}{\sqrt{2}}\left(|000\rangle|0\rangle_a + |111\rangle|1\rangle_a\right) \neq \frac{1}{\sqrt{2}}\left(|000\rangle + |111\rangle\right) \otimes |?\rangle_a$$

という状態になり，テンソル積に分解できず（エンタングルメント），補助量子ビットの測定により元の状態は壊れてしまいます．このため，通常は複数ある量子ビットを2個のペアにしてパリティを検査します．

6.3　ビット・位相反転の両方に対応する（ショアの符号）

ビット反転と位相反転の両方のエラーを検出・訂正できるショアの符号を紹介しましょう．これは**図 6.2**のように，位相反転符号化の量子回路に，ビット反転符号化の量子回路をネストして実現できます．結果は9量子ビットの符号になり，符号語は

$$|0_L\rangle := \frac{1}{2\sqrt{2}}\Big(|000\rangle + |111\rangle\Big)\Big(|000\rangle + |111\rangle\Big)\Big(|000\rangle + |111\rangle\Big)$$

$$|1_L\rangle := \frac{1}{2\sqrt{2}}\Big(|000\rangle - |111\rangle\Big)\Big(|000\rangle - |111\rangle\Big)\Big(|000\rangle - |111\rangle\Big)$$

です．最初の部分は3量子ビットの位相反転符号を用いた符号化，後半は各3量子ビットをビット反転符号化回路でさらに符号化しています．このような階層的

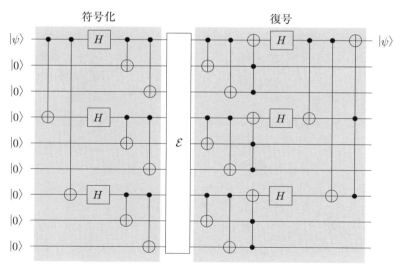

図 6.2　ショアの符号のための符号化量子回路

な符号化操作は**連結**と呼ばれ，古い符号や機能が十分でない符号から新しい符号を作り出す重要なテクニックの1つです．

　量子誤り訂正符号を特徴付ける指標として，n 個の物理量子ビットにより k 個の論理量子ビットを構成する量子誤り訂正符号は $[[n, k, d]]$ と表記されます（d は符号距離）．ショアの符号は9個の物理量子ビットで1個の論理量子ビットを構成し，符号語間のハミング距離は3なので $[[9,1,3]]$ です．先述したとおり符号距離の半分未満のエラーを訂正できるので，ショアの符号は1回のビット反転，1回の位相反転，またはその組合せを検出できます．

　ショアの符号は，1個の量子ビットに対するビット反転と位相反転を検出・訂正できるだけでなく，1量子ビットのアナログのエラー（ブロッホ球上で任意の軸周りの回転）も訂正できます[2]．任意のタイプのエラーが量子ビット q1 にはたらく場合を考えてみましょう．エラーを記述する演算子 $\mathcal{E}_1$ は恒等演算子 I_1，ビット反転 X_1，位相反転 Z_1 で

$$\mathcal{E}_1 = e_0 I + e_1 X_1 + e_2 Z_1 + e_3 X_1 Z_1$$

という形に書けます（$Y = iXZ$ を思い出しましょう）．エラーが生じた量子状態 $\mathcal{E}_1 |\psi\rangle$ は一般には $|\psi\rangle$, $X_1 |\psi\rangle$, $Z_1 |\psi\rangle$, $X_1 Z_1 |\psi\rangle$ の重ね合わせ状態になっているはずですが，測定によりこの重ね合わせ状態は壊れ，いずれか1つの状態に収縮します．そこから，先述したとおり適切にビット反転や位相反転操作をすることで，元の状態 $|\psi\rangle$ に訂正できます．他の量子ビットに生じる場合も同様に訂正できます．

　このように，量子ビットには，古典ビットに生じなかったある種のアナログエラーが生じますが，重ね合わせの原理を逆手にとるとディジタルに訂正できるのです．ビット反転と位相反転というディジタルな誤りの訂正のみを考えるだけで，すべてのアナログエラーから護られるようになることはとても驚くべき性質です．量子ビット特有のエラーを訂正するのに量子の性質（量子もつれ，重ね合わせ，測定）を使うというのは，まさに"量子をもって量子を制する"といえるでしょう．量子誤り訂正符号とは，多量子ビットのエンタングルメントを使ってアナログのエラーをディジタルのエラーに離散化して訂正する方法といえます．

6.4 量子誤り訂正符号の標準的な作り方

6.4.1 スタビライザ形式とは？

　量子誤り訂正とは量子ビットに生じる誤りを検出・訂正する方法です．その流れは**図6.3**のとおりです．量子誤り訂正符号の標準的な構成法として**スタビライザ符号**と呼ばれる方法が知られています．まず，量子誤り訂正で多用される多量子ビット状態を効率よく記述できる**スタビライザ形式**を導入しましょう．

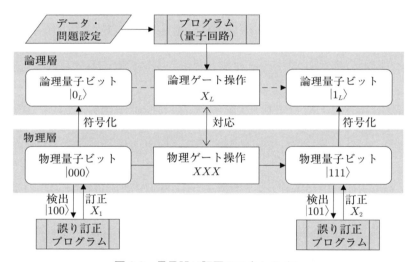

図6.3 量子誤り訂正のアウトライン

　n 量子ビット状態を表すのに，これまで $|\psi\rangle$ を $|00\cdots0\rangle, |00\cdots1\rangle, \cdots |11\cdots1\rangle$ の 2^n 個の基底に展開し

$$|\psi\rangle = \sum_{k=0}^{2^n-1} a_k |k\rangle$$

のように 2^n 個の複素数 a_k を使って表してきました．しかし，この 2^n 個の係数をいちいち書き下すのは面倒です．少し変わったアイディアに見えるかもしれませんが，スタビライザ形式では 2^n 個の係数ではなく，"ある演算子 U の固有値が λ である状態" のように $|\psi\rangle$ を記述します．例えばパウリ演算子

$$X = \begin{bmatrix} 0 & 1 \\ 1 & 0 \end{bmatrix}, \; Y = \begin{bmatrix} 0 & -i \\ i & 0 \end{bmatrix}, \; Z = \begin{bmatrix} 1 & 0 \\ 0 & -1 \end{bmatrix}$$

とその固有値によって量子状態を指定する方法を見てみましょう. 例えば "Z の固有値が 1 である状態" と指定すれば $|0\rangle$ が, "X の固有値が 1 である状態" と指定すれば $|+\rangle = \frac{1}{\sqrt{2}}\big(|0\rangle + |1\rangle\big)$ という状態が一意に定まります.

これらの状態は, Z や X といった演算を施しても $Z|0\rangle = |0\rangle$, $X|+\rangle = |+\rangle$ のように状態は変わらないことから, "ある演算子 U によって不変な状態 [*1]" と定義することができます.

2 量子ビットの場合も同様にして状態を指定できます. 例えば量子ビット q1,q2 があり q1 に作用するパウリ演算子 X_1 と, q2 に作用するパウリ演算子 X_2 を使って "演算子 $X_1 X_2$ によって不変な状態" とすれば

$$X_1 X_2 |++\rangle = |++\rangle$$
$$X_1 X_2 |+-\rangle = -|+-\rangle$$
$$X_1 X_2 |-+\rangle = -|-+\rangle$$
$$X_1 X_2 |--\rangle = |--\rangle$$

から $\{|++\rangle, |--\rangle\}$ を基底とする (4 次元の空間の中の 2 次元の) 部分空間内の状態を指定したことになります. 同様に演算子 $Z_1 Z_2$ について考えると

$$Z_1 Z_2 |00\rangle = |00\rangle$$
$$Z_1 Z_2 |01\rangle = -|01\rangle$$
$$Z_1 Z_2 |10\rangle = -|10\rangle$$
$$Z_1 Z_2 |11\rangle = |11\rangle$$

であることから, $\{|00\rangle, |11\rangle\}$ で張られる部分空間内の状態はすべて $Z_1 Z_2$ によって不変な状態です.

パウリ演算子には面白い性質があり, パウリ演算子 $\{I, X, Y, Z\}$ と $\{\pm 1, \pm i\}$ の積はある集合の中で閉じることができ,

$$\mathcal{P}_n = \{\pm 1, \pm i\} \times \{I, X, Y, Z\}^{\otimes n}$$

という**パウリ群**を成すことが知られています [2]).

[*1] 安定化 (スタビライズ) される状態, ともいいます.

パウリ群の部分群のうち要素に $-I$ を含まない可換な部分群は**スタビライザ群**と呼ばれます．スタビライザ形式とは，"あるスタビライザ群 $\mathcal{S}$ の要素となる演算子の固有値が $+1$ である状態" として状態を指定する方法です．指定された量子状態は**スタビライザ状態**，演算子は**スタビライザ**と呼ばれます．

このスタビライザ群 $\mathcal{S}$ の定義方法が面倒では意味がないので，要素の列挙ではなく**生成元**を使います．生成元とは，群の独立な要素 [*2] からなる最大の集合です．例えばスタビライザ群 $\mathcal{S}_2 = \{I, X_1 X_2, Z_1 Z_2, -Y_1 Y_2\}$ はパウリ群の可換部分群でかつ $-I$ を含まないので，スタビライザ群です．この群の生成元は $\{X_1 X_2, Z_1 Z_2\}$ なので，これを指定すれば十分です（I や $-Y_1 Y_2$ はこれらの生成元の積から作れます）．パウリ演算子は可換ではありませんが，この $X_1 X_2$ と $Z_1 Z_2$ は

$$(X_1 X_2)(Z_1 Z_2) = X_1 Z_1 X_2 Z_2 = (-Z_1 X_1)(-Z_2 X_2) = (Z_1 Z_2)(X_1 X_2)$$

のように可換です（ここで $X_i Z_i = -Z_i X_i$ を使いました）．

このスタビライザ群 $\mathcal{S}_2$（の演算子の固有値）で指定されるスタビライザ状態はベル状態 $(|00\rangle + |11\rangle)/\sqrt{2}$ です．$X_1 X_2$ と $Z_1 Z_2$ の固有値がそれぞれ $+1$ であることは，$Z_1 Z_2 \frac{1}{\sqrt{2}}(|00\rangle + |11\rangle) = \frac{1}{\sqrt{2}}(|00\rangle + |11\rangle)$ などと確認できます．

スタビライザ形式による量子状態の指定では，**図 6.4** のように，n 量子ビット状態がもつ 2^n 次元のヒルベルト空間を，1 つの生成元 U_i の固有値 $u_i = \pm 1$ の 2 通りに分割するので，生成元が m 個のときには 2^m 個に分割され，2^{n-m} 次元の部分空間内の状態はすべてスタビライザ状態です．スタビライザ符号とは，このような部分空間に量子情報を埋め込む方法です．なお，スタビライザという呼び名は群論の "stabilizer subgroup"（安定化部分群）に由来します [1]．

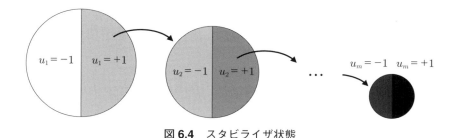

図 6.4　スタビライザ状態

[*2]　ある集合に含まれる要素がその集合に含まれる他の要素の積で表すことができないことを意味します．

6.4.2 スタビライザ符号による量子誤り訂正

スタビライザ（演算子）とスタビライザ状態を使って，量子誤り訂正符号を構成する基本的なアイディアは以下のとおりです．まず符号語 $|\psi_L\rangle$（論理量子ビットの状態）にはスタビライザ状態を使います．

具体例として先述した [[3,1,3]] ビット反転符号をスタビライザ符号として見てみましょう（[[3,1,3]] は 3 個の物理量子ビットを 1 論理量子ビットに符号化する符号距離 $d = 3$ の符号を表す記号でした）．この符号でのスタビライザ群 $\mathcal{S}_3$ は $\{Z_1 Z_2, Z_1 Z_3\}$ を生成元とする $\mathcal{S}_3 = \{I, Z_1 Z_2, Z_2 Z_3, Z_1 Z_3\}$ です．対応するスタビライザ状態は $|000\rangle$ と $|111\rangle$ によって張られる部分空間内のベクトルです（2^3 次元のヒルベルト空間を 2 個の演算子（の固有値）を使って分割したので $2^{3-2} = 2$ 次元の部分空間です）．この部分空間内のベクトルであれば何に埋め込んでもよいのですが，例えば

$$|0_L\rangle := |000\rangle \,, \quad |1_L\rangle := |111\rangle$$

とエンコードすることにします．この符号は 1 個までのビット反転エラーを検出・訂正できることは以前に示しました（式 (6.1)）が，ここではスタビライザ符号としての振る舞いを見ます．量子ビット q1 にビット反転が生じて $|100\rangle$ や $|011\rangle$ になってしまっているとき，これらの状態にスタビライザ群の生成元である $Z_1 Z_2$ と $Z_1 Z_3$ を検査演算子として作用させてから測定します．$Z_1 Z_2$ の測定結果は -1，$Z_1 Z_3$ の測定結果も -1 です．この場合には，2 つの測定結果から q1 にビット反転エラーが生じていると判断でき，q1 をビット反転すれば元の状態に訂正できます．

スタビライザの固有値の測定結果の集合は**シンドローム**と呼ばれます．測定されたシンドロームと生じている可能性のあるエラーの種類の対応関係は**表 6.2** のとおりです．ビット反転エラーが 1 つの量子ビットにしか生じていないとすれば，シンドロームとエラーの種類は 1 対 1 で対応します．しかし，$X_1 X_2$（量子ビット q1,q2 がビット反転）のように 2 つの量子ビットにビット反転エラーが生じてしまった場合には，同じシンドロームをもつ X_3 エラー（量子ビット q3 がビット反転）と区別できません．そのため，エラーが検出されていても $|000\rangle$ に戻すか $|111\rangle$ に戻すかを決められず，この場合には 50%の確率で論理エラー（例えば $|000\rangle$ に復号すべきなのに誤って $|111\rangle$ に復号してしまう）になってしまいます．

表 **6.2**　シンドロームとエラーの対応関係

		$Z_1 Z_3$	
		$+1$	-1
$Z_1 Z_2$	$+1$	$I,\ X_1 X_2 X_3$	$X_3,\ X_1 X_2$
	-1	$X_2,\ X_1 X_3$	$X_1,\ X_2 X_3$

　このことは**図 6.5** のように理解できます．符号空間の中の状態（あるスタビライザ状態）にパウリ演算子を 1 つ作用させると状態は元の符号空間とは直交する別の基底が張る空間に行ってしまいます．パウリ演算子をどんどん掛けていって d 個目ではじめて元の符号空間に戻ってきます．例えば $|0_L\rangle = |000\rangle$ と $|1_L\rangle = |111\rangle$ が張る符号空間内のベクトル $|000\rangle$ にパウリ演算子 X をちょうど 3 個掛けたところで $|111\rangle$ になり元の符号空間に戻ってきます．

　エラーが生じた $|100\rangle$ や $|101\rangle$ は符号空間とは違う空間にあるベクトルです．$|100\rangle$ は元の符号空間にある $|000\rangle$ から距離 1，$|111\rangle$ からは距離 2 だけ離れたところにあり，いつも最も近くの符号語へ戻すきまり（最小距離復号）にすれば，元の $|000\rangle$ に正しく戻すことができます．一方で $|000\rangle$ を出発して 2 回のエラーでできた $|101\rangle$ はこのルールでは $|111\rangle$ に直されてしまいます．これは論理エラーです．このようなわけで，スタビライザ符号もやはり距離 $d/2$ 未満のエラーのみを正しく訂正できます．

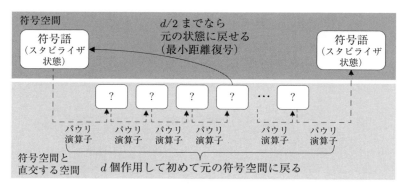

図 **6.5**　符号距離

●COLUMN●

コラム 6.1 [[5,1,3]] スタビライザ符号

スタビライザ形式で表現した [[3,1,3]] 符号も，やはりこのままではビット反転エラーには対応できても，位相反転エラーを検出・訂正できません．これは，Z が作用しても状態がスタビライザ空間内に留まってしまうことからも明らかです．位相反転エラーを検査するスタビライザ演算子は X なので，X と Z の組合せでビット反転も位相反転も訂正できる符号を構成できます．

以下の [[5,1,3]] スタビライザ符号を考えてみましょう [148]．この符号のスタビライザ（演算子）は量子ビット q1～q5 に対してパウリ演算子 X_i, Z_i を

$$X_1 Z_2 Z_3 X_4 I_5, \quad I_1 X_2 Z_3 Z_4 X_5, \quad X_1 I_2 X_3 Z_4 Z_5, \quad Z_1 X_2 I_3 X_4 Z_5$$

のように組み合わせて構成します（表 6.3 のように表形式でまとめることもできます）．このスタビライザ符号は [[5,1,3]] の表記のとおり符号距離 $d = 3$ ですから 1 つの量子ビットに対する任意のパウリエラーを訂正可能です．

この符号は 5 量子ビットが作る $2^5 = 32$ 次元のヒルベルト空間を，4 つの生成元によって 16 個の $2^{5-4} = 2$ 次元部分空間に分割されます．この 16 個の部分空間は 16 通りのシンドローム（スタビライザの測定結果 ± 1 の組合せ）で指定されます．

一方で，生じるパウリエラーのパターンは，1 つの量子ビット当たりエラー 3 種類（X, Y, Z）と，5 量子ビットのどれにもエラーが発生しない場合の 1 通りを加えた $3 \times 5 + 1 = 16$ 通りがエラーの種類の数です．実は，この 5 量子ビットスタビライザ符号は 16 通りのシンドローム（すなわち 16 個のそれぞれ直交する部分空間）と，16 種類のエラーが 1 対 1 対応するという特別な性質をもっています．

[[n, k, d]] の量子誤り訂正符号には，量子版のシングルトン限界（Knill-Laflamme 限界）[149]

$$n - k \geq 2d - 2$$

という関係があり，この [[5, 1, 3]] 符号は，この意味で最適になっています（例えば [[4, 1, 3]] 符号には改善できません）．

表 6.3 5 量子ビットのスタビライザ

	q1	q2	q3	q4	q5
S_1	X	Z	Z	X	
S_2		X	Z	Z	X
S_3	X		X	Z	Z
S_4	Z	X		X	Z

6.4.3　クリフォード群と万能量子計算

　これまでの節で量子誤り訂正符号によって物理量子ビットを符号化してエラーから護るしくみを見てきました。古典コンピュータでは，誤り訂正符号はデータの保存や送受信には使われていますが，計算実行中のレジスタの状態を誤り訂正符号で護るようなことはめったにありません。量子コンピュータでは，レジスタである量子ビットのエラー率が古典コンピュータに比べて非常に高いため，符号化された状態のまま計算する必要があります。そのため，物理量子ビットに対する量子ゲート操作のように，論理量子ビットに対する**論理量子ゲート**が不可欠です。

　第 2 章で紹介したように，任意の 1 量子ビットゲートを近似できる $\{H, T\}$ と 2 量子ビットゲートである **CNOT** ゲートがあれば，任意の n 量子ビットユニタリ演算を構成できるのでした（万能ゲートセット）。これと同じ作用を論理量子ビットに符号空間内で施せる論理量子ゲートのセットがあれば，誤り訂正符号で量子ビットをエラーから護ったままあらゆる量子計算を実行できるようになります。

　ところが，以下で見るようにスタビライザ符号の上では，一部の量子ゲートは直接実行できないことがわかっています。これはとても興味深い性質です。

　あるスタビライザ状態を別のスタビライザ状態に移す操作は**クリフォード演算子**と呼ばれます。クリフォード演算子 U をスタビライザ S_i によって記述される量子状態を $|S\rangle$ に作用させると

$$S_i |S\rangle = |S\rangle \xrightarrow{\text{Clifford gate}} U S_i U^\dagger \left(U |S\rangle \right) = \left(U |S\rangle \right)$$

となるので，クリフォード演算子は $S_i \rightarrow U S_i U^\dagger$ の変換操作ともいえます。代表的なクリフォード演算子であるアダマールゲートと **CNOT** ゲートをスタビライザ演算子であるパウリ演算子に作用させ，どのような変換と対応するか確認しましょう。アダマールゲートを X 演算子の固有状態 $|+\rangle$ に作用させると $H|+\rangle = |0\rangle$ となり，これは $X \rightarrow Z$ というスタビライザ演算子の変換になっています。$|+\rangle$ をコントロール量子ビット，$|0\rangle$ をターゲット量子ビットとする **CNOT** ゲートは

$$|+\rangle |0\rangle \xrightarrow{\text{CNOT}} \frac{1}{\sqrt{2}} \left(|00\rangle + |11\rangle \right)$$

と作用するので，スタビライザ演算子は $XI \rightarrow XX$, $IZ \rightarrow ZZ$ と変換されたことになります。このようにクリフォード演算子はスタビライザ演算子を別のスタビライザ演算子に変換するだけなので，作用させても状態は符号空間の外には出ません。すなわち，そのまま論理量子ゲートとして利用可能です。

クリフォード演算子もパウリ演算子と同様に**クリフォード群**と呼ばれる群を成します．残念なことに，論理量子ゲート版の万能ゲートセットを用意して，任意の量子計算を誤り訂正符号のもとで行おうにも，クリフォード演算子だけでは足りません．とくに，万能ゲートセットに必要な T ゲートは代表的な非クリフォード演算子です．アナログ角度の回転ゲート操作はアダマールゲートと T ゲートに分解して実行するので（Solovay-Kitaev の定理），T ゲートが論理量子ゲートとして実行できないのは問題です．

T ゲートがクリフォード演算子でないことは

$$T = \begin{bmatrix} 1 & 0 \\ 0 & e^{i\frac{\pi}{4}} \end{bmatrix}$$

を使ってスタビライザ演算子 X を変換し，スタビライザ演算子に戻ってくるかどうかにより確認できます．具体的には，行列形式で書くと

$$TXT^\dagger = \begin{bmatrix} 1 & 0 \\ 0 & e^{i\frac{\pi}{4}} \end{bmatrix} \begin{bmatrix} 0 & 1 \\ 1 & 0 \end{bmatrix} \begin{bmatrix} 1 & 0 \\ 0 & e^{-i\frac{\pi}{4}} \end{bmatrix}$$

より $\frac{1}{\sqrt{2}}(X+Y)$ に等しくなります．このようにパウリ演算子の "和" になってしまい "積" で書くことはできません．このことから T ゲートはクリフォード演算子ではないことがわかります．

アダマールゲートや S ゲートは

$$HXH = Z$$

$$SXS^\dagger = Y$$

のようにパウリ演算子の間の変換になっているので，クリフォード演算子です．

このようなクリフォード演算子のみでは万能ゲートセットが構成できないだけでなく，クリフォード演算子のみで構成された量子回路は，古典コンピュータで簡単にシミュレーションできてしまうこともわかっています．

万能性の有無と古典/量子の境界線が，このようなところで同時に顔を出すのは，とても不思議なことです．この性質は **Gottesman-Knill の定理**として "クリフォード演算子のみを使って構成する量子計算で，入力状態がパウリ基底の状態かつ測定もパウリ基底でしか行えない場合には，その量子計算は古典コンピュータで効率よくシミュレートできる" ことが示されています[150]．

6.4.4 魔法状態とは？

魔法状態（magic state）という特別な状態の補助量子ビットを用意できれば，T ゲートと等価な操作をクリフォード演算子のみで実現できることが知られています．具体的には符号空間上の（論理的な）魔法状態

$$|T_L\rangle = e^{-i\frac{\pi}{8}Z} \frac{1}{\sqrt{2}}\Big(|0_L\rangle + |1_L\rangle\Big)$$

を用意して，$|\psi_L\rangle$ とともに簡単な量子回路（**図 6.6**）に入れると第 2 章で紹介したゲートテレポーテーションにより T ゲートを作用させた $T|\psi_L\rangle$ が得られます．この量子回路に登場するゲート（CNOT ゲート，S ゲート，X ゲート）はすべて論理量子ゲートです（いずれもクリフォード演算子なので，誤り訂正符号で護られた量子ビットに対して直接操作することができます）[151]．

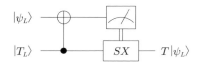

図 6.6 ゲートテレポーテーションによる T ゲート操作

魔法状態 $|T_L\rangle$ さえ論理量子ビットの状態として用意できれば論理 T ゲートを $|\psi_L\rangle$ に作用させられるのですが，そもそも魔法状態 $|T_L\rangle$ を論理ゲート操作（＝クリフォード演算子）だけを使って用意することはできません．したがって，最初は符号化されていない量子ビットに対する物理 T ゲート操作によって一時的な $|T_L\rangle$ 状態を作り，さらにそのゲートテレポーテーションによって実行される一時的な論理 T ゲート操作を用いて冗長な $|T_L\rangle$ 状態を作る，というような操作を繰り返して，エラーのある $|T_L\rangle$ を取り除いていく作業が必要になります．

このような不完全な状態から徐々に安全な状態を取り出して最終的に十分エラーの少ない $|T_L\rangle$ を作り出す方法は**魔法状態蒸留**と呼ばれます [12, 152]．[15,1,3] リード・マラー符号を利用した $|T\rangle$ 状態の魔法状態蒸留を行う量子回路の例を**図 6.7** に示しました [153]．この蒸留操作 1 回につきエラー率は $O(p) \to O(p^3)$ と改善されるので，これを ℓ 回繰り返し行えば所望の値までエラー率を下げることができます（p があるしきい値以下の場合）．一方で，ℓ ラウンド目までに必要な量子ビット数は 15^ℓ 個と膨大なものになってしまいます．詳細な解析ではエラー率 ε の $|T_L\rangle$ を得るには $O(\log^{2.5}\varepsilon)$ の量子ビットが必要と見積もられています [154]．

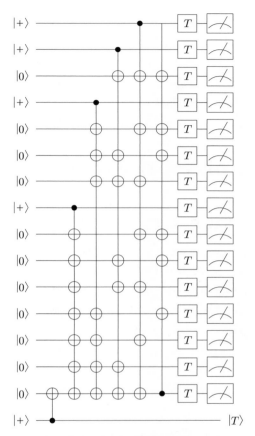

図 6.7 魔法状態蒸留の量子回路

　このように，1つの魔法状態を得るだけでも大量の量子ビットを消費してしまい，結果的に量子コンピュータのリソースの多くは魔法状態を作ることに費やされてしまいます（リソースの 90%以上にも及ぶという推定もあります [155]）．

　このような事情から，アルゴリズムの計算量として，必要ゲート数や計算ステップ数に加えて T ゲート数もよい指標だと考えられます．つまり，アルゴリズムを万能ゲートセットレベルまで分解する際に，なるべく T ゲートを少なくするように最適化する必要があるわけです．このような T ゲートの数に基づく計算複雑性は T ゲート複雑性などと呼ばれ，誤り耐性量子コンピュータ上のさまざまな量子化学計算アルゴリズムについて議論がされています [51]．

　魔法状態の生成スピードは，誤り耐性量子コンピュータの性能の大半を決めてしまうと考えられています．表面符号は現在のところハードウェア実装容易性の観点からは魅力的な誤り訂正符号ですが，論理ゲート操作の実現に必要なオーバーヘッドとのトレードオフを考慮のうえでアーキテクチャ設計に取り入れるべきでしょう．また，新しい量子誤り訂正符号の開発と合わせて，魔法状態蒸留のための要件を軽減できる新しいプロトコルの開発なども重要な課題です．

6.5 　トポロジカル符号は奇妙なアイディア？

6.5.1　トーラスを "ひらき" にする（表面符号）

　これまで 20 年余りの間にさまざまな方法の量子誤り訂正符号が提案されてきました．その中でも，**トポロジカル符号**と呼ばれる一連の量子誤り訂正符号が注目されています．トポロジカル符号は，キタエフらの，トーラス（ドーナツ形状）の表面に配置された量子ビットで論理量子ビットを構成するという提案[156]が元になっています．論理ゲート操作は，複数のトーラスに対して結び目をつくるような操作に対応するという，なんとも奇妙なアイディアです．

　トポロジカル符号には，エラーの検出は隣り合う物理量子ビットのみとのパリティチェックで行うことが可能で，かつ，それまで提案されていた量子誤り訂正符号に比べて高い物理エラー率も許容できるという特徴があります．もちろん，3次元ドーナツ型構造（表面に量子ビットがびっしりと並ぶ）を作り，それらをいくつも接続するようなハードウェアを用意するのは大変でしょう．

　ラッセンドルフらはこのトーラスを "ひらき" にして，2 次元平面上に並べた量子ビットの系で同様の量子誤り訂正が可能な方法を考え出しました[157]*3．このトポロジカル符号は**表面符号**と呼ばれ，許される物理エラーしきい値が約 1% と高く，エラーの検出・訂正に最近傍の量子ビットの間でのゲート操作しか必要としないので，多くの研究者が実際のシステムとして実装するのに最も魅力的な符号だと信じています．また，2 次元正方格子の各辺をそのまま伸ばせば符号距離が大きくなるという，高い拡張性もハードウェア実装を惹きつけている要因でしょう．

---

*3　このことは，2 次元平面の上下と左右の端をそれぞれ反対側とつなげる（周期的境界条件）と，トーラスが得られることから理解できます．

6.5.2 5量子ビットの表面符号

まずはじめに，5量子ビットからなる $[[5,1,2]]$ 表面符号を考えてみましょう．

$$S_1 = X_1 X_2 X_3 I_4 I_5$$

$$S_2 = I_1 I_2 X_3 X_4 X_5$$

$$S_3 = Z_1 I_2 Z_3 Z_4 I_5$$

$$S_4 = I_1 Z_2 Z_3 I_4 Z_5$$

の4つをスタビライザとして，符号語は

$$|0_L\rangle = \frac{1}{2}\Big(|00000\rangle + |00111\rangle + |11011\rangle + |11100\rangle\Big)$$

$$|1_L\rangle = \frac{1}{2}\Big(|01001\rangle + |01110\rangle + |10010\rangle + |10101\rangle\Big)$$

とします．スタビライザとパウリ演算子の関係は**表 6.4** のようにまとめる方がわかりやすいかもしれません．

表 6.4　符号距離2の表面符号のスタビライザ

	q1	q2	q3	q4	q5
S_1	X	X	X		
S_2			X	X	X
S_3	Z		Z	Z	
S_4		Z	Z		Z

　S_1, S_2 は X のみ，S_3, S_4 は Z のみで構成され，以前紹介した $[[5,1,3]]$ スタビライザ符号（表 6.3）と比べて整理されています．量子ビットとスタビライザは**図 6.8** のように配置されています．白丸が符号化に用いる量子ビットです．後述するように，パリティチェックに必要な測定は，黒丸で表される補助量子ビットに対して行います．

　符号語は

$$S_1 |0_L\rangle = X_1 X_2 X_3 \frac{1}{2}\Big(|00000\rangle + |00111\rangle + |11011\rangle + |11100\rangle\Big)$$

$$= \frac{1}{2}\Big(|11100\rangle + |11011\rangle + |00111\rangle + |00000\rangle\Big) = |0_L\rangle$$

のように，スタビライザの固有値が1となる固有状態で，どのスタビライザ S_i に対しても，$a|0_L\rangle + b|1_L\rangle = S_i(a|0_L\rangle + b|1_L\rangle)$ を満たします．このことを用いて，パリティチェックによりエラーを検出できます．

187

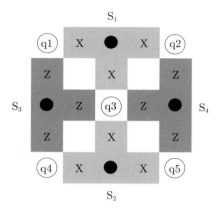

図 6.8　[[5,1,2]] の表面符号

　例えば，量子ビット q3 に X エラーが発生した場合，両脇にある 2 つの Z スタビライザ S_3，S_4 によってパリティの反転としてエラーを検出できます．具体的に X_3 エラーが発生してしまった状態

$$|\psi_{\text{error}}\rangle := X_3 |0_L\rangle = X_3 \frac{1}{2}\Big(|00000\rangle + |00111\rangle + |11011\rangle + |11100\rangle\Big)$$
$$= \frac{1}{2}\Big(|00100\rangle + |00011\rangle + |11111\rangle + |11000\rangle\Big)$$

にスタビライザ S_3，S_4 を作用させ

$$S_3 |\psi_{\text{error}}\rangle = Z_1 Z_3 Z_4 \frac{1}{2}\Big(|00100\rangle + |00011\rangle + |11111\rangle + |11000\rangle\Big)$$
$$= -\frac{1}{2}\Big(|00100\rangle + |00011\rangle + |11111\rangle + |11000\rangle\Big)$$
$$= -|\psi_{\text{error}}\rangle$$

$$S_4 |\psi_{\text{error}}\rangle = Z_2 Z_3 Z_5 \frac{1}{2}\Big(|00100\rangle + |00011\rangle + |11111\rangle + |11000\rangle\Big)$$
$$= -\frac{1}{2}\Big(|00100\rangle + |00011\rangle + |11111\rangle + |11000\rangle\Big)$$
$$= -|\psi_{\text{error}}\rangle$$

と固有値 -1 が得られることから確かめられます．パリティチェックのために，白丸の 5 つの量子ビット以外にも，各スタビライザに 1 個ずつ補助量子ビット（黒丸）が設置されています．**図 6.9** のように，符号化に使う量子ビットを直接測定することなく，CNOT ゲートを通じてパリティの情報を補助量子ビットに移し，

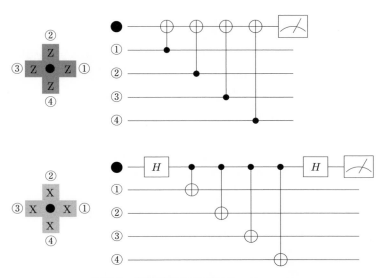

図 6.9 表面符号でのパリティチェック

補助量子ビットを測定することでパリティチェックするしかけです [*4].

　種類の異なるスタビライザが常に偶数個の量子ビットを共有していることに注意しましょう．例えば S_1, S_2 スタビライザは対象となる量子ビットの **X** ゲート操作を伴うので，これがもし奇数個であると，X の後に Z を測定した場合に測定値が反転してしまいます．これは本当はエラーが起こっていないのにパリティの変化としてエラーが誤検出されてしまったり，その逆にエラーが生じているのにパリティの変化として検出されないことになってしまいます．したがって，種類の異なるスタビライザは必ず偶数個の量子ビットを共有するように配置する必要があります．

　このように，表面符号の重要な特徴として，符号語の準備やエラーの検出・訂正などすべての操作は，隣り合う物理量子ビット間の 2 量子ビットゲート操作までで十分で，それ以上遠くの量子ビットとの間の演算は必要ないことが挙げられます．

[*4]　この図 6.9 は格子が大きい場合のスタビライザについての量子回路です．[[5,1,2]] 表面符号の場合には図 6.8 に示したとおり 1 つの補助量子ビットがチェックするのは隣接する 3 個の量子ビットについてです．

6.5.3 誤り耐性を大きくするには？

　表面符号は2次元方向にパリティチェックのユニットをどんどん拡張してゆくことで，1論理ビット当たりの物理ビットの数を多くし，符号距離を伸ばす（＝誤り耐性を大きくする）ことができます（**図 6.10**）．先ほど紹介した [[5,1,2]] から一辺を3倍に伸ばした [[25,1,4]] 表面符号を考えてみましょう．

　[[25,1,4]] 表面符号では，25 個のデータ量子ビット（白丸）とスタビライザによってパリティチェックを行うための 24 個の補助量子ビット（黒丸）が格子状に配置されています．この 25 量子ビットの状態が1論理量子ビットに符号化されます．スタビライザは $X_i X_j X_k X_l$ および $Z_i Z_j Z_k Z_l$ で表され，接する4量子ビットにはたらくパウリ演算子です．それぞれ位相反転エラー (Z エラー) およびビット反転エラー (X エラー) を検査する演算子になっています．

　例えば図 **6.11**(a) の量子ビット⑥に X エラーが起き $|\psi_L\rangle \to X_6 |\psi_L\rangle$ となったときを考えます．量子ビット⑥に左側の Z スタビライザ $Z_2 Z_5 Z_6 Z_9$ を作用させると，$X_i Z_i = -Z_i X_i$ より

$$Z_2 Z_5 Z_6 Z_9 \Big(X_6 |\psi_L\rangle \Big) = -X_6 Z_2 Z_5 Z_6 Z_9 |\psi_L\rangle$$
$$= -\Big(X_6 |\psi_L\rangle \Big)$$

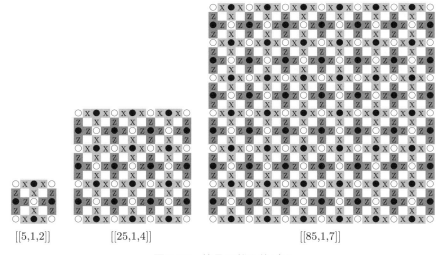

[[5,1,2]]　　　　　[[25,1,4]]　　　　　　　　　　[[85,1,7]]

図 6.10　符号距離を伸ばす

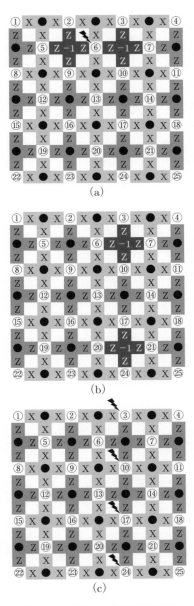

図 6.11 [[25,1,4]] の表面符号

と符号が変化します。このスタビライザ（に対応する補助量子ビット）を測定すると固有値 -1 が検出され，これはこの Z スタビライザが接している量子ビットのどれかでエラーが発生したことを意味します。同じように⑥の右側の Z スタビライザ $Z_3 Z_6 Z_7 Z_{10}$ の測定でも固有値 -1 が検出されます。他のすべてのスタビライザの測定も行い，いずれもパリティの変化が検出されなければ，2 つの Z スタビライザの間にある量子ビット⑥で X エラーが生じたと推定できます。エラーの位置と種類が特定できたので，この場合には⑥に X ゲート操作を施しエラー訂正可能です。

　図 6.11(b) のように，スタビライザ $Z_3 Z_6 Z_7 Z_{10}$ と $Z_{17} Z_{20} Z_{21} Z_{24}$ で固有値 -1 として異常が検出された場合を考えてみましょう。量子ビット③と㉔に X エラーが起きている場合には，確かにこの組合せの Z スラビライザで固有値 -1 が測定されます。しかし，量子ビット⑩と⑰に X エラーが起きていても，その間にある Z スタビライザの測定結果は $(-1)^2$ のため，全く同じシンドローム（スタビライザの測定結果のパターン）になります。結局，この測定結果からはエラーが起きたのが⑩と⑰なのか，③と㉔なのか決定できません。

　仮に "③と㉔" が正解だとして，システムが確率 $1/2$ で間違った判断 "⑩と⑰" を選んでしまうと，訂正操作は "⑩と⑰に X ゲート操作" ですから，③，⑩，⑰，㉔のすべてがビット反転されたことになってしまいます。これは $|0_L\rangle$ に戻すべきところを $|1_L\rangle$ に戻してしまうという論理エラーです（論理 X ゲート操作）。

　さらに，図 6.11(c) のように③，⑩，⑰，㉔のすべてに X エラーが生じている場合では，間にある Z スタビライザの測定値はすべて $+1$ になり，エラーを符号の変化として検出すらできません。これはエラーを繰り返すうちに別の符号語に（たまたま）たどり着いてしまったケースです（図 6.5）。図 6.11(b),(c) いずれの場合も格子のサイズを大きくすれば，周囲のスタビライザの測定結果から検出・判断できるようになります。

6.5.4 しきい値定理と誤り耐性量子計算

スタビライザの測定結果からエラー場所と種類を推定する問題は，エラーが生じた物理量子ビットの数を最小にするという条件下で**最小重み完全マッチング問題**に帰着されます．この問題は，（古典の）厳密解アルゴリズムが知られているほか機械学習を援用した方法も検討されています [158-160]．

表面符号では，基本的には格子サイズを大きくすれば符号距離を長くでき，より多くの物理エラーから論理量子ビットを護れるようになります．しかし，エラーの検査・訂正に必要な量子ゲート操作や測定操作にもエラーは生じ，格子サイズを大きくするとその分だけトータルでのエラー発生確率もどんどん増えていき，いつかは訂正できるよりも多くのエラーを検査・訂正操作自体が発生させるようになってしまいます．

量子誤り訂正がうまくいかなくなる限界の物理エラー率は**しきい値**と呼ばれ，表面符号では1%程度であることが知られています．正方格子では X エラー（ビット反転）も Z エラー（位相反転）も同じしきい値ですが，別の格子形（例えば蜂の巣格子やカゴメ格子）を使えば X エラーと Z エラーで異なるしきい値をもつようにすることも可能です [161]．

物理的な実装は，少なくともこのしきい値未満のエラー率を達成しなければ，エラーは雪だるま式に増えてしまい，誤り訂正できなくなってしまいます．逆に，しきい値未満の物理エラーであれば，有限精度の検出・訂正操作で量子誤り訂正を行い，論理演算は任意の精度で実行できるようになるわけです．このような "量子ゲート操作のエラー率があるしきい値よりも小さければ，任意精度の量子計算を多項式時間で実行できる" ことは**しきい値定理**と呼ばれています [2]．

このように，量子誤り訂正とは，誤り訂正操作も含めたすべての操作に（古典コンピュータから見るとかなりの高確率で）エラーが発生すると仮定される状況で，論理エラーが生じる確率を物理エラー率よりも低くし，任意の精度での量子計算を可能とすることにほかなりません．量子誤り訂正のもとで論理エラーを抑えながら量子計算を進める手法は**フォールトトレラント量子計算**とも呼ばれます．

6.6 **論理ゲート操作を作ろう**

6.6.1　論理 1 量子ビットゲート操作

　ここまで，符号化した状態に生じるエラーを検出・訂正するしくみについて見てきました．量子コンピュータの場合には，まさに演算している量子ビットをエラーから護るため，量子誤り訂正プログラムが常にはたらいている（一定のサイクルで検出・訂正が行われている）中で符号語のまま計算を進める必要があります．

　[[25,1,4]] 表面符号での論理 X ゲート操作は，端から端までの 1 列に並ぶ物理量子ビットすべてに物理 X ゲート操作を施すことで実現できます．例えば，図 6.11 の量子ビット③, ⑩, ⑰, ㉔に X ゲート操作を作用させると

$$X_L \,|0_L\rangle := X_3 X_{10} X_{17} X_{24} \,|0_L\rangle = |1_L\rangle$$

という論理 X ゲート操作を施したことになります．図 6.11(c) の例で紹介したとおり，この 4 量子ビットのビット反転は間にある Z スタビライザの固有値を変化させないのでした（状態は符号空間に留まります）．端から端の 1 列であればどの列についての X ゲート操作もすべて論理 X ゲートです（例えば $X_2 X_9 X_{16} X_{23}$ も論理 X ゲート）．同様に $Z_8 Z_9 Z_{10} Z_{11}$ や $Z_{15} Z_{16} Z_{17} Z_{18}$ が論理 Z ゲート操作です．

　アダマールゲートは $X \leftrightarrow Z$ 軸という変換操作なので，すべての物理量子ビットにアダマールゲートをかけ，論理 X ↔ Z ゲート操作，$X \leftrightarrow Z$ スタビライザとそれぞれ入れ替えることで，論理量子ビットに対する $X \leftrightarrow Z$ 軸の入れ替え操作（つまり論理アダマールゲート操作 $H_L \,|0_L\rangle = |+_L\rangle$）が実行できることになります．

　論理量子ビットに対する測定操作も同様に考えることができ，量子ビット③, ⑩, ⑰, ㉔や②, ⑨, ⑯, ㉓を X 基底で測定することが論理量子ビットの X 基底での測定，量子ビット⑧, ⑨, ⑩, ⑪や⑮, ⑯, ⑰, ⑱を Z 基底で測定することが論理量子ビットの Z 基底での測定に対応します．

6.6.2　論理 2 量子ビットゲート操作（Lattice surgery）

　代表的な 2 量子ビットゲートである CNOT ゲートを，表面符号で符号化されたまま実行するにはどうしたらよいでしょうか？ CNOT ゲートは，コントロール量

子ビットが $|1\rangle$ のときだけターゲット量子ビットに X ゲート操作するユニタリ操作です（第 2 章）．式で書くなら，コントロール量子ビットを $|\text{ctrl}\rangle := \alpha |0\rangle_L + \beta |1\rangle_L$ として

$$|\text{ctrl}\rangle \, |\text{targ}\rangle \xrightarrow{\text{CNOT}} \alpha |0\rangle_L \, |\text{targ}\rangle + \beta |1\rangle_L \, X_L \, |\text{targ}\rangle \qquad (6.2)$$

です．この操作を符号語のまま実現できれば，論理 CNOT ゲートが実行できることになります．ここではホースマンらによって提案された **Lattice Surgery** [162] による論理 CNOT ゲートの実現方法を紹介します．Lattice Surgery の**分割**（split）と**合体**（merge）を使った論理 CNOT ゲート実行の流れは以下のとおりです [*5]．

---

i) 表面符号で表される 3 つの論理量子ビット $|\text{ctrl}\rangle := \alpha |0\rangle_L + \beta |1\rangle_L$, $|\text{temp}\rangle := |+\rangle_L$, $|\text{targ}\rangle$ を用意する．

ii) $|\text{ctrl}\rangle$ と $|\text{temp}\rangle$ に対応する格子を合体（Ⓜと表示）させ，1 つの論理量子ビット状態 $|\text{ctrl}\rangle \, \text{Ⓜ} \, |\text{temp}\rangle = \alpha |0\rangle_L + \beta |1\rangle_L$ を作る．

iii) $|\text{ctrl}\rangle \, \text{Ⓜ} \, |\text{temp}\rangle$ を分割し $\alpha |00\rangle_L + \beta |11\rangle_L$ を作る．

iv) 分割により作った $|\text{temp}\rangle$ と $|\text{targ}\rangle$ に対応する格子を合体させる．この操作で $|\text{temp}\rangle \, \text{Ⓜ} \, |\text{targ}\rangle = \alpha |0\rangle_L \, |\text{targ}\rangle + (-1)^m \beta |1\rangle_L \, X_L \, |\text{targ}\rangle$ となる．これは $|\text{ctrl}\rangle$ をコントロール量子ビット，$|\text{targ}\rangle$ をターゲット量子ビットとする論理 CNOT ゲートに相当する（m は合体のときの量子ビットの測定結果 $m \in \{0, 1\}$）．

簡単のために**図 6.12**(a) のように，$[[13,1,3]]$ 表面符号の論理量子ビット 2 個分が合体済みの縦長の格子を用意し，点線で分割する（ステップ iii)）ところから考えてみましょう．

分割は点線上にある物理量子ビット①，②を X 基底で測定することにより実行します．X 測定により上下にある X スタビライザは 3 量子ビットのスタビライザに変化しますが，このとき量子ビットの状態が $|-\rangle$ だと測定したときに X スタビライザがエラーと誤検出した状態で残ってしまい，問題です．そうならないよう，測定前にこの分割ライン上の Z スタビライザを作用させておきます（分割し

[*5] Lattice Surgery はここで紹介する論理 CNOT ゲートの実現のほかにも，論理 T ゲートの実装に必要な論理 $|T\rangle$ 状態の準備にも使えます [162–164]．

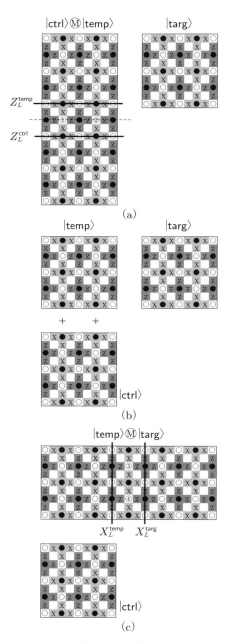

図 **6.12** 表面符号上の論理 CNOT ゲート

た場所に大きな Z スタビライザが残ると考えればよいでしょう）．結局，この分割によって

$$\alpha \left|0\right\rangle_L + \beta \left|1\right\rangle_L \xrightarrow{\text{split}} \alpha \left|00\right\rangle_L + \beta \left|11\right\rangle_L$$

になります[*6]．この分割部分の上下の量子ビットに Z ゲートを施すことは，前節で紹介したとおり論理 Z ゲート（Z_L^{ctrl}, Z_L^{temp}）に相当します（図 6.12(b)）．X_L は分離によって X_L^{ctrl} と X_L^{temp} の 2 つの論理ゲートに分けられます．

次に，$\left|\text{temp}\right\rangle$ の部分の格子を $\left|\text{targ}\right\rangle$ の格子に合体させます（図 6.12(c)）．まず，最終的にひと続きの表面符号の格子ができるように，$\left|0\right\rangle$ に初期化された "のりしろ" の量子ビット③と④を導入します．ここに X スタビライザが 3 個構成され，この X スタビライザの測定により合体を行います．

3 つの X スタビライザの固有値の積は，量子ビット③と④の上下にある X で相殺することから，$X_L^{\text{temp}} X_L^{\text{targ}}$ の測定と等価になります[*7]．問題は，この $X_L^{\text{temp}} X_L^{\text{targ}}$ の測定値が確率的にしか決まらないことです．一般に $\left|A\right\rangle = a_0 \left|0\right\rangle_L + a_1 \left|1\right\rangle_L$ と $\left|B\right\rangle = b_0 \left|0\right\rangle_L + b_1 \left|1\right\rangle_L$ を合体させ $X_L X_L$ を測定すると，測定結果 $m \in \{0, 1\}$ に対応して状態は

$$\frac{1}{\sqrt{2}} \Big(\left|A\right\rangle \left|B\right\rangle + (-1)^m X_L \left|A\right\rangle X_L \left|B\right\rangle \Big)$$
$$= (a_0 b_0 + (-1)^m a_1 b_1) \Big(\left|00\right\rangle_L + (-1)^m \left|11\right\rangle_L \Big)$$
$$+ (a_0 b_1 + (-1)^m a_1 b_0) \Big(\left|01\right\rangle_L + (-1)^m \left|10\right\rangle_L \Big) \tag{6.3}$$

になります．合体後の大きな格子での符号語を $X_L X_L$ の測定結果 m に応じて

$$\left|0\right\rangle_L^{(\text{new})} := \frac{1}{\sqrt{2}} \Big(\left|00\right\rangle_L + (-1)^m \left|11\right\rangle_L \Big)$$
$$\left|1\right\rangle_L^{(\text{new})} := \frac{1}{\sqrt{2}} \Big(\left|01\right\rangle_L + (-1)^m \left|10\right\rangle_L \Big)$$

と定義（マッピング）すると，式 (6.3) は

$$(a_0 b_0 + (-1)^m a_1 b_1) \left|0\right\rangle_L^{(\text{new})} + (a_0 b_1 + (-1)^m a_1 b_0) \left|1\right\rangle_L^{(\text{new})}$$

[*6] 端にくる量子ビットの並びから "smooth" split とも呼ばれます．図 6.12(a) の Z_L の場所での分割は "rough" split と呼ばれ，$a \left|+_L\right\rangle + b \left|+_L\right\rangle \to \left|+_L +_L\right\rangle + b \left|-_L -_L\right\rangle$ の操作です．

[*7] 端にくる量子ビットの並びから "rough" merge とも呼ばれます．"smooth" merge もあり，のりしろ量子ビットを $\left|+\right\rangle$ で用意し Z スタビライザが並ぶので，$Z_L Z_L$ の測定に等価です．

$$= a_0 \Big(b_0 \, |0\rangle_L^{(\mathrm{new})} + b_1 \, |1\rangle_L^{(\mathrm{new})} \Big) + (-1)^m a_1 \Big(b_1 \, |0\rangle_L^{(\mathrm{new})} + b_0 \, |1\rangle_L^{(\mathrm{new})} \Big)$$

$$= a_0 \, |B\rangle_L^{(\mathrm{new})} + (-1)^m a_1 X_L \, |B\rangle_L^{(\mathrm{new})}$$

というように，ほぼ CNOT ゲートの定義式 (6.2) そのものが得られます．$|A\rangle_L$ でまとめても同様に

$$式 (6.3) = b_0 \, |A\rangle_L^{(\mathrm{new})} + (-1)^m b_1 X_L \, |A\rangle_L^{(\mathrm{new})}$$

と書けます．このように 3 個の X スタビライザのところでの $|A\rangle$ と $|B\rangle$ の合体は $|A\rangle$ をコントロール量子ビットとする CNOT ゲート操作にほぼ等価です．

　なお，最初の縦長のコントロール量子ビットの格子は，合体によって準備します．このときは図 6.12(a) の点線のところでの合体になるので，量子ビット①と②を $|+\rangle$ に初期化して準備し，$Z_L Z_L$ で測定します．$|\mathsf{ctrl}\rangle = \alpha \, |0\rangle_L + \beta \, |1\rangle_L = \alpha' \, |+\rangle_L + \beta' \, |-\rangle_L$ と $|\mathsf{temp}\rangle := |+\rangle_L$ の合体は，測定結果 $m' \in \{0,1\}$ によって

$$|+\rangle_L^{(\mathrm{new})} := \frac{1}{\sqrt{2}} \Big(|++\rangle_L + (-1)^{m'} |--\rangle_L \Big)$$

$$|-\rangle_L^{(\mathrm{new})} := \frac{1}{\sqrt{2}} \Big(|+-\rangle_L + (-1)^{m'} |-+\rangle_L \Big)$$

と定義し直すことで

$$|\mathsf{ctrl}\rangle \otimes |\mathsf{temp}\rangle = \alpha' \, |+\rangle_L + (-1)^{m'} \beta' \, |+\rangle_L = \alpha \, |0\rangle_L + \beta \, |1\rangle_L$$

となります．これで，縦長の格子のコントロール量子ビットが作成されました．

　なお，表面符号には planar 型と double-defect 型の 2 種類の符号化方法があり，これまで紹介したのは planar 型で，1 つの格子が 1 論理量子ビットに対応し，複数の論理量子ビットは複数枚の格子（1 枚の巨大な格子上にタイル状に並べられている）で符号化されます．一方 double-defect 型では格子に導入された 2 個の欠陥が 1 個の論理量子ビットとして符号化され，複数の論理量子ビットは 1 枚の巨大な格子中にいくつも欠陥を導入して符号化します [155]．double-defect 型での CNOT ゲート操作は，欠陥を格子内で移動させて結び目を作るような操作（ブレイディング）で実現されます．

第 **7** 章

量子コンピュータの
プログラミング

　量子コンピュータを利用するうえでの重要な要素は，量子コンピュータ用のプログラミングツールです．この本でもそうですが，量子アルゴリズムを記述するのに多くの場合で量子回路が用いられます．しかし，古典コンピュータの世界ではアルゴリズムの表現には疑似コードが用いられ，論理回路を使うことは滅多にありません．この違いはどこから来るのでしょうか？　また，量子コンピュータには高級言語は必要ないのでしょうか？

　量子コンピュータは，1950 年代の古典コンピュータの状況に例えられます．これは主に，巨大で複雑で信頼性の低い量子コンピュータハードウェアの現状を表していますが，ソフトウェアの状況も同様に未成熟です．

　この章では古典コンピュータにおけるプログラミング言語やコンパイラの知識を活かして，量子コンピュータのプログラミングについて考えます．

7.1　抽象化レイヤで整理する

　ムーアの法則によるコンピュータハードウェア性能の指数関数的な向上により，ソフトウェアが受けた最も大きな恩恵は**抽象化**でしょう．1940〜50年代のコンピュータは低水準のアセンブリ言語を使用してプログラムされ，設計ツールやコンパイラなどはほとんど存在していませんでした．今日のコンピュータは，多くの抽象化レイヤを重ねることでハードウェアの複雑さとソフトウェアの複雑さを上手に扱えるようになりました．

　図7.1に現代のコンピュータシステムで標準的に用いられる抽象化レイヤのスタックと，ツールをまとめました．人の考え（アルゴリズム）を高級言語によって記述したプログラムを最初の入力として，次々と入出力変換を繰り返して機械に入力します．このチェーンは**ソフトウェアツールチェーン**とも呼ばれます．チェーンの最終出力は，特定のハードウェアで実行する低水準の命令です．

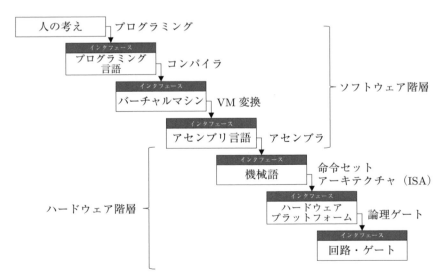

図7.1　抽象化レイヤとツールチェーン
（文献165）を参考に著者作成）

　古典コンピュータにおける抽象化レイヤ（とツールチェーン）は，移植性を向上させ，最適化の機会も増加させます．プロセッサ，メモリ，ストレージなどあらゆるハードウェアリソースは冗長になってしまいますがムーアの法則により低コストで手に入るため，自動最適化やプログラマの時間の節約というメリットは冗長なことによる非効率性をはるかに上回ります[*1]．

　量子コンピュータ用のツールチェーンは，まずは古典コンピュータ用と類似したものになるでしょう．しかし，古典コンピュータと異なり現在の量子コンピュータにはとても厳しいリソース制約があり，ソフトウェアとハードウェアの間では古典コンピュータの場合よりも具体的な情報のやりとりが必要です．

　特に，物理量子ビットの配置，接続性，サポートされる物理ゲートの種類・精度などの低水準の詳細情報に上位レベルのソフトウェア層からアクセスできる必要があります．現在の量子コンピュータはプログラマが数えられるほどの個数の量子ビット数しかサポートされず，プログラムの実行時間が長くなる（量子回路が深くなる）とエラーが積み重なるので，プログラム中の量子ゲートの使用量にも注意する必要があります．また，量子コンピュータ（ないしは量子プロセッサ）によって，利用できる量子ゲートの種類や作用させられる量子ビットも異なっています．これらのハードウェア実装に関する情報を，プログラマには詳細を見せないようにするとしても，コンパイラには制約条件として伝えておく必要があります．

　このように現在の量子コンピュータのプログラミングはハードウェアの実装の委細に非常に敏感なため，明示的で低水準のプログラミングアプローチが中心です．これは古典コンピュータの初期の頃に使用されていたアセンブリコードと似ています．現在の古典コンピュータと照らすと，現在の NISQ 量子コンピュータの抽象化レイヤ構造は，1950 年代の古典コンピュータの状況に近いとされています[167]．

[*1]　これまでは，ムーアの法則によってハードウェア性能を安価に向上できました．しかし，1.2 節のとおりハードウェア性能向上がフリーランチで手に入る時代は終わりに近づいており，今後はアーキテクチャレベルでの工夫が性能向上の鍵になりそうです[166]．

7.2　古典に学ぶ量子プログラミング

7.2.1　高級言語とハードウェア記述言語（HDL）

　量子コンピュータのプログラミングは，高級言語によるプログラミングとハードウェア記述言語（HDL）によるハードウェア合成の両方に似ています[15, 167]．

　現代の古典コンピュータでは，高級言語でプログラミングするプログラマは，プログラムが実際に実行されるマイクロプロセッサ内のトランジスタが動作する固体物理学の背景やその製造に使用される半導体微細加工技術について詳しく知らなくても大抵は問題ありません．多くの場合，プログラマは**命令セットアーキテクチャ（ISA）**レベルより下のハードウェア実装の詳細を知らなくてもプログラミングできます．

　ISA は，いわばソフトウェア側からのハードウェアの見え方で，プロセッサが実行できる操作やメモリ・入出力デバイスとやりとりする方法についての仕様が含まれます．プログラマは汎用 CPU，GPU，携帯電話のプロセッサなど，何を対象にプログラミングしているかを知る必要はありますが，通常それ以上の情報は必要ありません．

　古典コンピュータにおけるアルゴリズムの設計と同様に，量子アルゴリズムの設計者は高い抽象度レベルで作業します．第4章や第5章で見た量子アルゴリズムの多くは古典のプログラムの一部を量子アルゴリズムで加速するという構造です．したがって，古典の高級言語と組み合わせて使えるような高級量子プログラミング言語が欲しくなります．

　一方で，（少なくとも今後10年程度で登場するような）量子コンピュータにはとても厳しいリソース制約があり，論理回路と同等の低い抽象度レベルでの最適化が重要です．このとき，参考になるもう1つの古典プログラミングアプローチが**ハードウェア合成**です．これは，汎用プロセッサの非効率性を許容できないほどの面積・電力・コストなどの制約がある場合に使われる専用ハードウェアを，HDL で書かれたプログラムから自動的に合成できるようする方法です．HDL で書かれたプログラムはシンセサイザ（合成系）によって分析・最適化され，ネットリストが出力されます．ネットリストは，物理的に実装可能なので ASIC とし

て製造したり，FPGA にダウンロードできます．量子回路による量子アルゴリズムの表現は，この点で非常に強力なツールでしょう．

表 7.1 に量子コンピュータと古典コンピュータのプログラミングにおける主な違いをまとめました．まず，量子コンピュータでは厳しいリソース要件を満たすため，コンパイラには問題のサイズに関する情報が必要です．場合によっては問題サイズやデータに応じたリコンパイルも有意義でしょう．

表 7.1　量子と古典のプログラミングの主な違い
(文献 167) より引用・著者により和訳・一部抜粋)

	量子コンピュータ	古典コンピュータ
ハードウェアの情報	プログラマやコンパイラには詳細が必要	ISA レベルまでで十分
コンパイル先	ゲートレベルの命令	機械命令
問題の情報	コンパイル時に既知（入力する）	コンパイル時には不明
デバッグ	プログラムの一部分のみシミュレーション可能	プログラム全体をシミュレーション可能
論理ゲート	特定のゲートは極力避けたい	意識しない（高級言語）

さらに，古典の手法をそのまま量子プログラムに適用してデバッグすることは困難だと考えられています．大きな量子プログラム全体の動作を古典コンピュータでシミュレーションすることは不可能 [*2] なため，シミュレーション可能なモジュールごとに分けたテスト方法の構築のほか，形式検証や論理的推論などのアプローチも必要と考えられます．NISQ 量子コンピュータでは，有効な量子ビット数（量子回路の幅）や量子ゲート数（量子回路の深さ）は小さく，そこで実行できる問題サイズでは顕在化しないバグがあるかもしれません．

また，量子誤り訂正符号のもとでは特定の量子ゲート操作は高コストになるので，これを明示的に避ける最適化を行うというのもプログラミングの制約の 1 つといえます．例えば，表面符号の場合には T ゲートの実行には多数の補助量子ビットとゲート操作が必要です（6.5 節）．

古典コンピュータにおける洗練された手法を利用しつつも，量子コンピュータ特有の事情を考慮したプログラミング技法（とツール）が必要でしょう．

---

*2　古典コンピュータによって適度な時間で量子プログラムの動作をシミュレーションできるのであれば，量子コンピュータの必要性は薄れてしまいます．

7.2.2　ハードウェアとソフトウェアをつなぐ

今日のコンピュータでは物理実装に関する情報は抽象化レイヤによって適切に隠ぺいされ，プログラマやコンパイラが知る必要はほとんどありません．しかし，現在の NISQ 量子コンピュータは仮想化できるほどの冗長性は確保できず，以下のような低レベルの物理情報をソフトウェア層に反映する必要があります [*3]．

・測定すると量子ビットの状態は変化してしまう
・量子ビットの状態はコピーできない（No-Cloning 定理）
・量子誤り訂正がなければゲートのエラーは雪だるま式に増加する
・複数量子ビットへの量子ゲート操作は同時に実行できる
・特定の量子ビット間の 2 量子ビットゲートは実行できない

まず，測定という特殊な操作をソフトウェア上どう扱うか考えなければなりません．量子ビットの状態を表す確率振幅は直接知ることはできませんが，測定結果の確率分布に反映されます．特定の操作でしかアクセスできな不透明データ型など，量子ビットのソフトウェア表現の工夫が必要です．同時に，量子ビットのコピーを無効にし，No-Cloning 定理（2.4 節）を強制する必要があります．

また，量子状態の脆弱性と量子誤り訂正（第 6 章）についても適切にソフトウェア層に反映する必要があります．量子誤り訂正はある種の低水準のソフトウェアと見なせ，実行には量子ビットの配置やゲート速度など，ハードウェア層の詳細情報が求められます．誤り訂正がない場合には，ハードウェア処理の並列性や実際の量子ビットの配列・接続性は，より直接的に演算性能に影響します [*4]．

反対に，ソフトウェア側からハードウェア側に情報を送ることも重要です．例えば，エンタングルした量子ビットであることをプログラム中に注記できれば，下位レベルで操作が正しく行われたか確認するのに役立ちそうです．また，補助量子ビットの使用状況を明示的にプログラムに記載すれば，下位レベルでは補助量子ビットの回収・再利用などの最適化が可能と考えられます [167]．

[*3]　もちろん古典の場合でも低レベルの物理設計は ISA レベルの特性に影響を及ぼすので，その情報はプログラマやコンパイラに有用です．

[*4]　量子ビットレベルの並列性の情報をコンパイラが利用できれば必要なオーバーヘッドを節約できそうです．ただし QPU に対する命令の重ね合わせ状態はできません（7.2.3 項）．

7.2.3 量子コンピュータ＝量子アクセラレータ？

これまでに提案されている量子プログラミング言語のほとんどは，抽象化されたハードウェアとして**量子コプロセッサモデル**を想定しています．このモデルは，**図 7.2** に示したように，古典プロセッサの一部の処理を量子レジスタをもつ量子プロセッサ（QPU）というコプロセッサによって支援するような構成です．

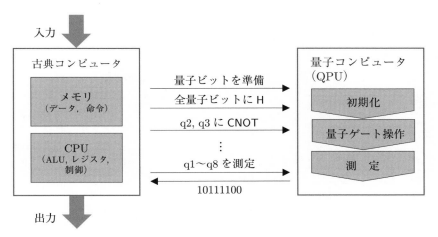

図 7.2　量子コプロセッサモデル
（文献 168) を参考に著者作成）

このモデルの想定により，プログラマは QPU に命令を送るようなマイクロプロセッサのプログラミングを考えればよくなります．これは，今日の GPU を用いるプログラミングに似ていますが，違いもかなりあります．

まず，マイクロプロセッサの介入なしでも高度な操作を実行できる GPU とは異なり，QPU は独自の命令をフェッチしません．QPU は常にホストとなるマイクロプロセッサによって制御される受動的なデバイスです．また，QPU はメモリにアクセスせず，データは必ずプロセッサによる制御（＝量子ゲート操作）を通じて QPU 上にロードされます（2.6 節）．GPU はカード上のメモリや CPU との共有メモリ（分散メモリの場合には仮想化されたメモリ領域）にアクセスできるので，入出力は GPU とはかなり大きな違いがあります．

QPU 内での量子レジスタ（＝量子ビット）に対する操作は "初期化" "ユニタリ変換" "測定" の 3 種類です．現在利用可能なツールの多くでは，**量子アセンブリ言**

語（QASM）のレベルでQPUへの命令を指定します．アセンブリ言語という名前ですが，古典コンピュータのアセンブリ言語とは抽象化レイヤが違い，QASMは論理回路レベルの抽象度です．例えば，IBMにより開発されたOpenQASM [169] で書かれた量子テレポーテーションのサンプルコードと量子回路の対応関係は**図 7.3** のようになっています．

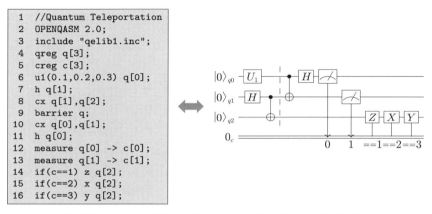

```
1    //Quantum Teleportation
2    OPENQASM 2.0;
3    include "qelib1.inc";
4    qreg q[3];
5    creg c[3];
6    u1(0.1,0.2,0.3) q[0];
7    h q[1];
8    cx q[1],q[2];
9    barrier q;
10   cx q[0],q[1];
11   h q[0];
12   measure q[0] -> c[0];
13   measure q[1] -> c[1];
14   if(c==1) z q[2];
15   if(c==2) x q[2];
16   if(c==3) y q[2];
```

図 7.3 OpenQASM のサンプルコードに対応する量子回路

1つ注意が必要なのは，現在想定されている量子コンピュータの計算モデルでは，プログラムの制御構造に重ね合わせ状態が許されていないことです．例えば，プログラムの実行中にいまプログラムのどこにいるかを与える**プログラムカウンタ**は古典的で，量子プログラムといえどQPUへのゲートレベルでの命令を古典プログラムとしてホストCPUが逐次実行するにすぎません．もちろん，2つのサブルーチン U_A, U_B を制御ユニタリゲート $\Lambda(U_A), \Lambda(U_B)$ とネストすれば，U_A, U_B 操作を重ね合わせ状態で並列的に実行できますが，その場合でも親となるプログラム（＝QPUに対する命令の列）のプログラムカウンタは古典的です．

古典プログラムカウンタによる量子コンピュータの制御という考え方は，Rigetti Computing 社の Quil に明確に現れています [170]．Quil はチューリングマシンに似た**量子抽象マシン**に対する ISA として定義されています．この量子抽象マシンの状態は

$$\left(|\Psi\rangle, C, G, G', P, \kappa \right)$$

という6組（6-tuple）の要素で指定されます．これらの要素はそれぞれ

- $|\Psi\rangle$：N_q 個の量子ビットの状態
- C：N_c ビットの古典メモリ
- G：静的ゲート [*5] のリスト
- G'：パラメトリックゲート [*6] のリスト
- P：実行される Quil 命令の列（＝プログラム）
- κ：プログラムカウンタ（整数）

を表しています．κ は 0 から始まって P の長さ $|P|$ に等しくなったときにプログラムを停止します．ここでは，制御フロー命令である条件付き・無条件ジャンプ命令による（古典的な）分岐処理は許されていますが，量子力学的な重ね合わせを用いた並列処理は想定されていません．このように Quil は量子操作の古典制御によって量子状態を操作する言語です [*7]．

　実は，プログラムカウンタに量子力学的な重ね合わせを許さないことは，必ずしも自明なチョイスではありません [168]．正当性については研究者の中でも議論があるようですが，現在利用されている量子プログラミング言語で，量子的なプログラムカウンタを仮定しているものはありません（**表 7.2** の右上の象限）．また，この本で紹介した量子アルゴリズムはすべて古典プログラムカウンタの下のプログラムとして書くことができるので，量子制御プログラムが書けなくても当面は困りません．量子制御プログラムは人間が読むのには難しすぎるということでしょうか？

表 7.2　操作（operation）と制御（control）

		操　作	
		古　典	量　子
制　御	古　典	古典プログラムによる古典計算	量子プログラムによる量子計算
	量　子	量子制御プログラムによる古典計算？	量子制御プログラムによる量子計算？

[*5]　パウリゲートやアダマールゲートなどのようにパラメータによらないゲート．

[*6]　回転ゲートや位相シフトゲートなどパラメータで定義されるゲート．

[*7]　古典操作の古典制御（＝古典計算）は CPU で行うことが想定されていますが，Quil には制御のためにいくつかの古典状態を操作する命令も提供されています．

7.3 量子プログラミング言語

7.3.1　高級言語の利点は何でしょう？

プログラミング言語（高級言語）には一般に

- 最適化をコンパイラに任せることが可能
- 仕様検証が可能
- 人の思考過程にフィットした作業ができる

のような利点があり，量子プログラミング言語が新しい量子アルゴリズムの発見や実用的なソフトウェアの開発に役立つことを多くの人が望んでいます．しかし今のところほとんどの量子アルゴリズム設計者はもっと数学的なレベルで作業しており，量子コンピュータ用の高級言語がないことは新しいアルゴリズムを設計するうえでの制限要因とは見なされていません[171]．

　高級言語の利点の1つとして，さまざまな最適化をコンパイラ任せにできる点が挙げられます．論文や教科書に掲載されている量子アルゴリズムは大抵，数学的な抽象度で記述されています．数式や疑似コードで与えられる量子アルゴリズムを，プログラミング言語に書き下し，それを実行可能な量子回路に手作業で変換することは複雑で間違いが発生しやすい作業です．例えば，量子位相推定サブルーチンを使う量子化学計算では，小さな分子について計算を行う量子回路は図示できますが，分子サイズ（計算に必要な軌道数）を大きくするとすぐ手に負えなくなります．コンパイラなどのツールを使うと，量子化学計算アルゴリズムの量子回路を最適化して実装効率を5桁向上させるようなことも可能です[50]．

　また，量子回路を特定のマシンでの実行に適合・最適化することも重要なコンパイラの仕事です．例えば，量子ビットの接続性や実機でサポートされているゲートの種類・精度に合わせ，量子回路を再構成することが求められます（7.4.4項）．このため，プログラマやツールにハードウェアの物理実装についての情報を十分通知しておく必要があるのです．

　量子アルゴリズムに対する**仕様検証**も高級言語の大きな利点でしょう．高級言語によってアルゴリズムの構造を明らかにできれば，アルゴリズムの振る舞いの数学的な取り扱いが簡潔になり，仕様検証もしやすくなります．ただし，専門家

による仕様検証は高コストなため，実際のソフトウェア開発では限られた入力に対して正しく出力されるか**テスト**するのが一般的です [*8]．深層学習を含むようなソフトウェアシステムの場合にも，やはりテストデータに対して正しい出力が出るという状況証拠のみの確認に留まり，あらゆるケース（入力データ）についてソフトウェアが正しく動作するという保証はできません [172]．量子コンピュータの出力は確率的で，従来どおりのテストによってソフトウェアの品質保証が可能かは非自明です．必要なテスト回数が量子ビット数に対して指数関数的に増える場合もあるでしょうし，形式検証のほうが近道かもしれません．

　高級言語の利点として，人間がアルゴリズムを考えるときの思考過程と，高級言語によるプログラミングが近いので，新しいアルゴリズムの発見を支援できる（のではないか？）ということが挙げられます．例えば，ショアのアルゴリズムにある冪剰余の計算部分は原論文では 1 行で表示されており，量子回路での表現は後にベドラルら [36] やベックマンら [35] によって与えられました．このことから，量子回路よりは抽象度が高い何らかの高級量子プログラミング言語により新しい量子アルゴリズムの考案が加速されても不思議ではありません．

　さらに，量子コンピュータの場合には，量子回路モデル，測定型量子計算，トポロジカル量子計算など計算量的に等価な量子計算の実現方法が複数あり，計算モデルの委細によらない形で量子アルゴリズムを考えるプラットフォームとしての高級量子プログラミング言語は必要に思われます．

　古典コンピュータの世界では，ソフトウェアツールを使用すると，プログラマは既知の古典アルゴリズムのセットから望みのものを組み合わせて使うことでより複雑なプログラムを実装でき，デバッグや検証もできます．これと同様に，優れた抽象化とソフトウェア開発基盤によって，実用的な量子プログラムの開発を加速できると考えられます．

[*8] ソフトウェアによる自動検証も規模が限られています．

7.3.2 命令型量子プログラミング言語

古典プログラミング言語と同様に，量子プログラミング言語も命令型と関数型に分類できます．命令型言語では問題を解くステップをコンピュータの命令の列として書き下します．命令型言語では，プログラムの状態は計算ステップごとに変化し，多くの場合，ハードウェア効率的なプログラムが書けます．

初期に提案された量子プログラミング言語の 1 つに，C 言語のような命令型言語に量子操作のプリミティブを付け加えた QCL があります [173]．QCL で書いた量子テレポーテーションの量子回路を**リスト 7.1** に示しました．**qureg**は量子レジスタの型で，**int**は通常の整数です．**reset**命令で量子ビットが $|0\rangle$ に初期化されます．量子テレポーテーションで送りたい量子ビット**q[0]**の状態は，**H(q[0])**により初期状態 $|0\rangle$ にアダマールゲートをかけた後に**V(0.3,q[0])**と位相ゲート $(V(\phi) := e^{-i\phi/2}|0\rangle\langle0| + e^{i\phi/2}|1\rangle\langle1|)$ を作用させて準備しています．CNOT ゲートは**CNot(q[2],q[1])**のように記述します（今の場合**q[2]**がターゲット量子ビット）．**q[1]**の測定結果が 1 のときのみ**q[2]**に X ゲート操作を施す条件分岐の部分は**if**文で記述しています．量子ビットの状態は**measure**命令によって測定され，測定結果は指定された古典レジスタに代入されます．QCL はコンパイラも公開されており，プログラムを量子回路に変換してシミュレーションを行うこともできましたが，2014 年 3 月以降更新されていません．

リスト **7.1** QCL のサンプルコード [173]

```
qureg q[3];
int a=0;int b=0;
reset;
H(q[0]);
V(0.3,q[0]);
H(q[1]);
CNot(q[2],q[1]);
CNot(q[1],q[0]);
H(q[0]);
measure q[1],a;
if (a==1) {X(q[2]);}
measure q[0],b;
if (b==1) {Z(q[2]);}
```

　近年，量子化学計算や機械学習のための便利なツールやサブルーチンの多くが
Python のライブラリとして提供されており，量子プログラミング言語も Python
のライブラリの 1 つとして提供されるものが中心的です [174]．チュートリアルや
サンプルコードなども Web で公開されており，量子コンピュータのプログラミン
グの敷居はかなり下がりました．Python をホスト言語とする量子プログラミン
グ言語には例えば，Qiskit [175]，pyQuil [176]，Cirq [177]，ProjectQ [178] などが
あり，基本的には QASM のように量子回路レベルでプログラムを書くことにな
ります．例えば Qiskit で書いた量子テレポーテーションのコードは**リスト 7.2** の
ようになります．ここでは，送りたい量子ビット`q[0]`の状態は初期状態 $|0\rangle$ にア
ダマールゲートをかけた後に`u1`ゲート（$U_1(\lambda) := |0\rangle\langle 0| + e^{i\lambda}|1\rangle\langle 1|$）を作用さ
せて準備しています．

リスト **7.2**　Qiskit のサンプルコード [175]

```
from qiskit import QuantumRegister, ClassicalRegister
from qiskit import QuantumCircuit, execute, Aer
import numpy as np
qc = QuantumCircuit()
q = QuantumRegister(3, 'q')
c = ClassicalRegister(3, 'c')
qc.add_register(q)
qc.add_register(c)
qc.h(q[0])
qc.u1(0.3, q[0])
qc.h(q[1])
qc.cx(q[1], q[2])
qc.cx(q[0], q[1])
qc.h(q[0])
qc.measure(q[0], c[0])
qc.measure(q[1], c[1])
qc.z(q[2]).c_if(c, 1)
qc.x(q[2]).c_if(c, 2)
qc.y(q[2]).c_if(c, 3)
```

7.3.3　関数型量子プログラミング言語

多くの関数型プログラミング言語は型システムをもち，プログラマが明示的に型を与えたり，コンパイラが型を推論することにより，プログラムのさまざまな安全性を保証できます．関数型言語では，プログラムの状態は命令型言語のように変化せず，命令型言語よりアルゴリズムを抽象度高くコンパクトに書ける傾向があります．また，関数は同じ変数を引数として与えられれば常に同じ値を返すという**参照透過性**があることから理論的な研究がしやすいという魅力もあります．

プログラミングにおける**副作用**も重要な概念です．副作用とは，関数やメソッドなどを実行した際に，コンピュータの論理的な状態を変化させてしまい，それ以降の結果に影響を与えてしまうことをいいます．例えば，変数への値の代入やメモリ状態に格納された変数の値の更新は副作用のある関数です [*9]．関数型プログラミング言語ではプログラム＝関数ですが，その関数は原則副作用がなく純粋なもの（それぞれの入力に対して 1 つの出力を対応させるような関数）と見なします．しかし実際には副作用のある処理も実行したいので，関数を変える代わりに，副作用に対応する**モナド**を導入します．

図 7.2 に示したとおり，古典コンピュータから見て量子ビットの状態というのは隠れたメモリ状態と見なせます．これを参照したり更新したりするような副作用のある関数（に対応するモナド）を考えれば，古典プログラミング言語上で量子計算を扱えるようになりそうです．ます．例えば，古典計算でメモリにある変数xの値を参照する`lookup(x)`に倣って，量子ビットの値qを測定する`measure(q)`や，同じく古典計算で変数xの値を更新する`update(x,a)`に倣ってユニタリ変換Uによって量子ビットの値qを更新する`apply(U,q)`などの操作を用いればよいでしょう [168, 171]．

実際，量子操作の副作用に対応するモナドを導入することで，関数型言語である Haskell を量子プログラミング言語として使うアイディアが，アルテンキルヒらによる量子 I/O モナドの提案です [179]．また，2013 年には Haskell に組み込まれた言語 Quipper がグリーンらによって提案されました．Quipper はさまざまな量子アルゴリズムを簡潔に表現でき，コンパイラにより量子回路を生成できます．

リスト 7.3 に Quipper で書いた量子テレポーテーションのサンプルコードを示しました．`Circ`は量子操作の副作用に対応するモナドです．関数`alice`, `bob`,

---

[*9]　例えば，Python では，副作用のあるソート（`list.sort`）と副作用のないソート（`sorted`）が用意されています．

`teleport`はいずれも`a -> Circ b`の型をしています．量子ビットは`Qubit`という型で表現され，n量子ビット系の量子回路（n入力n出力）を表す関数は

$$\underbrace{\texttt{Qubit -> } \cdots \texttt{ -> Qubit}}_{n \text{ 個}} \texttt{ -> Circ (} \underbrace{\texttt{Qubit, } \cdots \texttt{ Qubit}}_{n \text{ 個}} \texttt{)}$$

という型で表現されます．Quipper には基本的な量子ゲートは定義されており，NOT ゲートである`qnot`を利用して

```
cnot:: Qubit -> Qubit -> Circ (Qubit, Qubit)
cnot a b = do
  a' <- qnot a 'controlled' b
  return (a', b)
```

と CNOT ゲートを作れます（`a 'controlled' b`は操作対象の間に演算子を記述する中置記法．量子ビット**b**が制御部）．

　ソフトウェア表現上で量子ビットのコピー操作を型システムで禁止することによって，No-Cloning 定理（2.4 節）をソフトウェアに強制することが直感的にはできそうに見えます．しかし，残念ながら Quipper では量子ビットは通常のデータなので，No-Cloning 定理の違反を許してしまいます．例えば，Quipper で

```
testcirc:: Qubit -> Qubit -> Circ Qubit
testcirc a b = do
  a <- qnot a 'controlled' a
  return a
```

という量子回路を書くことができますが，量子ビット**a**のコピーが生じているだけでなく，2 入力 1 出力なので，量子ビット**b**が途中で破棄されていることになってしまいまいます（不可逆操作）．これは Quipper で使用できる型はホスト言語である Haskell でサポートされるものに限定されていることに起因します．Haskell の強力な型システムにより多くの重要な安全性が保証されるのですが，量子プログラムにとって肝心の No-Cloning 定理については不十分です[180]．プログラマに No-Cloning 定理を強制するアプローチとして，量子ラムダ計算の線形型システムによってコンパイル時に型エラーとして通知する方法が提案されています[181, 182]．

リスト **7.3**　Quipper のサンプルコード [184)]

```
//Quantum Teleportation (Quipper)
bell00 :: Circ (Qubit, Qubit)
bell00 = do
  a <- qinit False
  b <- qinit False
  a <- hadamard a
  b <- qnot b 'controlled' a
  return (a,b)
alice :: Qubit -> Qubit -> Circ (Bit,Bit)
alice q a = do
  a <- qnot a 'controlled' q
  q <- hadamard q
  (x,y) <- measure (q,a)
  return (x,y)
bob :: Qubit -> (Bit,Bit) -> Circ Qubit
bob b (x,y) = do
  b <- gate_X b 'controlled' y
  b <- gate_Z b 'controlled' x
  cdiscard (x,y)
  return b
teleport :: Qubit -> Circ Qubit
teleport q = do
  (a,b) <- bell00
  (x,y) <- alice q a
  b <- bob b (x,y)
  return b
```

　量子ビットの物理的性質をソフトウェア表現に反映する別のアプローチとして，
不透明データ型の利用が挙げられます．このとき，量子ビットのソフトウェア表
現は，ユーザーが量子ビットに対して行える操作により定義されることになりま
す．先述した OpenQASM は基本的にこのモデルに従いますが，より積極的に静
的型付けに取り入れた例として Microsoft が開発したプログラミング言語 Q#[183)]
を紹介しましょう．

Q# ではすべての量子ゲート操作は副作用として行われます．量子ビットの状態はMeasure操作を除いては基本的にはユーザからアクセスできない不透明なグローバル変数です．明示的なソフトウェア表現がない代わりに，ユーザは量子ビット（というエンティティ）に対して実行可能な操作のセット[*10]（量子ビットの状態を変更するという副作用をもつ）を通して，量子ビットがどのような性質をもつか知ることになります．

リスト 7.4 に量子テレポーテションの Q# コードのサンプルを示しました．計算基底での測定に相当するMeasure操作を実行すると，Qubit型のオブジェクトから古典的な値を取り出すことができます．測定結果はOneとZeroの 2 値をもつ列挙型であるResult型です．このMeasure操作によって量子ビットの状態は変化するので（副作用），アクセサではなくミューテータと考えた方がよいでしょう．

積極的なグローバル変数の利用や副作用による操作は，古典コンピューティングの世界では一般的にはあまり推奨されていないことでしょう．しかし，このような抽象化は量子ビットの物理的描像にそっくりで，量子力学の世界のルールをソフトウェアの世界に持ち込む方法として，とても合理的に見えます．

リスト 7.4 Q# のサンプルコード

```
//Quantum Teleportation (Q-sharp)
operation Teleport(msg : Qubit, there : Qubit) : Unit {
  using (here = Qubit()) {
    H(here);
    CNOT(here, there);
    CNOT(msg, here);
    H(msg);
    if (M(msg) == One)  { Z(there); }
    if (M(here) == One) { X(there); }
  }
}
```

[*10] Q# では "操作" と "関数" が明確に区別されています．操作は量子計算に必要なユニタリゲートや測定などを指し，関数は純粋に古典計算での関数です．

7.4　量子コンパイラ

7.4.1　量子コンパイラと古典コンパイラ

コンパイラは高級言語で書かれたプログラムを特定のハードウェアで実行できる機械語命令に段階的に変換するソフトウェアです．コンパイラの仕事はコード分析と最適化，ターゲットとなるハードウェアへの効率的なマッピングです．

量子コンパイラ（量子コンピュータのコンパイラ）は，量子プログラミング言語で書かれたプログラムをハードウェアで実行可能な形式（QASM）にコンパイルします．このとき，抽象化レイヤの上下からの情報（プログラムと入力される可能性のあるデータに関する情報，ターゲットとなるハードウェアの実装に関する情報）を使って最適化します．

量子コンパイラは，主に "古典制約条件下での古典最適化" と "量子特有の制約条件下での古典最適化" を行う古典プログラムです[185]*11．前者は古典コンパイラと同様に，データや制御の依存関係などの制約条件の下での制御フローの最適化です．古典の優れた手法を量子コンパイラに取り入れる流れは，LLVM 基盤を使用する ScaffCC[188] や Qiskit Terra のトランスパイラ[189] などに見られます．

量子コンピュータ特有の制約条件下での古典最適化も量子コンパイラの重要な役割です．ゲート分解や量子回路の変換（7.4.4 項），ゲートのスケジューリング，量子ビットのマッピングなどが代表的な最適化項目です．また，量子ビットのばらつきを考慮したマッピング[190] や，レジスタ割当アルゴリズムによる補助量子ビットの割当・再利用[191]，量子ゲートのスケジューリングによるクロストークの緩和[192] などさまざまな研究が進められています．

量子コンパイラにはプログラムやデータに関する詳細情報やハードウェアの並列性に関する情報が提供されるため，古典コンパイラにはできない最適化が可能です．ただし，現状の量子ハードウェアのリソース制約は大変厳しく，最適化はかなりハードウェアの都合によったものになります．

---

*11　"量子制約条件下での量子最適化"（量子コンピュータで量子プログラムをコンパイルする）も考えられます．例えば，量子テレポーテーションを利用したスケジューリング[186] や，変分アルゴリズムを利用して最適化を行う量子支援コンパイル[187] などが挙げられます．

7.4.2　静的コンパイル

　量子プログラムの**静的コンパイル**では，古典の場合よりも問題のサイズに関する情報が特に重要です．量子プログラムを古典プログラムと同様に広範な入力用に設計することも可能[*12]ですが，その場合でも量子コンパイラには実際に入力されることになる問題サイズなどの情報が必要です．古典の場合にはプログラムの汎用性が重視され，コンパイラは条件分岐や発生する操作は知っていますが，具体的にどんな入力についてどのような順番で操作を行うかは完全には知らない状況で最適化を行います．量子コンピュータの場合には，厳しいリソース制約を満たすため，プログラムの汎用性よりもコンパイラの最適化が優先されることになります．

　図 7.4 でコンパイラによる最適化の代表的な操作である**ループ展開**と**インライン展開**について，古典の場合と量子の場合の違いを見てみましょう[167]．

　ループ展開はループの繰返しごとに発生する終了条件のテストを減少させ，プログラムのサイズを犠牲にしつつも，実行速度を向上させます．古典コンパイラは，ハードウェアでサポートされる並列性の量を知らない場合[*13]には，ループ内の処理を倍にしてループの繰返し回数 N を半分にします．ハードウェアで利用可能な並列性を知っている量子コンパイラの場合には，N 回のループを展開し N 量子ビットの同時処理 1 サイクルに最適化できます．

　インライン展開は，関数呼び出しを関数本体に置き換えることで関数への制御転送を減らし，関数呼び出しに伴うオーバーヘッドを削減します．インライン展開は，各呼び出し位置に関数のコードを複製するので，プログラム内の命令数は増えてしまいます．これは制御転送とのトレードオフになっており，良い最適化には関数本体の情報が必要です．

　古典の場合も量子の場合も関数呼び出しは並列性の検出を妨げ，関数がインライン化されてはじめてコンパイラは並列化が可能なことを認識します．図 7.4 の例では`X(q[i])`と`H(q[i])`はそれぞれ量子ビット`q[i]`に対する X，H ゲート操作です．`applyU(U,q[i])`はゲート操作と対象量子ビットを引数とする関数で，対応する 1 量子ビットゲート操作にインライン展開されます．1 つの量子ビットに X

---

*12　そもそも，量子プログラムといっても 7.2.3 項で見たように古典的プログラムカウンタで制御される，いわゆる普通のプログラムです．

*13　一般には，古典コンパイラであってもハードウェアの並列性を勘案して最適化を行っています．

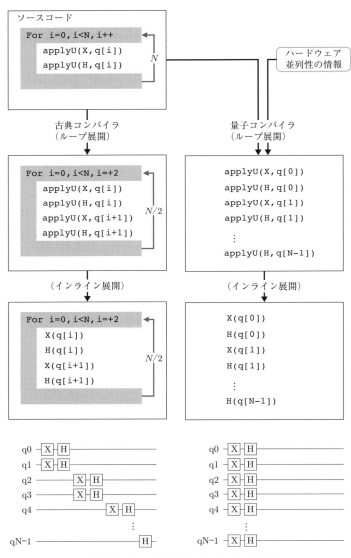

図7.4 ループ展開とインライン展開

（文献 167）を参考に著者作成）

ゲートと H ゲート操作を同時に行うことはできませんが,全量子ビットに対する同時並列的なゲート操作はハードウェア的にサポートされていることも多く,この例では,N 並列可能と考えれば最大で 2 サイクルまでプログラムを最適化できます.

量子の場合も古典の場合と同様に,ループ展開やインライン展開がいつでも有効なわけではありません.例えばネストされたループを不用意に展開すると,指数関数的に命令数が増えてしまいます.図 7.4 の例はループの反復数とハードウェアに許される並列数[*14]が等しい場合でしたが,一般には,量子コンパイラはプログラムの構造に関する情報とハードウェアの並列性の情報の両睨みによって,どのループをどの程度展開するかを決定します.具体的には,プログラムの統計的なプロファイルによって重要部分を見つけ出すことや,コンパイルのターゲットとなるハードウェアの動作モデルを分析することなどが,コンパイラに求められます.量子コンパイラにおけるループ展開やインライン展開の管理の難しさは文献 193) を参考にしてください.

7.4.3 動的コンパイル

量子プログラムほとんどの場合,プログラムに関する情報をコンパイラが事前にすべて入手でき,静的コンパイルで処理できるように思えます.しかし,**動的コンパイル**によって実行時に命令を生成するほうがよいと考えられる場合もあります [194].

例えば,HHL アルゴリズム(4.4 節)では量子ビットの状態に依存して回転ゲート操作の回転角度が決定されるので,静的コンパイル時には正確な回転角度は不明です.このような場合,プログラムの実行時に動的コンパイルによって回転操作を生成するメリットがありそうです.もちろん,プログラムの当該部分が出てくるたびにコンパイルするので,動的コンパイル速度がアルゴリズムの性能を律速してしまうこともあるでしょう.

動的コンパイルが望ましいと思われる別の例は,任意角度の(アナログの)回転ゲートを大量に使用するアルゴリズムです.例えば,量子位相推定サブルーチンを用いた量子化学計算(4.2 節)では大量の回転ゲートが利用されます.この任意

[*14]　ハードウェアでサポートされる命令の並列数は,制御などの都合から,量子ビット数よりも小さい場合もあるでしょう.

角度の回転ゲートは Solovay-Kitaev の定理を通して H ゲートや T ゲートのシーケンスで近似して実行されます．このとき，量子化学計算が要求する精度での近似には，かなり多くのゲート操作に分解する必要があり，プログラム全体を静的コンパイルしたアセンブリコードが制御用の古典コンピュータのディスクに載らないような可能性も出てきてしまいます．この場合に，任意角度の回転ゲートを動的コンパイルによって H ゲートや T ゲートに分解することが考えられます．

例えば，文献 194) ではある化合物（Fe_2S_2）の基底エネルギーを推定する量子プログラム（量子位相推定を利用したアルゴリズム）には 10^{14} 個の回転ゲート操作が含まれ，それぞれが 10^5 個のゲート列に分解されるので，最終的に 10^{19} 個のゲートを含むアセンブリコードが生成されると見積もられています．1 つのゲート操作をオペコード風に 1 Byte で指定できるすると，このアセンブリコードのデータ量は単純計算で 10 EB にも達してしまいます．

このように，量子ビットの測定結果に応じた条件付きのゲート操作や，任意角度の回転ゲートを多数含むプログラムについては，動的コンパイルを検討すべきでしょう．もちろん，動的コンパイルが望ましいかどうかは，量子プログラムの構成や要求精度に加えてハードウェアの性能（ゲート速度やエラー率）にも依存します．

7.4.4　ゲート分解・量子回路最適化

コンパイラ（またはプログラマ）は量子回路の最適化をいくつかの抽象度レベルで考える必要があります．まず，量子プログラムに含まれる多入力の一般化 Toffoli ゲート *15 は一般には直接実行されず，ハードウェアでサポートされるよりプリミティブなゲートに分解する必要があります．

例えば図 7.5 のように，複数の一般化 Toffoli ゲートを含む量子回路であっても必ず Toffoli ゲートと CNOT ゲートに分解でき，Toffoli ゲートも図 2.3 のように分解できるので，必ず 2 量子ビットゲートまでだけを使って等価な量子回路が書けます．しかし，最小のゲート数で書く方法は非自明です [195]．分解後に隣り合う CNOT ゲートを相殺するなど自明なもの以外で，与えられた量子回路と等価になる最低ゲート数の量子回路を求めるという最適化問題は，かなり難しい問題です．

---

*15　MPMCT(Mixed Polarity Multiple-Control Toffoli) ゲートとも呼ばれます．

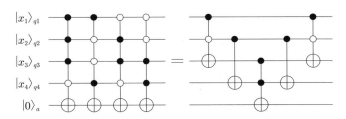

図 7.5　等価な量子回路への変換

　また，量子位相推定サブルーチンなどに使われる任意角度の回転ゲートは，アダマールゲートと T ゲートを使って有限精度で近似します（Solovay-Kitaev の定理）[196]．このうち T ゲートはクリフォード演算子ではないため，表面符号などの量子誤り訂正符号のもとでは直接実行できないのでした（6.4 節）．そのため，他の万能ゲートセットのゲート（クリフォード演算子であるパウリゲートやアダマールゲート）と比べ T ゲートは格段に高コストと考え，使用個数（T カウントや T 計算量などと呼ばれます）の低減が求められます [51, 197, 198]．

　ただし T ゲートは 1 量子ビットゲートであるため，複数の T ゲートを，量子ビット並列で作用させることは可能と考えられます（実装によります）．この場合には，T ゲートの個数よりも，量子回路中の並列には実行できない T ゲート数（T 深さ）の方が，計算量のよい推定になりそうです．これを最小化する最適化手法もいくつか提案されています [199]．また，T ゲートの利用に欠かせない魔法状態の生成のために必要な無数のゲート列まで含めた量子回路全体の最適化も重要です．量子誤り訂正符号操作まで含めた量子回路の最適化により，計算の高速化や必要リソースの削減ができることも報告されています [200]．

　以上のような，論理レベルでの量子回路の最適化に加えて，物理レベルでの量子回路の最適化も近年研究が盛んに行われています．現在利用できるような小規模の NISQ 量子コンピュータでプログラムを実行することを考えた場合には，利用可能なゲートの種類[*16]や位置などのハードウェアの制約条件を満たすように量子回路を最適化する必要があります．

　最近接の量子ビット間でしか 2 量子ビットゲートが実行できないとする制約は，多くの実装物理系について妥当な仮定で，さまざまな研究があります [201]．例え

[*16]　ハードウェアによりネイティブにサポートされているゲートは異なります．例えば，超伝導回路では制御 Z ゲート，イオントラップでは R_{xx} ゲートがネイティブでサポートされる 2 量子ビットゲートです（8.2 節）．

ば図 **7.6** のように離れた量子ビット間の CNOT ゲートについて，コントロール量子ビットやターゲット量子ビットに SWAP ゲートをかけることで近接する場所まで移動させてから，CNOT ゲートを作用させるという変換が必要です．SWAP ゲートの挿入方法は何通りもあり，制約を満たしつつ SWAP ゲートの個数を最小にする問題は NP 困難問題です．ゲート順序の考慮[202]，初期配置まで含めた最適化[203]，なるべく実際に即した 2 次元配置での最適化[204] など，さまざまな手法が提案されています．いずれも基本的には近似解アルゴリズムであり，得られた量子回路が制約を満たす最小の量子回路（大域的な最適解）になっている保証はありません．SAT 問題などに帰着できればソルバで厳密解を求めることも可能ですが，小規模なものに限られるでしょう．

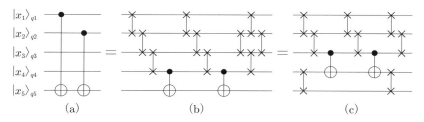

図 **7.6**　SWAP ゲートの挿入による変換

　量子プログラミング環境の Qiskit や Forest では，バックエンドとして実際の量子ハードウェアを設定し，実際の量子ビットの配置や接続状況（接続トポロジー）などの情報を利用できます．ここでのコンパイラ（インタプリタ）の仕事は，プログラム（＝量子回路）を実機で実行可能な物理ゲート操作の列に変換することです．図 **7.7** に実際のデバイスの接続トポロジーの例を示しました[205-208]．

　例えば，図 **7.8** に示したように，プログラム上では量子ビット q1-q2, q1-q3 間の 2 量子ビットゲート操作（例えば CNOT ゲート）が指定されていても，実際のチップ上の対応する量子ビット Q1-Q2 や Q1-Q3 間には接続がなく，2 量子ビットゲートをそのまま実行可能とは限りません．この場合には，コンパイラは量子ビットの対応づけの変更や，プログラムに一時的な SWAP ゲートを挿入するなどしてユーザコード（量子回路）を実行可能なものに変換する必要があります（将来的には，ユーザから上手にハードウェアの情報を隠ぺいする必要があるでしょう）．

IBM Austin, Tokyo   IBM Rochester

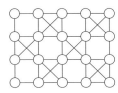
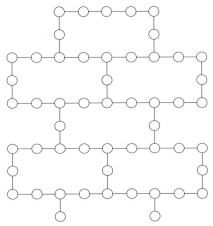

Rigetti Aspen

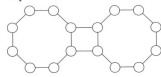

Google Sycamore

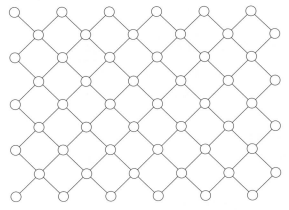

図 7.7 さまざまな量子ビットの接続トポロジー

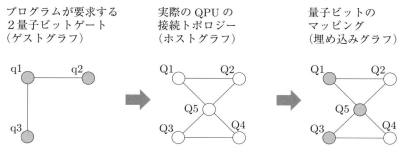

プログラムが要求する
2量子ビットゲート
（ゲストグラフ）

実際の QPU の
接続トポロジー
（ホストグラフ）

量子ビットの
マッピング
（埋め込みグラフ）

図7.8 量子ビットのマッピング問題

図 7.8 の例では Q1-Q3 に接続がないので，初期のマッピング（量子プログラム
で指定される量子ビットと実際の量子ビットの対応づけ）を

$$\{q1, q2, q3\} \leftrightarrow \{Q1, Q2, Q3\} \Rightarrow \{q1, q2, q3\} \leftrightarrow \{Q5, Q3, Q1\}$$

と変更することで，プログラムの要求を満たすことができます．

このようなマッピングの問題はグラフ埋め込み問題になっており，（古典の）最
適化問題として興味深い問題です．既存のハードウェア構成に量子プログラムを
マップするためのコンパイラの開発コンテストなども開催されました[209]．以前
はインタプリタからの警告に従ってハードウェア制約を満たすようにコードを書
くのはプログラマの責任でしたが，近年状況は改善されています[*17]．

7.4.5 量子プログラムをデバッグするには

正しい量子プログラムを作成することは非常に重要です．これまで，多くの量
子アルゴリズムは疑似コードや数式で提案され，（実機やシミュレータで）実行で
きるプログラムに書き下されることは稀でした．そのため，量子プログラムのデ
バッグ方法は今なお発展途上の研究開発テーマです[13, 210, 211]．

量子プログラムは

- 多数の量子ビットの状態は効率よくシミュレーションできず，プログラム全
  体の動作シミュレーションは困難
- 量子ビットの重ね合わせ状態で得られる並列計算は，場合の数が指数関数的
  に大きいため，すべてについてテストすることは困難

[*17] 例えば，Qiskit では Python API を使用して量子回路を書いた場合には，ハードウェア
制約を充足するように回路を変換するツール（transpiler）が面倒を見てくれます[189]．

- 量子ビットの状態は測定すると変化してしまうので，`printf`で変数値を出力するように`measure`で量子ビットの状態を逐次確認しながらプログラムを実行するようなことはできない
- 量子ビットの状態はコピーできないので，プログラム実行中に量子ビットがどう変化したかログをとることもできない

などの側面で古典コンピュータにおける一般的なデバッグ手法が単純には適用できません．このような困難の存在は以前から研究者に広く認識されてきました[15, 167, 180]．しかし，複数の量子ソフトウェア開発基盤が利用できる今日においても，量子コンピュータ特有のバグや，その対処法に関する知見は手探りの状況と言っていいでしょう[174]．

プログラミング言語 Q# では，古典コンピューティングにおける強力なデバッグ手法やツールの延長線上で量子プログラムのデバッグを行おうとする努力が見られます．例えばシミュレータによる計算結果を利用して

```
using (register = Qubit()) {
  H(register);
  Assert([PauliX], [register], Zero, "The assertion |+> fails.");
  AssertProb([PauliZ], [register], One, 0.5,
        "The assertion |+> fails.", 1e-5);
}
```

のように，プログラムの途中での量子ビットの状態を `Assert` や `AssertProb` で確認できるしかけが用意されています．この例ではレジスタの状態は $\frac{1}{\sqrt{2}}(|0\rangle + |1\rangle)$ のはずなので，X 基底での測定 `PauliX` の結果が `Zero` （固有値 $+1$）であるか，あるいは `PauliZ` 測定結果が `One` （固有値 -1）である確率が 0.5 に等しいかシミュレータによる結果をチェックします．

アサーションとブレークポイントによるアプローチを大規模な量子プログラムに適用する方法の検討も進められています[212]．この手法では，量子プログラムの中間状態の測定結果の統計性から状態を3つのクラス（古典，重ね合わせ，量子もつれ）のどれに属するかを見ることで，ブレークポイントまでの量子プログラムの有効性を判断します．論文では，小規模のユニットテストから統合テストま

での過程や，アサーションの配置戦略についても述べられています．

　小規模のプログラムなら，シミュレータによって全体をテスト可能です．特にクリフォードゲート（6.4 節）のみで書ける量子回路は効率的に古典シミュレーションできるので，問題サイズが大きい場合でも量子プログラムの一部ならシミュレーション可能でしょう．プログラムのサイズは限られますが，非クリフォードゲートを含む量子回路であっても，現実的な時間でシミュレーションできる手法も提案されています [213]*18．このアプローチは，あくまでも限られた入力に対するプログラムの正常動作を確かめるテストであって，それがあらゆる入力に対して正しいことを保証するものではありません．

　別のアプローチとして**形式的検証**も検討されています．例えば，等価性検証 [214] や停止性分析 [215] などモデル検査アルゴリズムによって，すべての可能な入力に対する量子プログラムの正しさを検証する手法が提案されています．しかし，これらの手法では量子ビットの状態空間すべてを確認する必要があり，適用できる量子プログラムのサイズの上限は 30 量子ビット程度と非常に限られています．

　論理的推論アプローチでは，プログラムの実行や量子ビットの状態空間全体の探索ではなく，プログラムのセマンティクスを数学的に定義し，推論によってプログラムの正確性を証明します．証明アシスタント Isabelle/HOL を用いて量子プログラムの正確性をチェックする方法も近年発表されています [216]．

7.5　量子ソフトウェア開発基盤

　量子プログラミング言語を含む量子ソフトウェア開発基盤は萌芽的な状況ですが，実機やシミュレータの研究開発の進展に伴い，さまざまなプラットフォームが提供され始めています [174]．ユーザは提供されるライブラリや標準で設定されている量子サブルーチンを使ってアルゴリズムをプログラムとして書き下し，実機やシミュレータなどのバックエンドで実行して計算結果を得る，というのが基本的な流れです（**図 7.9**）．バックエンドが実機の場合には，プログラム（量子回

---

*18　T ゲートを含む量子回路の古典シミュレーションの計算量は T ゲート数の指数関数で，多項式には改善できないと考えられています．論文 [213] の提案アルゴリズムも指数関数時間のままですが，傾きがマイルドなので数百個のクリフォードゲートと 50 個程度の T ゲートからなる量子回路なら現実的な時間で計算できるということです．

路）は最終的には量子チップの命令セットやハードウェアの制御信号にアセンブリされるのですが，通常この部分はユーザからは見えなくなっています（ユーザはあくまでクラウド越しに API を通じて実機に計算クエリを投じます）．シミュレータはローカル PC またはクラウド上の計算資源で実行します．

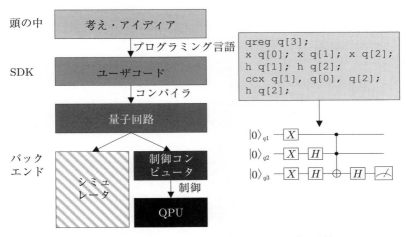

図 7.9　量子コンピュータのプログラミングの現状

　分野の急速な成長と共に多様なプラットフォームが乱立し，ユーザにとってはどのプラットフォームを利用すべきかわかりにくくなっています．**表 7.3** に，IBM の Qiskit[175]，Microsoft の Quantum Development Kit（MS-QDK）[217]，Rigetti Computing の Forest[170, 218]，スイス連邦工科大学の ProjectQ[15, 178]，Google の Cirq [177] について，特徴を簡単に比較しました．

　本書で紹介したような量子テレポーテーション（2.4 節），振幅増幅（3.5 節），量子フーリエ変換（3.4.1 項），量子位相推定（3.4.2 項）などの基本的な量子サブルーチンは，ほとんどのプラットフォームでチュートリアルの形でコードが提供されています．とりわけ Forest，Qiskit，MS-QDK には比較的多数のライブラリが提供されています（MS-QDK は Q# 言語で書かれたビルトイン関数の形での提供が多い）．

　既存のライブラリの豊富さや構文の簡単さなどの観点で，ホスト言語として Python が好まれています．Forest，Qiskit，Cirq は Python のライブラリパッケージとして提供され，機械学習やデータサイエンス分野のエンジニアが最初に量

子コンピュータを触るときの選択肢となるでしょう．Google Colaboratory を利用すれば面倒なローカル環境構築も不要のため，ブラウザだけあれば量子プログラムの実行まで試せるような，教育用途の Web サイトも公開されています[54, 219, 220]．

また，Python の人気の理由の1つである多様なライブラリのうち，量子プログラミングで併用されるライブラリとしては，量子化学計算ライブラリである PySCF や Psi4，ハミルトニアンの第二量子化やパウリ演算子への変換ツールを含む OpenFermion，科学技術計算で多用される NumPy，SciPy，SymPy，深層学習フレームワークの TensorFlow，PyTorch などがあります．

一方で，C# に親しんだエンジニアの目には，プログラミング言語 Q# と Visual Studio に統合された MS-QDK は魅力的に映るでしょう（ホスト言語には Python も選べます）．Q# は表に挙げた他のプラットフォームと異なり，明示的に量子回路をプログラミングすることなく量子アルゴリズムを実装できるという特徴をもちます．また，デバッグやリソース推定のツールなど，古典の世界でのソフトウェア開発ツールの恩恵を最大限に取り入れようとしています．今後，より高水準の量子プログラミング言語が登場した場合に，それに移行するうえでの足がかりになりそうです．

現時点では基本的には量子回路のレベルでのプログラミングが主で，古典コンピューティングにおける高水準言語を用いた抽象度の高いプログラミングの状況とはやや距離があります．とりわけ Cirq は量子ソフトウェアの開発基盤というよりは，小規模の量子ハードウェアを効率的に使う量子回路をいかにデザインするかという抽象度レベルのツールと考えるのが適切でしょう．ここで紹介したもの以外にも，量子回路シミュレータ（コラム 7.1）や量子ビットの状態の可視化ツール，GUI で量子回路を作成するツールなどさまざまなものが登場しています．

表 **7.3**　量子ソフトウェア開発環境

	Forest	Qiskit	ProjectQ	MS-QDK	Cirq
作成元	Rigetti	IBM	ETH Zurich	Microsoft	Google
プログラミング言語					
(ホスト)	Python	Python, JavaScript, Swift	Python	C#, Python	Python
(量子)	pyQuil	Qiskit	ProjectQ	Q#	Cirq
(QASM)	Quil	OpenQASM	–	–	–
バックエンド					
シミュレータ	○	○	○	○	○
実機	○	○	–	–	–
1 量子ビットゲート					
I	I	iden	–	I	I
H	H	h	H	H	H
S	S	s	S	S	S
T	T	t	T	T	T
X, Y, Z	X, Y, Z	x, y, z	X, Y, Z	X, Y, Z	X, Y, Z
R_x	Rx	rx	Rx	Rx	RotXGate
R_y	Ry	ry	Ry	Ry	RotYGate
R_z	Rz	rz	Rz	Rz	RotZGate
R_ϕ	PHASE	u_1	R	R1	–
測定	MEASURE	measure	Measure	M	measure
バリア	–	barrier	Barrier	–	–
2 量子ビットゲート					
CNOT	CNOT	cx	CNOT	CNOT	CNOT
Toffoli	CCNOT	ccx	Toffoli	CCNOT	CCX
SWAP	SWAP	swap	Swap	SWAP	SwapGate
iSWAP	ISWAP	–	–	–	ISWAP
制御 Z	CZ	cz	CZ	(Controlled Z)	CZ
制御 SWAP	CSWAP	cswap	C(Swap)	(Controlled SWAP)	CSWAP
制御 R_z	CPHASE	crz	CRz	(Controlled Rz)	–
制御 U ゲート	–	U.q_if(q)	C(U) | q	(Controlled U) (c, q)	ControlledGate (U)
その他					
多量子ビット U ゲート	–	U(qs)	All(U) | qs	ApplyToEach (U, qs)	U.on_each(qs)
量子フーリエ変換	–	–	QFT	QFT	

●**COLUMN**●

コラム7.1　量子回路シミュレータ

　NISQ量子コンピュータの効果的な使い方を探すうえで，量子・古典ハイブリッドのアルゴリズムを試行錯誤できるソフトウェア開発環境が重要です．新しいアルゴリズムをいきなり実機でテストして期待どおりに機能しない場合，それがハードウェアに起因するものか，プログラムに潜むバグなのかを見分けるのは困難でしょう．シミュレータがあればプログラムの動作を確認しながらアルゴリズムを開発できます．

　量子回路のシミュレーションは単純にはすべての確率振幅をメモリに保持し，ゲート操作のたびにアップデートして逐次的に処理をすることが考えられます．しかし，この方法は量子ビット数の増加に対して指数関数的に必要メモリ量が増加し，50量子ビットを超える頃にはスパコンでも困難になります．

　n量子ビットの状態を表す複素確率振幅は2^n個あり，実部と虚部それぞれを64ビット精度でメモリに保持することを考えます（この高次元ベクトルは状態ベクトルとも呼ばれます）．単純計算では30量子ビットでは

$$2 \times 64 \times 2^{30} = 16 \text{ GB}$$

50量子ビットでは

$$2 \times 64 \times 2^{50} = 16 \text{ PB}$$

ものメモリが必要です．

　このように，量子回路のシミュレーションは量子ビット数について指数的に困難になります．精度を落とせば多少は量子ビット数を稼げますが，今度は桁落ちにより確率の合計値が1でなくなるなどの問題が生じてしまいます．

　この困難さのため多くの量子回路シミュレータでは概ね3〜40量子ビットが動作の上限（利用ハードウェアのスペックによる）ですが，C++やJuliaでの実装やGPUの利用などによる計算機科学的な工夫のほか，テンソルネットワークの利用などのアルゴリズムの改良によるシミュレータの高速化競争も進んでいます[54]．Googleの研究チームによる量子超越の実験検証[14]では，このような量子回路のシミュレーションに必要な時間と実機でのプログラム実行時間を比較しています（9.1節）．

第 8 章

量子コンピュータの
アーキテクチャ

　ここまで，量子アルゴリズムや量子誤り訂正符号をかなり抽象的なハードウェア上で説明してきました．しかし，（当然のことながら）私たちは量子コンピュータを実際のコンピュータとして利用したいと強く願っているわけです．

　この章では，古典コンピュータであれば当然満たされているような事項の確認から始め，量子コンピュータのアーキテクチャについて考えます．また，量子データのコピー禁止や，誤り訂正符号化したままでの演算など，量子コンピュータ特有の事情がアーキテクチャに及ぼす影響も考えます．

　最後に，ショアのアルゴリズムを実行して 2048 ビットの数を素因数分解する場合に必要な未来の大規模量子コンピュータの姿を見積もり，今の時点での量子コンピュータハードウェア技術との差を考えます．

量子コンピュータ実現技術が満たすべき基準

コンピュータにはノートパソコン，スマホ，スパコンなどさまざまな種類があるように思えますが，これらの（古典）コンピュータのしくみはどれも 1945 年のフォン・ノイマンのアイディアからほとんど変わっていません．コンピュータは，**図 8.1** のような構造をもつ，命令に従ってデータを操作する機械です．あとは規模や部品の性能の違いがあるだけで，古典コンピュータに "個性" はあまりなく，基本的にはあらゆる応用分野の計算を同一のシステムで処理します．

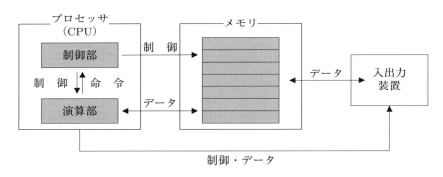

図 8.1　古典コンピュータのしくみ

前章の図 7.2 で見たように，量子コンピュータはスタンドアロンのコンピュータではなく，古典コンピュータのコプロセッサです．量子ビットはレジスタであると同時に，量子データを保持するメモリでもあります [*1]．

量子コンピュータの構築では，No-Cloning 定理（2.4 節）や量子誤り訂正（第 6 章）など量子コンピュータ特有の事情があるため，古典コンピュータのアーキテクチャ設計の教訓をそのまま量子コンピュータに転用できません．しかし，古典コンピュータであれば必ず満たされているような基本的な事項が，量子コンピュータでは満足に実現できていないことがままあります．以下に示す **Di Vincenzo の基準**は量子コンピュータのハードウェア技術が満たすべき要件を表しています [12, 221]．

---

*1　量子ビットは常に誤り訂正が行われている必要があり，それがないとすぐに情報が失われてしまうので "揮発性メモリ" でしょうか.

i) 拡張可能性：単体の良好な量子ビットを実現・保持できるだけでなく，量子ビット数を増加させることができること（指数関数的に困難にならないような技術によって）．

ii) 初期化能力：量子ビットを簡単な基準状態に初期化できること．複雑な初期状態からプログラムを実行するのは難しいので，シンプルな状態を用意できる必要があります．

iii) コヒーレント時間：量子ビットに十分長い時間量子情報を保持できること．計算中に情報が失われたり，計算途中のデータが壊れてしまうようでは，計算機として機能しません．

iv) 計算万能性：万能ゲートセット（例えば $\{H, T, \mathsf{CNOT}\}$）が用意できること．古典計算まで含めてあらゆる量子アルゴリズムを実行できます（2.2 節）．

v) 量子ビットの測定能力：量子ビットの量子状態を測定することによって，計算結果を取り出せること．せっかく量子コンピュータで計算しても，結果が出力できないのでは困ります．

これらは，基本的にはどんな量子コンピュータにも備わっているべきものです．もちろん，実際には，計算機システムのサイズは構築可能な程度には小さい必要があるでしょうし，消費電力や建造コストなども考慮する必要もあるでしょう [222]．量子アルゴリズムは古典アルゴリズムを計算量の意味で指数関数的に高速化できますが，それを実行する機械を作るのに指数関数的に巨大な装置や，指数関数的に困難となる制御技術が必要なのであれば，利点はスポイルされてしまいます．

量子コンピュータアーキテクチャの研究分野は萌芽的な状況にあり，さまざまに提案されているもののほとんどは可能性の 1 つです．**図 8.2** にスケーラブルな量子コンピュータを構築するのに必要と考えられる技術レイヤを，古典コンピュータに倣って並べました．重要なポイントは，誤り耐性量子コンピュータは，小規模な NISQ 量子コンピュータを単に大きくしたものではないということです．

誤り訂正機能のない量子コンピュータでは，量子ゲート操作 1 回当たりに生じる物理エラーが，そのまま論理エラーに直結します．例えば，平均で 0.1% のエラー率で量子ゲート操作が実行できる NISQ システムを考えてみましょう．10 量子ビットに平均して 100 回のゲートを作用させるプログラムを実行したときに，正しく計

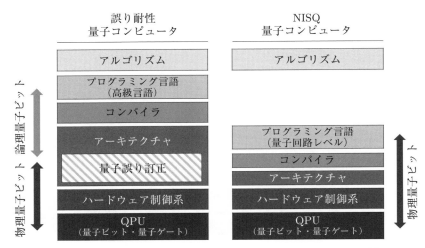

図 8.2　誤り耐性量子コンピュータと NISQ 量子コンピュータの違い
（文献 223) を参考に著者作成）

算ができる（＝論理エラーが全く生じない）確率はおおよそ $0.999^{10 \times 100} \approx 36.8\%$ です．エラー率を改善することなく利用可能な量子ビット数を 50，100 と増やすとエラー率もそのまま増えるので，正しく計算できる確率 36.8% を保つにはプログラムに含まれるゲート数を減らすしかありません．つまり物理エラー率の改善がなければ，量子ビットをいくら増やしても誤り耐性のない NISQ 量子コンピュータの計算能力は向上しないのです．

　誤り耐性量子コンピュータでは，個別のエラーが計算全体に及ぶことを避けるため，量子誤り訂正符号で物理層と論理層を切り分ける（物理エラーを論理エラーに波及させない）構造によりスケールアップが可能です．以降の節ではこのスタックの最下部から 1 つずつ見ていきましょう．

8.2　量子ビット・量子ゲートを実現する技術

　状態変数は古典コンピュータでの電荷に相当し，何らかの物理系の何らかの状態を "0" と "1" に割り当て，この状態の間での初期化，ゲート操作，測定を可能にすることが基本となります．**表 8.1** に，実験室レベルで動作が実証された量子ビット・量子ゲート実装技術の例を示しました．

　代表的な実現方式である超伝導回路とイオントラップについて，状態変数のイメージを**図 8.3** に示しました[2, 13]．超伝導回路の場合には電極の電荷，イオントラップの場合には原子核の周りを回る電子の軌道などを状態変数にして，マイクロ波やレーザなどの照射によりゲート操作を行います．

　超伝導回路による量子ビットの表現は 2004 年のイェール大学のシェルコフらの回路 QED の提案[225]に始まり，現在は**超伝導トランズモン**という方式での実装が主流です．超伝導回路は UCSB，イェール大学，デルフト工科大学，Google，IBM などで利用されています[9]．

表 8.1　さまざまな状態変数の実装系
（文献 224）から引用・著者により和訳・一部加筆）

実　装	CMOS	超伝導回路	イオン トラップ	光　子	量子ドット
	古典コン ピュータ	量子コン ピュータ			
状態 変数	電　荷	磁束，電荷，位相	スピン	偏光，時間，位置	電子スピン，エネルギー準位，位置
材　料	Si	超伝導体（ジョセフソン接合）	電磁場トラップされた原子	光導波路，光ファイバなど	半導体
環　境	室温・大気圧	極低温・高真空	高真空	室温・大気圧	極低温・高真空
ゲート	MOSFET	マイクロ波のパルス	レーザ，振動モードを通じた相互作用	ビームスプリッタなど光学素子	ゲート電圧など
集積度	$>10^9$ トランジスタ／チップ	～ 50	～ 50	～ 10	～ 10

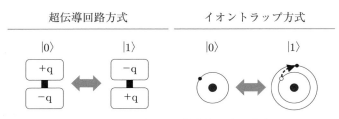

図 8.3 量子ビットの代表的な実現方式

　一方で，イオントラップ方式は結合性と均一性に利点があり，メリーランド大学，インスブルック大学，デューク大学，米 Honeywell 社，IonQ 社などで精力的に研究開発が進められています．非固体であるため IT 企業からは風変わりと感じられている節もあります [226] が，NISQ 量子コンピュータのプラットフォームとして着実に研究開発が進められています．

　量子ビットの実現方式と並行して，量子ゲートの実装にも注意が必要です．とくに，コンピュータとしての演算性能に直結する量子ゲートの速度と忠実度は物理実装系ごとにかなり異なっています．**図 8.4** に，これまでに報告されている複数の物理系についての 1 量子ビット・2 量子ビットゲートの速度や忠実度のおおよその値をまとめました．超伝導回路方式は他方式と比べて高速な量子ゲートを

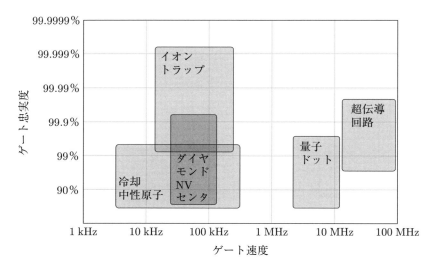

図 8.4 量子ゲートの速度と忠実度
（文献 10) より引用）

実現でき，量子誤り訂正符号が要求するしきい値以下になるような高い忠実度の達成が課題です．一方イオントラップ方式では比較的高い忠実度の量子ゲートを実現できますが，量子ゲートの典型的なクロック速度は $10 \sim 100$ kHz です．

ハードウェア形式によりネイティブにサポートされる量子ゲートも異なります．代表的な 2 量子ビットゲートは超伝導回路方式では制御 Z ゲート（CZ），iSWAPゲート，クロスレゾナンスゲート（CR），イオントラップ方式では R_{xx} ゲート（Mølmer-Sørensen ゲート）です [*2]．行列表記ではそれぞれ

$$
\mathsf{CZ} := \begin{bmatrix} 1 & 0 & 0 & 0 \\ 0 & 1 & 0 & 0 \\ 0 & 0 & 1 & 0 \\ 0 & 0 & 0 & -1 \end{bmatrix}, \quad \mathsf{iSWAP} := \begin{bmatrix} 1 & 0 & 0 & 0 \\ 0 & 0 & -i & 0 \\ 0 & -i & 0 & 0 \\ 0 & 0 & 0 & 1 \end{bmatrix}
$$

$$
\mathsf{CR}(\theta) := \begin{bmatrix} \cos\frac{\theta}{2} & -i\sin\frac{\theta}{2} & 0 & 0 \\ -i\sin\frac{\theta}{2} & \cos\frac{\theta}{2} & 0 & 0 \\ 0 & 0 & \cos\frac{\theta}{2} & i\sin\frac{\theta}{2} \\ 0 & 0 & i\sin\frac{\theta}{2} & \cos\frac{\theta}{2} \end{bmatrix}
$$

$$
R_{xx}(\theta) := \begin{bmatrix} \cos\theta & 0 & 0 & i\sin\theta \\ 0 & \cos\theta & -i\sin\theta & 0 \\ 0 & -i\sin\theta & \cos\theta & 0 \\ -i\sin\theta & 0 & 0 & \cos\theta \end{bmatrix}
$$

です．量子プログラミング環境（7.5節）によっては，これらの 2 量子ビットゲートをプログラム中で明示的に利用することも可能です．また，CNOT ゲートは実際のハードウェアに合わせて図 8.5 のように分解されて実行されることになります．

いずれの物理系を利用するにしろ，実験研究的に量子ビット数をじりじりと増やしてゆくことと，スケーラブルな誤り耐性量子コンピュータをいかに作るかとの間にはギャップがあります [10, 211]．工学的に現実的な実現化モデルや設計指針に基づいた物理系の取捨選択（複数の物理系や性質を組み合わせて使うハイブリッド系も含む）により基本素子を作り，アーキテクチャに基づいてスケーラビリティを確保する考え方が必要です [227]．光と量子ドットの系により誤り耐性トポロジカル量子計算モデルを実装するアーキテクチャの提案 [228] や，大規模量子

[*2] iSWAP ゲートは XY 相互作用，CR ゲートは ZX 相互作用，R_{xx} ゲートは XX 相互作用などとも呼ばれます．

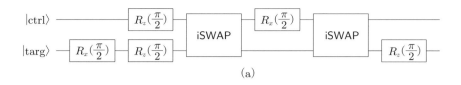

(a)

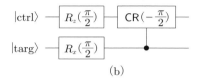

(b)

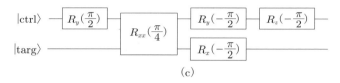

(c)

図 8.5　CNOT ゲートの実装方法

コンピュータへのスケーラビリティを考慮した超伝導量子ビット[229]やイオント
ラップ[230]での実験成果もあり，量子コンピュータを構成する基本モジュールの
構築が精力的に進められています．

　物理的なサイズにも注意が必要です．最先端の半導体微細加工技術は nm（10^{-9}m）
レベルに達していますが，量子ビット実装技術の典型的なサイズは（極微のイメー
ジとは裏腹に）μm（10^{-6}m）です．例えば，超伝導回路方式で使われるリング構
造の典型的なスケールは数十 μm です．イオントラップでは量子ビットそのもの
は原子ですから極微ですが，原子の間隔は数十 μm です．光子を利用する方式で
も，光学素子はやはり同様のサイズです．量子ビットは古典ビットと比べ面積当
たりのビット密度が数百万分の 1 ほどと効率が悪く，大規模な量子コンピュータ
のアーキテクチャを考えるうえで，物理的なサイズは忘れてはならない因子です．

 ## 8.3 マイクロアーキテクチャ

8.3.1 ヘテロなシステムの相互接続

　現代のコンピュータにおけるアーキテクチャ設計の役割と同様に，量子コンピュータ開発においても，各要素間のトレードオフの見極めと解決（妥協）は重要です．誤り耐性量子コンピュータは，古典・量子モジュールを両方ともつようなハイブリッドシステムであり，その効率的なアーキテクチャ設計には，量子-古典コンポーネント間の相互作用の最適化が必要です．

　マイクロアーキテクチャレベルでは，個々の量子ビットあるいは量子ビットのブロックの制御やそれらの要素間の相互接続・通信方法の決定が重要です．量子ビットのコピーはできず（2.4 節），遠く離れた量子ビット間での CNOT ゲートやテレポーテーションも高コストなため，古典とは異なる設計が求められます．

　量子コンピュータは量子-量子コンポーネントのヘテロなシステムにもなり得ます．例えば，単一の物理系からなる物理量子ビットを集積するのではなく，異なる量子系を用いて QPU 内の量子ビットを構成する試みもあります．磁束量子ビットとメモリストレージ要素を機能的に区別するようなチップ[231]や，制御性に優れる超伝導回路とコヒーレンス時間の長いマイクロ波光子の結合[232, 233]などが研究されています．

　また，超伝導量子ビット系では希釈冷凍機，イオントラップ系では真空チャンバ，光量子ビット系では光学定盤など，実装する物理系が置かれる環境には何らかのサイズ制限が生じます．物理系によってその限界値はさまざまですが，最終的な大規模化には複数のモジュールを量子通信でつないだ分散処理型のシステム構成が必要となると考えられます[229, 230]．したがって，大規模な誤り耐性量子コンピュータでは，個々の量子情報処理モジュール（これ自体もヘテロなシステム）の間での量子もつれや量子テレポーテーションを可能とする短距離の量子通信技術を確立する必要があるでしょう．

8.3.2　"古典"をもって量子を制する !?

　量子系の間の量子情報での通信に加えて，多くの場合，古典コンポーネントと量子コンポーネントからなるヘテロな系での古典系と量子系の間の相互作用が重要な設計項目です．例えば，"量子"プログラムといっても実際は 7.2.3 項で見たように，古典の命令流による QPU の制御や量子誤り訂正の操作（検出・訂正）など，量子コンピュータの状態制御はすべて古典的な制御で行われます．したがって，符号化や誤り訂正操作の高速化やデータ入出力の工夫など古典の情報処理の高速化も極めて重要です．量子回路（ディジタルの命令）とアナログの量子ビット制御信号との間のエンコード・デコード処理は，（古典の）アナログ・ディジタル変換や信号処理技術が大いに援用できそうです．

　オンチップデバイスの数を増やすインテグレーション技術も必要です．量子コンピュータでは，古典コンピュータと異なり個々の量子ビットを制御する必要がありますが，配線や制御装置が複数のラックマウントユニットにもなってしまうことは避けなければなりません．Si 貫通電極（Through-Silicon Via, TSV）やフリップチップボンディングなど量子チップと制御用チップの 2〜3 次元配置・配線など，これまでの半導体開発で培われてきた技術を最大限活用する動きも見られます [234, 235]．表面符号の実装を念頭にして量子ビットを 2 次元格子状に配置する場合には，中央部分の量子ビットへの配線アクセスの確保がスケーラビリティを考えるうえでの重要課題です [236]．I/O ピンの多重化，制御回路のオンチップ化，複数の量子ビットの制御 CPU の共有なども検討する必要があります．

　QPU 部分は CPU とは異なる環境下に置かれる場合も多いでしょう．例えば超伝導量子ビットでは QPU は希釈冷凍機環境下に置かれ，室温環境に設置されている制御・測定用機器と同軸ケーブルで接続されているなど，さながら物理実験室の様相です．冷凍機技術，高周波回路技術，FPGA による制御のハードウェア高速化などこれまで電気工学が扱ってきた要素技術のほか，極低温でも動作するアンプや AD 変換器などを Cryo-CMOS（極低温で動作する CMOS）や超伝導回路で作り込むというような取り組みもあります [237]．総じて 100〜数百量子ビットの中規模システムを精度良く制御するには，システムエンジニアリングへの多大な投資が必要でしょう．混合信号回路設計や極低温技術など，ここでも古典のエレクトロニクス技術が必要です．

8.3.3 量子誤り訂正がマイクロアーキテクチャを決める

　量子コンピュータと古典コンピュータでは，エラーの扱われ方が異なります．量子誤り訂正の対象は，まさに計算中のレジスタです．量子コンピュータでは，誤り訂正プログラムが常に動作している中で，符号化されたまま演算を進めるのでした（第6章）．量子誤り訂正の抽象化レイヤ内での位置づけには設計の余地がありますが，具体的なレイヤ構造をもつアーキテクチャ提案 [238] を参考にすると，命令セット（ISA）よりも抽象度の低い，古典コンピュータにおけるマイクロアーキテクチャのレベルが適切だろうと考えられます．量子誤り訂正符号は，ハードウェア層（物理）とソフトウェア層（論理）の境界に位置し，符号とその実装方法の選択が量子コンピュータシステムの全体構成を左右します．

　量子誤り訂正符号の選択には，**しきい値**（誤り訂正符号が機能するためにすべての物理操作が満たすべき精度）や**オーバーヘッド**（1論理量子ビットを構成するのに必要な物理量子ビット数）など，ハードウェア要求が重要視されます [*3]．オーバーヘッドは，物理エラー率，物理量子ビットのコヒーレント時間（メモリの寿命），アルゴリズムの要求する精度（論理エラー率）によって数十〜数千と変化します．物理エラー率はしきい値以下ならばなんでもよいわけではなく，物理エラー率が低ければ低いほど，より小さい符号距離でもアルゴリズムの要求する論理エラー率を達成でき，オーバーヘッドも小さくて済みます（**図8.6**）．

　量子誤り訂正は量子コンピュータシステムの巨大化を招くと同時に，動作速度にも大きな影響を及ぼします．誤りの検出・訂正はそれほど簡単な作業ではなく，量子コンピュータの処理能力の大半は，量子誤り訂正（やそれに伴って必要となる魔法状態蒸留）に使用されます．これらの処理に必要な時間は，1回の物理ゲートの動作時間をはるかに上回るため，論理ゲート速度は誤り訂正処理の分だけ物理ゲート速度よりも遅くなってしまいます．もちろん，それでも古典コンピュータよりも高速に計算を行うことは可能だと考えられています．

　このような事情から，量子コンピュータのマイクロアーキテクチャは，特定の種類の量子誤り訂正の実行を主たる目的として設計する必要があります．量子誤り訂正をある種のソフトウェア（ファームウェア）と捉えれば，その効率的な実

---

*3　量子ビットの欠損に対する堅牢性も符号を選定する上で重要な条件の一つです [239]．一方で，符号化率はあまり重視されません．これは，高い符号化率をもつブロックベースの量子誤り訂正では，ブロック内の量子ビットに対する任意の量子ゲート操作を高い忠実度で行うのが難しいことに由来します [224]．

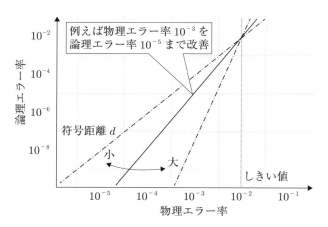

図 8.6　量子誤り訂正符号の概念図

行のためにマイクロアーキテクチャの最適化が必要と理解できます.

表 8.2 にこれまでに提案されたスケーラブルな量子コンピュータのためのマイクロアーキテクチャと量子誤り訂正符号の対応関係をまとめました[152].

イオントラップ系を中心に, [[7,1,3]] スティーン符号を用いたモジュール化の検討が長らく行われてきました[230, 240]. 超伝導回路など量子ビットの移動ができない物理系では, 1 次元配列を 2 本用意した bilinear アーキテクチャによる実装が検討されています[241, 242].

表面符号（6.5 節）のオーバーヘッドは小さくありませんが, しきい値の高さや, 最近接の量子ビット間のみの相互作用しか必要ないという実装性の良さから好まれています[12]. 表面符号の実装は量子ドット[238], ダイヤモンド NV センタ[243], 超伝導回路[244] など, さまざまな物理系を使うマイクロアーキテクチャが提案されています. いずれも, 物理量子ビットを 2 次元格子状に配列したユニットを基本構成とします. 光量子ビットを用いる系やダイヤモンド NV センタなどを物理実装として, **クラスタ状態** という特殊な量子状態を利用した量子計算モデル[245] での量子誤り訂正符号の実装提案もあります[228, 246].

量子誤り訂正符号としてはこのほかにも, 超伝導量子ビットと共振器の結合したハイブリッド系では**猫符号**が, イオントラップ系では**カラー符号**も検討されています[12, 247].

表 8.2 量子誤り訂正符号とマイクロアーキテクチャ
（文献 152) より引用・著者により和訳・一部加筆）

マイクロアーキ テクチャ	量子誤り訂正 符号	しきい値	量子ビット 間相互作用	物理実装 （想定）
QLA [240]	[[7,1,3]] スティーン符号	$O(10^{-4})$	任意（イオ ンの輸送）	イオントラップ
MUSIQC [230]				
bilinear [241]		$O(10^{-6})$	準 1 次元・ 最近接	P:Si (Kane)
bilinear [242]				超伝導回路
QuDOS [238]	表面符号 [248]	$O(10^{-2} \sim 10^{-3})$	2 次元・最 近接	量子ドット
DSCB [243]				ダイヤモンド
Multi-SIMD, Tiled [244]				超伝導回路
optical [246]	トポロジカルク ラスタ [245]	$O(10^{-2} \sim 10^{-3})$	3 次元・最 近接	光 子
photonic [228]				ダイヤモンド

（QLA: Quantum Logic Array, MUSIQC: modular universal scalable ion trap quantum computer, QuDOS: quantum dots with optically controlled spins, DSCB: dark spin chain data bus）

●COLUMN●

コラム 8.1　量子誤り訂正のスピード

　量子誤り訂正に必要な計算（古典の情報処理）の速度は，エラー耐性量子コンピュータの計算性能に大きな影響を及ぼします．誤り訂正符号上で実行されるゲート操作のサイクルは，物理的な量子ゲート操作のサイクルとは一致せず，誤り訂正の処理の分だけ余分に時間がかかります．具体的には，物理量子ビットの測定を行い，その測定結果を（古典コンピュータで）解析して誤りの位置と種類を特定し，訂正操作の制御信号を量子ビットに送り返す一連の情報処理です．

　物理ゲートサイクルから論理ゲートサイクルの変換係数は，実行する量子アルゴリズムに含まれるゲート操作の種類や，量子誤り訂正符号の選択，そして多くのマイクロアーキテクチャ要素に依存します．

　クラークらの分析 [249] では，イオントラップ量子コンピュータで，物理的な量子ゲートのサイクルが 10 μs，スティーン符号を用いた誤り訂正のサイクルが 1.6 ms のとき，論理ゲートのクロックサイクルは 260 ms と試算されています．

　また，古典コンピュータに送られるデータ量は，測定結果は物理量子ビット数やモジュールの物理的なクロック周波数（物理ゲートサイクル）によっては，無視できないものとなります．例えば，トポロジカル量子誤り訂正符号を用いた誤り耐性量子コンピュータで 2048 ビットの素因数分解（ショアのアルゴリズム）を実行するには数十 PB/s のデータを転送する必要もあるとされています [227]．

8.4 大規模システムの構築に向けて

8.4.1 2048 ビットの数を素因数分解するには・・・

　量子プログラムを実行するのに，どれくらいの規模の量子コンピュータが必要で，どのように構成する必要があるか，という問題は実際にはまだあまり検討されていません．ショアのアルゴリズム（4.1 節）は量子コンピュータのベンチマークにふさわしい量子プログラムですが，残念ながら実行するために必要となる量子コンピュータの性能は極めて高いことがわかっています．ベンチマークとなる2048 ビットの数を現実的な時間で素因数分解するのには，物理量子ビット数としては数千万 〜 数十億量子ビットが必要と考えられています [224, 238, 250]．

　文献 224) では，あるアーキテクチャの量子コンピュータで，ショアのアルゴリズムを使用して $L = 2048$ ビットの数を素因数分解するときに必要なリソース（量子ビット数）を次のように見積もっています．

- ・$6L$ 個の論理量子ビット：時間効率の良いアルゴリズムの実行用
- ・×8：魔法状態蒸留プロセス用のスペース（T ファクトリー）
- ・×1.33：システム内で論理量子ビットを移動するための配線スペース
- ・×10000：符号距離 $d = 56$ の表面符号 [245] のオーバーヘッド
- ・×4：デバイスの歩留まりを考慮

　T ファクトリーは，非クリフォードゲートである T ゲートの実行に必要な魔法状態（6.4 節）の作成のために，プログラマやコンパイラによって割り当てられた領域です．その大きさや位置は，物理エラー率や実行される量子プログラムのサイズ，ネイティブにサポートされる量子ゲートの種類などに依存します．

　配線スペースは表面符号の場合の値で，量子誤り訂正符号の方式に依存します（文献 224) によるとかなり過小評価されているそうです）．このような配線オーバーヘッドはコンパイラの最適化やプログラマが明示的に配線まで考慮してコーディングすることで小さくできそうです．

　符号距離 d は，アルゴリズムが要求する精度（今の場合およそ 10^{-15}）と物理エラー率（0.2%：表面符号のしきい値を下回っています）から，$d = 56$ と決まります．表面符号の場合には符号距離に対して d^2 で必要リソースは増加してしまい

ます（6.5 節）．物理エラー率が下がればこのオーバーヘッドは削減可能です．

　以上の計算から，必要となる物理量子ビット数は 60 億量子ビットと見積もられます．量子ビットの典型的なサイズは μm だったので，量子ビット部分だけのサイズはそれほど非現実的な値にはなりません[*4]が，この量子ビットをそれぞれ制御する周辺装置まで含めるとかなり大きく複雑なシステムのはずです．

　プログラムの最終的な実行時間は，プログラム中の論理量子ゲートの種類・量と，量子誤り訂正に必要な時間（に依存して決まる論理量子ゲートのクロック速度）によって決まります．この見積もりでの物理量子ゲートのサイクル時間は 100 ps ですが，$d = 56$ の表面符号の誤り訂正サイクル（すべてのシンドロームを測定するのに必要な時間）はおよそ 50 μs，最終的な論理 Toffoli ゲートの実行時間は 50 ms にもなってしまいます（周波数でいうと 20 Hz）．これではショアのアルゴリズムで 2048 ビットの数を素因数分解するのに年単位の時間がかかることになります．

　この量子誤り訂正サイクルは大量のシンドローム測定が律速しています．アーキテクチャの工夫によりシンドローム測定の並列性を向上させると，約 100 倍の高速化が可能だと報告されています[238]．量子コンピュータの演算性能は，実装技術や量子誤り訂正符号などアーキテクチャレベルでの最適化で何桁も向上する可能性があることを示唆しています．

表 8.3　量子コンピュータのクロック速度

	文献 249)	文献 224)	文献 238)
マイクロアーキテクチャ	QLA	DQCA	QuDOS
量子誤り訂正符号	[[7,1,3]]スティーン符号	トポロジカルクラスタ	表面符号
物理実装（想定）	イオントラップ	量子ドット	量子ドット
物理量子ゲート	10	0.0001	0.008
仮想マシン	-	-	0.032
量子誤り訂正	1600	50	0.256
論理量子ゲート	260000	50000	30

単位：μs

（DQCA: distributed quantum computation architecture）

[*4]　100 億個の量子ビットを 1 mm 間隔の正方格子で並べると 100 m 四方程度に収まります．

8.4.2　システムアーキテクチャ

　大規模な誤り耐性量子コンピュータの実現には，安定で十分な数の量子ビット
と高精度で高速なゲート操作の実現に加えて，サイズ（≤ 国立競技場ほど？）や開
発・製造コスト（≤ アポロ計画ほど？）などのエンジニアリング基準も必要です．
この意味で，Di Vincenzo 基準を満たすことは実験物理学者の責任ですが，後者
はコンピュータ科学者・技術者にも任せられているともいえるでしょう[224]．

　量子コンピュータアーキテクチャの概念は，2008 年頃に登場して以来，量子
ハードウェア技術の進展とともにその重要性が高まっています[238]．現在の研究
開発の主眼は，量子誤り訂正符号の実装に向けた，スケーラビリティのあるハー
ドウェア構成と，その設計方法論の構築です．誤り訂正符号は大規模な量子コン
ピュータのアーキテクチャ設計を大きく左右する影響度の高い要素です．

　量子コンピュータのシステムアーキテクチャ設計においては，ハードウェア設
計に必要となる要素の抽象度や相互作用の決定，リソース推定に基づくトレード
オフの最適化，ゲート分解や量子回路の最適化，命令セットアーキテクチャのデ
ザインなどの研究開発が進められています．スケーラビリティのあるハードウェ
ア構成としては，光と固体系を組み合わせた量子誤り訂正モデルに基づくシステ
ム設計の提案や，超伝導量子ビット，イオントラップ，ダイヤモンド NV センタ
と光など，さまざまなハードウェアプラットフォームでの検討・概念実証が進め
られています．

　論理量子ビットと物理量子ビットの境目にもなっている量子誤り訂正プログラ
ムの実行に関するサブコンパイラ，誤り訂正の高速データ処理など論理ビット処
理上の課題や，制御・測定処理に関するリソース推定・配分，制御信号のサブコ
ンパイラなど，コンピュータ科学の視点では萌芽的な状況といえます．

　総合的には，量子ビット・ゲートを実装する物理系の周辺エレクトロニクスや
光学系まで含めたユニット化・モジュール化と，インタフェースを工夫すること
によって，スケールアップを図るというのが一般的な考え方となるでしょう．大
規模化に伴って，システムの安定動作や故障時の修理・置換，システムレベルの
動作ばらつきの隠ぺい・仮想化，大規模システム固有の問題への対応も求められ
るようになります．ソフトウェアの面では，大規模な量子プログラムのデバッグ
の困難さが顕著になるので，分割して検証するなどの手法の開発も重要です．

第 9 章

量子コンピューティングで
ひらく未来

　　量子コンピュータの研究開発と実用化への期待は世界的な盛り上がりを見せています．Amazon, Google, IBM, Microsoft といった米 IT 企業が開発に参入, 多数のスタートアップも立ち上がりました．各国政府も巨額の研究開発投資を行っています．

　　これらのことは, "いよいよ実用化" との期待感を社会にもたらしましたが, 実際には量子コンピュータの開発はまだ基礎研究段階の長期テーマです．古典コンピュータに照らすと, ようやくバベッジの時代を抜け, ショックレーやミードとコンウェイ, あるいはランプソンの登場を待っている頃でしょうか．*1.

　　この章では, 量子コンピュータを "作る" "使う" の視点から量子コンピュータの可能性と課題を俯瞰し, 量子コンピュータの未来を探ります．

---

*1　筆者は, 量子コンピュータ版のクヌースやトーバルズ, ヘネシーとパターソンの登場を待ちわびています.

9.1　今後の技術発展をウォッチする

9.1.1　量子超越の実験検証

　量子アルゴリズムによる量子加速やそれにより古典コンピュータよりも高速であることを実験的に検証するにはどうすればよいでしょう？　現在の技術水準である 50 量子ビット程度の NISQ 量子コンピュータでは，スパコンとの計算時間の差が明らかになるような巨大な数の素因数分解はできないため，ショアのアルゴリズムの指数加速を実験で確かめるのは難しそうです．しかし，量子コンピュータにとって有利となる特殊な問題設定で，スパコンにある種の制約をかければ，量子コンピュータ実機との計算時間の差を強調できそうです．

　問題設定としては

i)　　　理論的・経験的に "難しい" といえる問題

ii)　　スパコンで高速に計算する方法はなさそうだと理論的に保証されている

iii)　　現実的な小規模量子コンピュータでも計算できる

iv)　　量子コンピュータの計算結果が正しいことを検証可能

であるような問題を上手に考える必要があります．実機に有利そうなのは，量子コンピュータの動作シミュレーションをスパコンに強制することです．

　量子コンピュータの動作の古典シミュレーションは，小さい量子ビット数なら手元の PC でも可能で，オープンソースのシミュレータも数多く公開されています（7.5 節）．ところが，少しサイズの大きい場合（例えば量子ビット数が 50）は，手に負えなくなります．何も工夫をしなければ，数 PB のメモリをもつようなスパコンが必要になってしまいます．もちろん，一部のデータをメモリに保持し繰り返し使うなどしてメモリを節約することもできますが，今度は計算に膨大な時間がかかってしまいます．いずれにせよ，量子コンピュータの動作のシミュレーションは，古典コンピュータにとって時間的・空間的に効率よく計算するのが難しい問題です．

　この困難さを足がかりに Google の研究チームが考えた巧妙な問題設定は**ランダム量子回路サンプリング**という計算タスクです [14]．彼らは 53 個の量子ビットが 2 次元正方格子状に並べられたチップを使い，1 量子ビットゲートと隣接する

量子ビット間の 2 量子ビットゲートをランダムに選んで繰り返すプログラムを実行し，最後に測定してビット列をサンプリングする実験を行いました．

このようなランダムな量子回路を実行した後，測定結果は 53 桁のビット列として出力されます．53 桁のビット列は全部で 2^{53}（約 9000 兆）通りあり，量子回路を実行して測定するたびに全く違ったビット列が出力されることになります．

さて，ビット列そのものには意味はなく，その出現確率の分布に意味があります．実は，2^{53} 通りのビット列のすべてが等確率で出現するのではなく，これらの状態の確率振幅に干渉が生じた結果，ある特定のビット列は他のビット列と比べて少しだけ高確率で出現することになります．このエラーがない理想的な場合の分布（Porter-Thomas 分布）と実験で得られたビット列の分布の比較には，クロスエントロピーベンチマーク $\mathcal{F}_{\mathrm{XEB}}$ が用いられました．これは n 量子ビットのランダム量子回路 U の実行結果の i 回目のサンプリングで得られたビット列を x_i として

$$\mathcal{F}_{\mathrm{XEB}} := 2^n \langle P(x_i) \rangle_i - 1$$

で計算されます．ここで，$\langle P(x_i) \rangle_i$ はサンプル数 N_s のとき，ビット列 x_i を得る確率 $P(x_i) := |\langle x_i | U | 00 \cdots 0 \rangle|^2$ の平均値 $\frac{1}{N_s} \sum_i^{N_s} P(x_i)$ です（例えば，2^n 通りのビット列が等確率で出現するのであれば $\langle P(x_i) \rangle_i = 1/2^n$ なので $\mathcal{F}_{\mathrm{XEB}} = 0$，理想的な Porter-Thomas 分布の場合には $\mathcal{F}_{\mathrm{XEB}} = 1$ です）．実験では，複数のランダム量子回路をそれぞれ 100 万回程度ずつ繰り返して測定結果を取り出し，その平均値 $\overline{\mathcal{F}}_{\mathrm{XEB}}$ を計算し，それが十分高い精度でスパコンによる計算結果と一致することを検証しました．

気になるのは，このランダム量子回路のサンプリングによって得られる統計分布の計算が古典コンピュータ（スパコン）にとってどの程度難しい問題なのか，ということです．実験では，43 量子ビットまではメモリ上にすべての量子状態ベクトルを保持するシュレディンガーアルゴリズムを，それ以上については，ファインマンの経路積分法のように特定パスの計算を行った後に最後に足しあげるシュレディンガー・ファインマンアルゴリズム[251] が用いられました．これらの古典シミュレーションアルゴリズムを Summit などのスパコンで実行して，ランダム量子回路を何度も実行して統計分布を得るのに必要な時間を見積もっています．つまり，古典コンピュータは $\mathcal{F}_{\mathrm{XEB}}$ の直接計算ではなく，量子回路のシミュレーションを通じてサンプルすることを強いられています．

　実験で用いられた $n = 53$，深さ 20 サイクルのランダム量子回路（1113 個の 1 量子ビットゲートと 430 個の 2 量子ビットゲートで構成される）の実行結果は，ベストの古典アルゴリズムを用いても現実的な時間内に $\mathcal{F}_{\mathrm{XEB}}$ を推定できず，量子回路を簡単にしたときの計算結果からの外挿として求めるほかありません．研究チームの見積もりでは，$n = 53$，深さ 20 サイクルのランダム量子回路を忠実度 0.1% でサンプリングするには約 1 万年かかるとされています．

　これに対し，実際の 53 量子ビットのチップでランダム量子回路を実行し 10^6 回サンプルするの必要な時間は 200 秒程度とされています[*2]．このスパコンで 1 万年もかかってしまうようなタスクが，量子コンピュータでは 200 秒で実行できたことをもって，量子超越を実験検証したとしています[*3]．

　これは，少なくともこの計算タスク（ランダム量子回路が出力する確率分布をある精度でサンプリングする）について，量子コンピュータの方がスパコンよりも高速な場合もあることを示しています．しかし，この計算タスクが，確率的チューリングマシンによって多項式時間で計算できない問題だという理論保証は不十分です[252]．したがって，この実験は 4.5 節で紹介した計算複雑性理論のアプローチでいう "量子超越" を実験検証したことにはならないと考えられます[253, 254]．

　スパコンによる計算時間についても，1 万年から改善できます．例えば，2 次記憶まで使って 53 量子ビットの状態ベクトルをすべてメモリ上に載せる方法で約 2.5 日[255]，テンソルネットワークを用いたアルゴリズムによって 20 日以下[256]（しかも小さいサイズの問題では実機よりも高速）などの見積もりが発表されています．実際の計算時間による比較では，アルゴリズムやマシンの更新の影響が大きく，今のサイズでは計算複雑性理論の漸近的な議論との対応もとりにくいため，万人がスッキリ納得できる量子加速の検証は今後もなかなか得られないように思われます．Google の研究チームの成果は，このような高忠実度のゲート操作と 53 量子ビットという集積度を兼ね備えたハードウェアが実現可能である，ということを示したという意味では，画期的な成果だといってよいでしょう．

[*2]　量子回路の忠実度はゲートの忠実度および測定操作の忠実度から $F = (0.9938)^{430} \times (0.9984)^{1113} \times (0.965)^{53} \sim 0.18\%$ と見積もられます．測定による $\mathcal{F}_{\mathrm{XEB}}$ のばらつきは $1/\sqrt{N_s}$ 程度ですからトータルで数百万回測定すれば十分といえます．ハードウェアのエラー率が十分に低くなければこの実験は非常に難しいことがわかります．

[*3]　サイズが小さく，フルでシミュレーションできるランダム量子回路については，シミュレーション結果と実験結果が良い精度で一致していることは確認されています．

9.1.2 量子コンピュータのベンチマーク

　量子コンピュータの研究開発は，多数の量子ビットを高精度に制御可能なまま集積化も行い，量子誤り訂正符号を利用して論理量子ビットを構成することの有効性の実証段階に入っています．そのため，量子ビットのコヒーレント時間に加え，量子ゲート操作の精度を実験的に評価する手法の確立が極めて重要です．ハードウェアの特性評価手法は QCVV（Quantum Characterization, Verification, and Validation）と呼ばれ [*4]，盛んに研究されています [258]．量子ゲート操作の忠実度を評価するための統計的推定手法には，**量子プロセストモグラフィー（QPT）** [259, 260] や Randomized Benchmarking（RB）[261, 262] があります．

　量子コンピュータでの演算は "初期化" "量子ゲート操作" "測定" の 3 段階から構成されますが，QPT はこの全体を一括で評価する方法，RB は量子ゲート操作を直接評価する手法です．近年のハードウェア実装技術の向上によって，初期化・測定の忠実度よりも高い量子ゲート忠実度が実現されるようになり，QPT ではゲートの忠実度のみを他と独立に評価することが難しいため，RB や類似した手法が多く用いられるようになりました [*5]．QPT は RB と比べて実行は大変ですが，RB では評価できないユニタリ行列の各成分の推定が可能です [258]．

　RB は以下のような流れでゲートの平均忠実度 $\overline{F}$ を評価します．

---

i)　　量子ビットを初期化する．

ii)　　ランダムに選んだ L 個のクリフォードゲートを作用させる．

iii)　ステップ ii) の逆演算に対応するクリフォードゲートを作用させる．

iv)　何回かプログラム実行・測定を繰り返し，正しい初期状態に戻っている平均成功確率 $\overline{p}'_L$ を求める．

v)　　異なった L についてステップ i)〜iv) を実行し，L についての関数 $Ap^L + B$ でのフィッティングにより求めた 1 ゲート当たり平均成功確率 p より，平均忠実度 $\overline{F} = (1 + p)/2$ を計算する．

---

*4　"量子状態の準備や変換（＝計算）が仕様どおり正しくできているか" を評価することは certification と呼ばれます．verification は量子計算の結果の正しさをチェックすることを意味します [257]．

*5　RB は推定に必要な計算コストは量子ビット数の多項式で済むというメリットもあり，ハードウェア実験でよく利用されています．

　エラーが全く生じない場合には，ステップ iii) の逆演算によって初期状態に戻るはずですが，ステップ ii) や iii) にエラーが生じていると正しい初期状態には戻らず，ステップ iv) で意図した初期状態以外の状態が測定されることになります.

　ある L について，ランダムに選ばれた K 種類のゲート列について実験を繰り返した測定結果の度数分布から，その量子回路を実行したときの平均成功確率

$$\overline{p'_L} = \frac{1}{K} \sum_{k=1}^{K} p'_{L,k}$$

が求まります. 量子ゲート操作を繰り返すと誤り確率は増加し，平均成功確率 $\overline{p'_L}$ は L について指数関数で減衰することになります [*6]. そこで，異なる L (例えば，$L = 2^\ell$ ($\ell = 1, 2, 3 \cdots$)) についてそれぞれ $\overline{p'_L}$ を実験で求め，関数 $y(L) := Ap^L + B$ でフィッティングすることにより，ゲート 1 回当たりの平均成功確率 p が求まります (初期化操作や測定におけるエラーは A, B に反映されます). 最終的な量子ゲートの平均忠実度は $\overline{F} = (1 + p)/2$ で計算されます.

　RB では X, Y, Z エラーが等確率で生じる **depolarizing error** モデルと，個別のエラーの発生にはそれまでに受けたエラーの影響はないという**マルコフ性**を仮定しています. この仮定は多くの量子誤り訂正符号の解析でも用いられ，理論から導かれるしきい値を満たすようにハードウェアを開発するときの指標として RB を使うことには一定の整合性があります. しかし，そもそも実際のハードウェアで生じるエラーが，この仮定を満たすかどうかは自明ではありません. そのためこの仮定が満たされないと考えられる場合には，RB による忠実度の評価も，ハードウェアが満たすべき量子誤り訂正しきい値も，両方とも信頼のおける値とはいえず，考え直す必要があるでしょう. 実際，時間相関のある (つまりマルコフ性を満たさない) ときには，マルコフ性を満たすモデルとは成功確率の分布が異なることも報告されています [263].

　個別の量子ビットや量子ゲートの性能を表す指標に加えて，ユーザが知りたいのは QPU や量子コンピュータの総合的な演算性能です. とくに，可能な限り実際に近いプログラムを実行したときの性能を，異なるアーキテクチャの QPU やマシン間で比較できるようなベンチマークが必要です.

　IBM の研究グループは量子プロセッサがアクセスできる状態空間の大きさを測

---

*6　RB では，ノイズの影響の仕方はクリフォードゲートの種類や作用する量子ビットの状態によらないことを仮定します.

定する**量子ボリューム**（Quantum Volume）と呼ばれる指標を導入しました[264]．n 量子ビット系は理論上 2^n 次元の状態空間（第 2 章）をもちますが，ノイズにさらされた量子ビットを有限の精度の量子ゲートで操作する実際のマシンでは，2^n 次元すべてにアクセスすることはできなくなると考え，量子ビットと量子ゲートの両方を評価する指標です．

テスト用のプログラムとしては，RB と同様のランダム量子回路が用いられ，量子ボリュームが 2^N であるとは，幅（量子ビット数）と深さ（ステップ数）が両方とも N であるようなランダム量子回路を確実に実行する能力があるということを意味します．これは QPU の性能の簡潔な要約としては優れた指標ですが，実際に使われる量子プログラム（特に第 5 章で見た変分法ベースのアルゴリズム）は，必ずしも幅と深さが等しいような量子回路ではありません．したがって，量子ボリュームが $2^8 = 256$ の 16 量子ビットのプロセッサについて**図 9.1** に示したように，幅と深さのさまざまな組合せの量子回路の実行結果の情報（成功確率の分布やその要約となるジニ係数のような指標）がユーザに提供されるのが望ましいでしょう[265]．

QPT ベースの手法もさまざまなものが提案されています．QPT は初期化・量子ゲート操作・測定のすべてを個別に評価でき，エラーモデルも depolarizing error 以外も扱うことができるなど，RB よりも一般的な枠組みです．しかし，利用する量子ゲート操作の一部の精度を（事前に）知っているという非現実的な仮定があり，実験では精度の高い推定が行えません．この問題を解決する**ゲートセットトモグラフィ**（GST）という手法が提案され[266–268]，Python のライブラリ[269]や実験[270–272]など研究が進められています[*7]．

RB あるいは QPT ベースのいずれのベンチマークを利用するにせよ，量子コンピュータをどのようなタスクに用い，どのような特性を重視するかによって，利用すべき指標は異なります．例えば，スパコンのランキング **TOP500** に利用される代表的なベンチマークである **LINPACK** は，密行列ソルバが連立 1 次方程式を解く部分（LU 分解）の計算性能を測る指標です．問題設定は，スパコンで稼働する実際のアプリケーションとは異なっており[273, 274]，より実問題に即したベンチマーク手法として，疎行列に対する線形ソルバ（共役勾配法）を利用した **HPCG** (High Performance Conjugate Gradients) も使われています．

[*7] 初期状態の密度行列の固有値の推定結果が負になるなど，推定結果が物理的でない推定結果を返すという欠点もあるようです．

　このほかにも，Quantum Benchmark 社による，実行可能なランダム量子回路の大きさの指標 QCAP（Quantum-circuit Capacity Assessment of Performance）の提案 [275, 276])や，典型的な量子サブルーチンの成功確率をメトリクスとする方法 [277]) など，ベンチマークとその利用法に関する研究開発が進められています．

　量子アルゴリズムが指数加速を示すための仮定が実際の問題設定でどの程度満たされているかや，コンパイラによる最適化も量子コンピュータの演算性能を大きく左右します．ベンチマーク指標により技術進歩を確認しながら量子コンピュータの研究開発を長期的に正しい方向に導くには，量子ビット数やゲート忠実度などの指標に加えて，End-to-End の指標も重要です [211])．実アプリケーションに近い問題設定の統合的な評価指標の必要性については，IEEE の標準化ワーキンググループで議論が始まっています [278])．

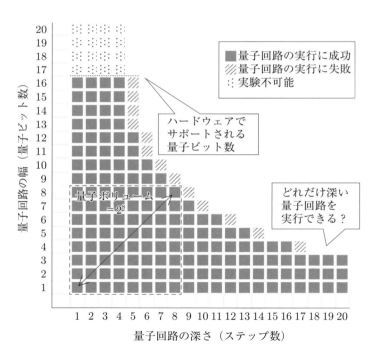

図 9.1 さまざまな量子回路を実行したときの成功確率分布
（文献 265) を参考に著者作成）

9.1.3 量子版ムーアの法則

量子コンピュータのスケールアップにムーアの法則のような指数関数的な向上が見込めるか，今のところよくわかっていません [*8]．ムーアの法則は，いくつかの "正のフィードバックループ" がはたらいた結果といえ，特に重要な好循環は，"チップ当たりのトランジスタ数の増加"→"コンピュータの性能向上"→"収益の指数関数的な増加"→"研究開発への再投資の増加"→"優秀な人材や周辺産業の集積"→"さらなる微細化・性能向上が可能に" というループです．

技術的な面で，微細化による性能向上の背後にあるのは**デナード則（デナードスケーリング）**です．これは，MOSFET のゲート寸法（ゲート長やゲート幅）を $1/k$ に縮小すると電流・電圧がそれぞれ $1/k$ になることから消費電力が $1/k^2$ になると同時に，回路遅延時間も $1/k$ になるため動作周波数は k 倍になるという，微細化の利点を表す法則です．つまり，MOSFET は小さく作りさえすれば，他の工夫なしに高速・低消費電力化できてしまうのです．

また，ムーアの法則の根底にある好循環には，市場成長を支えるエコシステムの醸成という側面もあります．集積回路産業はシリコンバレーを生み出し，ソフトウェアまで含めたコンピュータの能力を向上させ，市場を拡大させ続けました．そのことが，外部からの資金調達を容易にし，さらにはこの分野を活気付ける優秀な人材を惹きつけました．このようなコミュニティは未解決問題の解決を可能とし，コンピュータ産業の成長をさらに促し，それによってさらに多くの人々をこの地域に呼び寄せました．量子コンピュータの可能性を最大限に引き出すには，このような長期にわたって持続するエコシステムが不可欠です [13]．

誤り耐性量子コンピュータの実現には高度な技術水準が要求されますが，実用的なタスクを実行できることは間違いないので（第 4 章），長期的な時間軸をもつ政府・公的機関・財団や企業の基礎研究部門などは，この分野に投資し続けられると考えられます．一方で，NISQ 量子コンピュータに近い将来の商用利用が見込めない場合には，いわゆる "死の谷" の状態となり市場からの研究開発投資は過小となるので，やはり政府による支援が重要な役割を果たすでしょう．

量子コンピュータ版ムーアの法則が好循環を始めるには，少なくとも何らかのタスクについて今の量子コンピュータが古典コンピュータよりも優れていることを実証する必要があります．米国科学・工学・医学アカデミーの報告書では 2020

[*8] そもそも，量子誤り訂正が実装できなければスケーラブルではありません．

年代初頭までに商業的な NISQ 量子コンピュータのアプリケーションを開発することが，投資の好循環を始めるために不可欠であるとされています [13, 279]．また，政府が投資を続けるとしても，人材を呼び込むために技術的・経済的な中間マイルストーンを成功させることも重要だとしています．

図 9.2 に，これまでに報告された主な量子コンピュータの量子ビット数を発表年でプロットしました．超伝導回路とイオントラップのどちらの方式もここ数年でスケールアップに成功しています．いくつかの（楽観的な）量子版ムーア則も点線でプロットしておきました．ここからいえることは，今から 10 〜 20 年で 1000〜10000 量子ビットのマシンといかに向き合うかが，今後の誤り耐性量子コンピュータへの道のりを考えるうえで重要だろうということです．

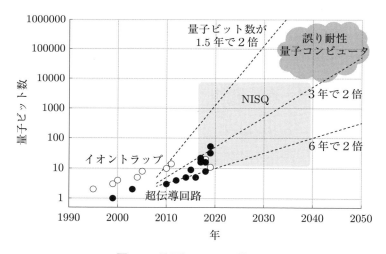

図 9.2　量子版ムーアの法則？

ただし，量子誤り訂正符号の導入なしに量子ビット数だけを闇雲に増加させても，演算性能は向上しません．NISQ 量子コンピュータをそのまま大きくしても誤り耐性量子コンピュータにはならず（8.1 節），誤り訂正符号のしきい値をある程度下回るまでは制御の高精度化と量子ビットの集積化の同時達成が必要です．Google のハードウェア開発を指揮していたマルティニスは，(1) 量子超越の実証，(2) 応用の探索，(3) 誤り訂正符号の実装，(4) フルの量子コンピュータ（＝誤り耐性量子コンピュータ）の順番に進める開発戦略を 2018 年に発表していました [280]．

●COLUMN●

コラム 9.1　量子コンピュータと暗号

　誤り耐性量子コンピュータの実現がもたらす最も大きな社会的インパクトは，暗号システムの切り替えの加速です[281]．量子コンピュータによる攻撃の（可能性の）影響を最も大きく受けるのは公開鍵暗号の方式としてよく用いられる RSA 暗号や，Diffie-Hellman 鍵交換アルゴリズムです[282]．これらの暗号の安全性は，それぞれ素因数分解や離散対数問題の困難さに依拠しています．

　現在安全とされる 2048 ビットの RSA 暗号鍵（10 進数で 617 桁の数）であっても，誤り耐性量子コンピュータなら数分 ～ 数時間で素因数分解することも理論的には可能です[224, 238, 250]．ショアのアルゴリズムの計算量は $O(N^3)$ なので，鍵長を 8 倍に伸ばしたところで，計算時間は 2048 ビットを解く場合に必要な時間の $8^3 = 512$ 倍にしかなりません．一方，古典ベストのアルゴリズムである数体ふるい法では，鍵長を 8 倍にすると計算必要時間は 32 万倍以上となり，量子コンピュータが登場しなければ鍵長を少しずつ長くしてゆくだけで，スパコンの性能向上（10 年で 1000 倍）にも十分対応できます．

　このことは，量子コンピュータによる攻撃に対して公開鍵暗号の計算量的な安全性を確保するためには，もはや問題設定を変更するしか対策がないということです．米国の国立標準技術研究所（NIST）は，2048 ビットの RSA 暗号の安全性は 2030 年までは確保できる[283] としつつも，耐量子コンピュータ暗号の標準化プロジェクトを開始しています[284]．

　なお，共通鍵暗号に用いられる AES 暗号はグローバーの検索アルゴリズムで攻撃可能ですが，鍵長を数倍に長くすれば量子コンピュータによる攻撃に対しても現在のコンピュータによる攻撃に対するのと同程度の安全性が担保されます（表9.1）．

表 9.1　主な量子コンピュータによる攻撃と対策

	代表例	量子攻撃	対　策
共通鍵暗号	AES 暗号	グローバーのアルゴリズム（共通鍵を総当たりで探索）	鍵長を 2～3 倍に長くする
公開鍵暗号	RSA 暗号，楕円曲線暗号	ショアのアルゴリズム（位数発見問題を多項式時間で解く）	耐量子コンピュータ暗号への移行

9.2 量子コンピュータサイエンス！？

　ショアのアルゴリズムやグローバーのアルゴリズムなどの明らかに有用な量子アルゴリズムと，現在利用できる NISQ 量子コンピュータのマシン性能には大きなギャップがあります．この "アルゴリズム・マシン間ギャップ"[211] を埋めるには，これまで以上に，コンピュータサイエンスや電子工学の専門知識が量子コンピューティング分野に入ってくることが重要と考えられます．

　このような分野はまだ確立していませんが，仮に名前をつけるとしたら**量子コンピュータサイエンス**でしょうか．ここには，高級言語やコンパイラの設計，プログラムのデバッグ，スケーラブルな計算機アーキテクチャ，量子誤り訂正や量子データ入出力を考慮したマイクロアーキテクチャ，コンピュータ工学など，さまざまなものが含まれるでしょう．以下にいくつかの例を示します．

　理論・アルゴリズム　近い将来の NISQ 量子コンピュータで利用可能な量子ビット数とゲート忠実度でも有用なタスクに利用できる新しいタイプのアルゴリズムが必要です．第5章で紹介した NISQ アルゴリズムは，古典版と比べて優れている保証は不十分であり，良い問題設定が鍵になると考えられます．乱数発生や信号処理など単純なものでもよいので，産業界の量子コンピュータ導入を促す説得力のある**キラーアプリ**の探索も必要です．新しい量子誤り訂正符号や T ゲート利用量の軽減，計算量クラスの関係の解明など，理論の取組みはこれからも重要でしょう．

　プログラミング　NISQ 量子コンピュータの厳しいリソース制約を満たすようなプログラミングを可能とする，表現力の高い言語やコンパイル手法の開発はすぐにでも必要です．リソースが十分になってくると，抽象度を確保してプログラミングの生産性を上げられる高級言語も必要になるでしょう．言語とコンパイラの開発のほか，最適化（近似）された量子回路の正しさをどう検証するか，どのようなライブラリを用意するか，など数多くの課題がコンピュータサイエンスの挑戦を待ち受けています．

デバッグ・検証 方法論やツールの開発が必要です．特にセキュリティや安全性を重視する応用では，プログラム検証が常に求められます．形式検証や自動証明によるアプローチが考えられますが，全体をシミュレーションできないような大規模な量子プログラムを検証する新しい手法も必要です．設計・開発プロセスの正しさによって量子ソフトウェアの正しさを評価する V&V のようなしくみも必要でしょう．また，クラウド上の量子コンピュータが期待どおりに正しく動作していることを検証する方法や，プログラムやデータを秘匿したままで量子計算を実行する**ブラインド量子計算**なども，将来的な量子コンピュータサービスを考えるうえで重要です．

アーキテクチャ 量子誤り訂正符号も含め，どのような物理系を選択し，機能ユニットやパイプラインをどのように設計すればスケーラビリティを確保できるか，現時点での最適解ははっきりしていません．誤り耐性量子コンピュータは，古典・量子モジュールを両方ともつようなヘテロなシステムで，システムアーキテクチャ設計には，量子部分と古典部分との間のさまざまな抽象度レベルでの相互作用を最適化する必要があります．

古典コンピュータにおけるアーキテクチャ設計の役割と同様に，量子コンピュータ開発においても，各要素間のトレードオフの見極めと解決（妥協）が重要です．スケーラブルなシステムの構築に必要となる，抽象度レイヤの設計とレイヤ間インタフェースの設計，抽象度レイヤ内での最適化など重要な研究開発テーマがいくつもあります．

ハードウェア開発と並行して，量子コンピュータの性能や信頼性のメトリクスと，それらを推定・測定するベンチマークのプロトコル開発も行う必要があります．特に，実アプリケーションに近い問題設定のベンチマークは，ハードウェア設計の指針を提供することになるでしょう．

　研究開発の充実に加えて，量子コンピュータサイエンスのコミュニティの充実・多様化と，さまざまな役割のプレーヤーがエコシステムとして機能することが重要です [10]．シミュレータを含むソフトウェア開発プラットフォームの充実は，コンピュータサイエンスや電子工学の専門性をもった多くの人の参入を促すと期待されます．また，学術的な量子コンピュータ研究者と産業界との多くの交流・共同作業が急務です．学術研究者は量子コンピュータ利用にメリットがある現実の問題について理解を深める必要があり，その逆に，産業界の研究者・技術者・投資家は量子コンピュータの可能性と限界の両方をよく理解して，短期・長期的な投資判断を下すことが求められます [210]．設計，配線，パッケージング，材料，製造プロセスなどに関する知見の多くは産業界にあり，その面でも量子コンピュータの実用化には企業とアカデミアの連携が不可欠でしょう．

　また，量子ソフトウェアの作成・開発の訓練を受けた人材の不足も課題です．量子のルールに慣れた人材の養成が量子コンピュータサイエンスの社会インパクトのカギを握っています．現時点で十分な知識やスキルをもつ人材のプールは小さく，大学と企業の両方で教育・訓練プログラムを開発する必要があります．教科書，大学での講義，オンラインコースのほか草の根的な勉強会などすでに多くの取組みがありますが，さらに組織的・系統的に行われる必要があるでしょう．

　今後 50 年の間には，量子コンピュータと，量子センサや量子インターネットなどの量子技術を組み合わせた**量子 ICT** を自由自在に使いこなす時代となるでしょう *9．高度な基礎科学的成果を理解し，それを起点にしながらも量子システムをインテグレートして価値形成できるアーキテクト人材の育成も重要です．

　アカデミアと産業界が協力して，今後も成長を続ける量子技術産業の中での仕事に適した教育・訓練プログラムを開発・提供する必要があります．量子技術・サービスの品質管理，ソフトウェア工学，エンジニアリング，コンサルティングなどに必要となるスキルは今後明らかになるでしょう．量子 ICT 技術者を必要とする組織とそれらを教育できる組織との間での緊密な連携が必要です [10]．

---

*9　量子技術や量子情報の考え方を自由自在に使いこなせる人を**量子ネイティブ**とも呼びます [285]．

量子コンピュータ実現までのマイルストーン

スケーラブルな量子コンピュータの実現には長い時間がかかり、今は多様な実現方法が検討されている段階のため、ある目標が何年ごろに達成されるかを予想するのは困難です。ここでは、量子コンピュータの進歩を多くの人が確認・評価するための枠組みとしてのマイルストーンをいくつか紹介しましょう（**図 9.3**）.

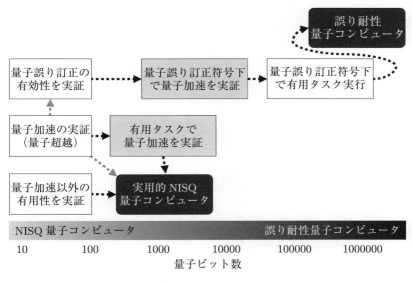

図 9.3 マイルストーン
（文献 13) を参考に著者作成）

直近の重要なマイルストーンは量子加速の実験実証でしょう。Google の研究チームによる結果 14) の研究コミュニティでの評価はまだ定まっていませんが、基本的な構図はこのままに、理論的・実験的な抜け穴を塞いで証拠をより強力にすることは重要です。並行して、商業的に有用な NISQ 量子コンピュータの実現も重要なマイルストーンです。達成には、ハイブリッドアルゴリズムの開発や良い問題設定の探索なども必要で、理論・実験の両面で量子超越の検証よりも困難に思われますが、NISQ 量子コンピュータのアナログ性を活かした応用が見つかる

可能性は十分あります.

　有用なタスクでの量子加速の実証は,多くの人を勇気付けるマイルストーンです.例えば,超伝導体や磁石などの物質の量子力学的な性質を,100〜1000量子ビットの規模の NISQ 量子コンピュータによって高速かつ十分な精度でシミュレーションできることの実証が挙げられます.この計算タスクは,高度な制御技術が要求されるものの,明らかに有用です.実装は,量子シミュレータの形態に近いかもしれません [*10].

　また,量子誤り訂正の有効性の実証も重要なマイルストーンです.量子誤り訂正符号により,複数個の物理量子ビットから1個の論理量子ビットを構成し,元の物理エラー率よりも低いエラー率で計算できることを実験検証する必要があります.これは,誤り耐性量子コンピュータ実現に向けた極めて重要なステップです[12].小規模な系で報告されているしきい値以下のエラー率を,数十量子ビット規模に拡大したときに維持できるかどうかが重要です[13].

　そして,量子超越と量子誤り訂正の同じ実験系での実証は,非常に重要な意味をもつものとなるでしょう.例えば,ランダム量子回路のサンプリングを物理量子ビットで実験したよりもはるかに高い忠実度(例えば10%など)で行うことです.これには物理量子ビット数は 5000〜10000 量子ビット程度は必要でしょう.

　誤り耐性量子コンピュータの大規模化には現在の技術水準から見て操作精度や実装精度などに何万倍もの性能向上が必要ですが,実現を妨げる原理的な障壁はありません.いくつかのマイルストーンを達成しながら,ハードウェア,ソフトウェア,ツールなどが共に進歩してゆく中で,徐々にスケールアップしてゆくと予想されます.各種の実装方法には一長一短あり,量子誤り訂正符号やアーキテクチャの選択肢は一時的に多様化し,どこかで少数の有力なアーキテクチャに収束するでしょう.

　また,大規模化に伴い,システムの安定動作や故障時の修理・置換,システムレベルの動作ばらつきの隠ぺい・仮想化,大規模システム固有の問題への対応も求められるようになります.プログラミングを効率化するツールチェーンもいっそう重要になり,適切な抽象度の高級言語が新しい量子アルゴリズムの発見に貢献するようになるでしょう.

---

*10 Google の研究チームの定義では,これは量子超越とは呼びません[14].

9.4 量子インターネット

インターネットが世界中のコンピュータをつないだように，量子コンピュータなどの量子情報処理機器をノードとして，量子データをやりとりできる量子通信ネットワークで結んだ，**量子インターネット**（**表 9.2**）を考えることができます[286]．量子インターネットを通じた量子もつれ（2.4.1 項）の効率的な分配は，暗号鍵の安全な配送，クラウド上の量子コンピュータへの安全なアクセス，あるいは原子時計の同期や超長基線の望遠鏡構築など，さまざまな応用が期待されています[287]．また，量子テレポーテーション（2.4 節）を通じたノード間での量子データの送受信や，複数の量子コンピュータによる分散型計算も可能になるでしょう[*11].

表 9.2　インターネットと量子インターネット

		データ	
		古 典	量 子
通 信	古 典	インターネット	-
	量 子	量子暗号鍵配送（QKD）	量子インターネット

量子インターネットの物理レイヤを担う光ファイバネットワークでは，長距離になると光学損失が無視できなくなります．光ファイバを通じた P2P の量子通信は 400 km 程度まで実証実験が行われていますが，1 個の光子を 100 km の光ファイバで伝送するときの成功確率はおよそ 1%ほどで，距離に対して指数関数で成功確率が小さくなるため，このままではスケールアップは困難です．

同様の量子通信ネットワークを利用して（古典の）暗号鍵を安全に共有するしくみである**量子暗号鍵配送**（Quantum Key Distribution, QKD）は世界各地で実証実験がなされ，その長距離化は "安全な局舎"[*12]を介して行われます．

量子インターネットの構築には**量子中継器**が鍵となります．現在の光ファイバネットワークにも光学損失を補償するための中継機が使われていますが，No-

---

*11　エンタングルメントは測定型量子計算の計算リソースでもあります[16, 17, 288]．

*12　1 回の通信で光子が届く距離（約 100 km）ごとに局舎でリレーします．通信路の安全性は量子力学（＝量子ビットは観測すると変化し，コピーも不可能）が担保していますが，局舎は量子力学以外の方法で護る必要があります[289, 290]．

Cloning 定理（2.4 節）により量子ビットのコピーが禁じられているため，この（古典の）中継機のしくみは量子中継機に転用できません．量子通信には量子通信用の中継機が必要です [291]．

　量子中継機は，ノード-中継機間での量子もつれ（これは光ファイバを通じて行われます）を送信者-受信者間の量子もつれに変換します．これにより，送信者-受信者間に直接の光ファイバ接続がなくても，隣接する中継機との光ファイバ接続だけを使って，バケツリレー的に長距離の量子もつれを確立できます．量子中継機の重要性は情報理論の側面からも示唆されています [292]．

　量子中継機の実現には，通信に用いられる光子の量子状態を物質量子メモリに転写する方式と，光子だけで行う方式の 2 つのアプローチが知られています [291]．前者のアプローチでは，各種の物質量子メモリの候補系（ダイヤモンド NV センタや原子・イオンなど）におけるコヒーレンス時間や操作精度の向上に加えて，これらの系から光子への量子転写・量子メディア変換技術の高度化が課題です．また，量子コンピュータ同様に量子誤り訂正符号の実装も必要です．後者は，単一光子源・検出器・線形光学素子などの光デバイスだけで量子中継機を実現します [293]．この方式の重要課題の 1 つはエンタングル状態の光子の効率的な生成とされ，高効率な光子源や低損失の光集積回路の開発など，光デバイス研究開発をさらに発展させる必要があるでしょう．

　量子インターネットの構築をめぐる世界的な研究開発競争が始まっています．中国では，量子通信用の人工衛星の打ち上げに成功し，1000 km を超えるリレー型の量子ネットワークも構築しています．今後は，多体の量子もつれの実装・制御や分散量子プロトコルの開発など量子ネットワークの設計・制御やその上で動作するソフトウェアの開発など，コンピュータサイエンスの視点を含む実証的研究が重要になるでしょう．欧州では将来の標準化まで見据えた "Quantum Internet Allience" というプロジェクトも開始されました [294]．

9.5 **量子前提社会に向けて**

　2050 年頃には，量子インターネットや量子センサなどの量子技術や従来の ICT（情報通信技術）と量子コンピュータを自由自在に組み合わせて使いこなす，"量子前提社会" が到来するでしょう．インターネットやコンピュータの存在を前提とした現在の情報化社会のように，将来は量子技術が身の回りで当たり前の技術として使われるようになると期待されます．量子コンピュータはそれ単体ではなく，クラウドやスマホなど現代の ICT と適材適所に組み合わせて使われることで，私たちのくらしに大きな変革をもたらすでしょう．

　このような量子 ICT 応用の鍵は，各種の量子技術をつなぐ**量子インタフェース**でしょう．例えば，現在想定されている量子コンピュータではデータはすべて量子ゲート操作（CPU からの制御）を通して量子ビットに入力され，量子データを直接入力できません（7.2.3 項）．量子コンピュータに量子データを入出力できれば，量子センサからの量子データを小型量子コンピュータで処理する量子 IoT システムや，複数の QPU で量子データをシェアしながら量子計算を行う分散型量子コンピュータなど，さまざまな応用の道も開かれます．古典データの量子データへの効率的なエンコードは多くのアルゴリズムの高速性の前提にもなっており，量子データを用いる機械学習タスクは明らかに量子コンピュータに有利な問題設定です．量子データの入出力にはメディア変換技術や量子情報制御言語など，さまざまなブレークスルーが必要です．

　量子コンピュータは当面，従来のコンピュータと協調して複雑な計算に挑むアクセラレータとして使われるでしょう．また量子コンピュータは私たちのくらしだけでなく，科学の世界にも大きなインパクトを及ぼすと考えられます．量子前提社会とは，量子コンピュータを研究するのではなく，量子コンピュータで研究する時代でもあるのです．量子コンピュータ，量子センサ，量子インターネットの無数の組合せの中に，誰も思いつかなかった全く新しい使い方がまだ掘り起こされず，私たちの発見を待っているはずです．

おわりに

　"IT エンジニアがデスクに置いて読むような量子コンピュータの教科書" がほしいという話をいただき執筆した本書ですが，私は量子コンピュータの "企画展" を作るつもりで書きました．

　まさか自分が書くことになるなどとは思わず，最初の打合せでは "洋書では良い本が出ている．まずはニールセン＆チャン邦訳版の復刊を" と冷ややかに対応したように記憶しています．しかし何度かのやりとりを経て，求められている書籍が，日頃感じていた物理とコンピュータサイエンスとの溝に橋をかける一助になるかもと思い直し，筆を執ることにしました．

　全体の流れと章立てを決め，さまざまな文献を参考にして少しずつ執筆してゆく作業は，企画展で扱うテーマを 1 つひとつ吟味していくのに似ていました．私自身は量子コンピュータの研究者ではなく，世界中の研究者・技術者の努力によるたくさんの "発見" や "工夫" の積み重ねをひと続きのストーリーとしてキュレーションしたつもりです．そういうわけで，私にとってこの本は "企画展" なのです．

　当初の目標がどの程度達成されたかは読者の皆様に委ねようと思います．欲張りな性分のため，"用語だけでも覚えて欲しい" と説明不十分のまま無理にねじ込んだような部分も多数あったと思います．

　本は読者があって初めて完成するものだと思います（これも，展示と同じですね）．本書は，読者の皆様がそれぞれに好みのトピックスを見つけ，気づきや考えを誰か別の人と話したり，また家に持ち帰って一人で落ち着いて考えてみる，別の本や論文でより詳しく見てみる，などに使っていただいてはじめて完成します．つまり，このページは "おわりに" ではなく，読者の皆様の量子コンピュータライフの "はじめに" でもあるわけです．

　このたびはお読みいただき誠にありがとうございました．

謝辞

　本書の査読を快く引き受けてくださった小野寺民也さん，藤井啓祐さんに厚く御礼申し上げます．計算間違いや勘違いの多い筆者の拙い原稿を細かな点まで見ていいただき，"このほうが読者にとって親切では？" という読者のことを私よりも考えられたコメントの数々に感銘を受けました．

　束野仁政さん，山崎清仁さんには "意欲ある IT エンジニア目線" で試読していただき，たくさんの有益なコメントをいただきました．ここに感謝申し上げます．また，書籍に全く不慣れでわからないことだらけの筆者に本書執筆の機会をくださった木下泰三さん，情報処理学会 出版委員会，株式会社オーム社編集局の方々には常に励ましの言葉で支えていただきました．この場を借りて御礼申し上げます．

参 考 文 献

1) M. A. Nielsen, I. L. Chuang (著), 木村達也 (訳). 量子コンピュータと量子通信. オーム社, 2004.

2) M. A. Nielsen and I. L. Chuang. *Quantum Computation and Quantum Information*. Cambridge University Press, tenth anniversary edition, 2011.

3) 科学技術振興機構研究開発戦略センター. 戦略プロポーザル「革新的コンピューティング～計算ドメイン志向による基盤技術の創出～」. CRDS-FY2017-SP-02, 2018.

4) J. L. Hennessy and D. A. Patterson. *Computer architecture: a quantitative approach*, chapter Domain Specific Architectures. Elsevier, sixth edition, 2018.

5) T. M. Conte, et al. Rebooting computing: The road ahead. *Computer*, Vol. 50, pp.20–29, 2017.

6) Y. Nakamura, Y. A. Pashkin, and J. S. Tsai. Coherent control of macroscopic quantum states in a single-cooper-pair box. *Nature*, Vol. 398, pp.786–788, 1999.

7) D-wave systems inc. https://www.dwavesys.com/home.

8) R. Barends, et al. Superconducting quantum circuits at the surface code threshold for fault tolerance. *Nature*, Vol. 508, p.500, 2014.

9) 阿部英介, 伊藤公平. 固体量子情報デバイスの現状と将来展望. 応用物理, Vol. 86, No. 6, p.454, 2017.

10) 科学技術振興機構研究開発戦略センター. 戦略プロポーザル「みんなの量子コンピューター～情報・数理・電子工学と拓く新しい量子アプリ～」. CRDS-FY2018-SP-04, 2018.

11) J. Preskill. Quantum computing in the NISQ era and beyond. *Quantum*, Vol. 2, p.79, 2018.

12) E. T. Campbell, B. M. Terhal, and C. Vuillot. Roads towards fault-tolerant universal quantum computation. *Nature*, Vol. 549, pp.172–179, 2017.

13) National Academies of Sciences, Engineering, and Medicine. *Quantum Computing Progress and Prospects*. The Narional Academies Press, 2019.

14) F. Arute, et al. Quantum supremacy using a programmable superconducting processor. *Nature*, Vol. 574, pp.505–510, 2019.

15) T. Häner, et al. A software methodology for compiling quantum programs. *Quantum Sci. Technol.*, Vol. 3, No. 2, p.020501, 2018.

16) R. Jozsa. An introduction to measurement based quantum computation. arXiv:quant-ph/0508124, 2005.

17) D. Gottesman and I. L. Chuang. Quantum teleportation is a universal computational primitive. *Nature*, Vol. 402, pp.390–393, 1999.

18) T. Häner, et al. Quantum circuits for floating-point arithmetic. In *the 10th International Conference on Reversible Computation (RC 2018)*, pp.162–174, 2018.

19) M. Schuld and F. Petruccione. *Supervised Learning with Quantum Computers.* Springer, 1st edition, 2018.

20) K. Mitarai, M. Kitagawa, and K. Fujii. Quantum analog-digital conversion. *Phys. Rev. A*, Vol. 99, p.012301, 2019.

21) E. Johnston, N. Harrigan, and M. Gimeno-Segovia. *Programming Quantum Computers: Essential Algorithms and Code Samples.* O'Reilly, 2019.

22) V. Giovannetti, S. Lloyd, and L. Maccone. Quantum random access memory. *Phys. Rev. Lett.*, Vol. 100, p.160501, 2008.

23) A. Prakash. *Quantum Algorithms for Linear Algebra and Machine Learning.* PhD thesis, EECS Department, University of California, Berkeley, 2014.

24) B. D. Clader, B. C. Jacobs, and C. R. Sprouse. Preconditioned quantum linear system algorithm. *Phys. Rev. Lett.*, Vol. 110, p.250504, 2013.

25) 御手洗光祐. 京大基研量子情報スクール用ノート. https://www2.yukawa.kyoto-u.ac.jp/~qischool2019/mitaraiCTO.pdf.

26) L. Grover and T. Rudolph. Creating superpositions that correspond to efficiently integrable probability distributions. arXiv:quant-ph/0208112, 2002.

27) I. Kerenidis and A. Prakash. Quantum recommendation systems. arXiv:1603.08675, 2016.

28) E. Bernstein and U. Vazirani. Quantum complexity theory. In *The 25th ACM Symposium on the Theory of Computing (STOC '93)*, pp.11–20, 1993.

29) X. Zhou, D. W. Leung, and I. L. Chuang. The swap test and the hong-ou-mandel effect are equivalent. *Phys. Rev. A*, Vol. 87, p.052330, 2013.

30) L. Cincio, et al. Learning the quantum algorithm for state overlap. *New J. Phys.*, Vol. 20, p.113022, 2018.

31) M. Dobšíček, et al. Arbitrary accuracy iterative quantum phase estimation algorithm using a single ancillary qubit: A two-qubit benchmark. *Phys. Rev. A*, Vol. 76, p.030306(R), 2007.

32) R. P. Feynman. Simulating physics with computers. *Int. J. Theor. Phys.*, Vol. 21, pp.467–488, 1982.

33) S. Lloyd, M. Mohseni, and P. Rebentrost. Quantum principal component analysis. *Nat. Phys.*, Vol. 10, pp.631–633, 2014.

34) Quantum Algorithm Zoo. https://quantumalgorithmzoo.org/.

35) D. Beckman, et al. Efficient networks for quantum factoring. *Phys. Rev. A*, Vol. 54, p.1034, 1996.

36) V. Vedral, A. Barenco, and A. Ekert. Quantum networks for elementary arithmetic operations. *Phys. Rev. A*, Vol. 54, p.147, 1996.

37) A. Szabo, N. S. Ostlund(著), 大野公男, 望月祐志, 阪井健男 (訳). 新しい量子化学—電子構造の理論入門〈上〉〈下〉. 東京大学出版会, 1987.

38) 平尾公彦 (監修), 武次徹也 (編著). 新版 すぐできる 量子化学計算ビギナーズマニュア

ル. 講談社, 2015.

39) D. S. ショール (著), J. A. ステッケル (著), 佐々木 泰造 (翻訳), 末原 茂 (翻訳). 密度汎関数理論入門: 理論とその応用. 吉岡書店, 2014.

40) 常田貴夫. 密度汎関数法の基礎. 講談社, 2012.

41) 猪木慶治, 川合光. 量子力学 I・II. 講談社, 1994.

42) A. Aspuru-Guzik, et al. Simulated quantum computation of molecular energies. *Science*, Vol. 309, No. 5741, pp.1704–1707, 2005.

43) D. Wecker, et al. Gate-count estimates for performing quantum chemistry on small quantum computers. *Phys. Rev. A*, Vol. 90, p.022305, 2014.

44) R. Babbush, et al. Exponentially more precise quantum simulation of fermions in the configuration interaction representation. *Quantum Sci. Technol.*, Vol. 3, p.015006, 2018.

45) J. T. Seeley, M. J. Richard, and P. J. Love. The Bravyi-Kitaev transformation for quantum computation of electronic structure. *J. Chem. Phys.*, Vol. 137, p.224109, 2012.

46) OpenFermion. https://github.com/quantumlib/OpenFermion.

47) A. Tranter, et al. A comparison of the Bravyi-Kitaev and Jordan-Wigner transformations for the quantum simulation of quantum chemistry. *J. Chem. Theory Comput.*, Vol. 14, No. 11, pp.5617–5630, 2018.

48) Y. Cao, et al. Quantum chemistry in the age of quantum computing. *Chem. Rev.*, Vol. 119, No. 19, pp.10856–10915, 2019.

49) D. W. Berry, et al. Simulating hamiltonian dynamics with a truncated Taylor series. *Phys. Rev. Lett.*, Vol. 114, p.090502, 2015.

50) M. Reiher, et al. Elucidating reaction mechanisms on quantum computers. *PNAS*, Vol. 114, pp.7555–7560, 2017.

51) R. Babbush, et al. Encoding electronic spectra in quantum circuits with linear t complexity. *Phys. Rev. X*, Vol. 8, p.041015, 2018.

52) K. Sugisaki, et al. Quantum chemistry on quantum computers: A method for preparation of multiconfigurational wave functions on quantum computers without performing post-Hartree-Fock calculations. *ACS Cent Sci.*, Vol. 5, No. 1, pp.167–175, 2019.

53) P. O'Malley, et al. Scalable quantum simulation of molecular energies. *Phys. Rev. X*, Vol. 6, p.031007, 2016.

54) Quantum Native Dojo. https://dojo.qulacs.org/ja/latest/.

55) R. Babbush, et al. Chemical basis of Trotter-Suzuki errors in quantum chemistry simulation. *Phys. Rev. A*, Vol. 91, p.022311, 2015.

56) 伊庭斉志. C による探索プログラミング-基礎から遺伝的アルゴリズムまで. オーム社, 2008.

57) T. コルメン, R. リベスト, C. シュタイン, C. ライザーソン (著), 浅野哲夫, 岩野和生, 梅尾博司, 山下雅史, 和田幸一 (訳). アルゴリズムイントロダクション 第 1 巻: 基礎・ソート・データ構造・数学. 近代科学社, 2012.

58) 渡部有隆, Ozy, 秋葉拓哉. プログラミングコンテスト攻略のためのアルゴリズムとデータ構造. マイナビ, 2015.

59) M. Boyer, et al. Tight bounds on quantum searching. *Fortsch. Phys.*, Vol. 46, pp.493–506, 1998.

60) 宋剛秀, 番原睦則, 田村直之, 鍋島英知. SAT ソルバーの最新動向と利用技術. コンピュータソフトウェア, Vol. 35, pp.72–92, 2018.

61) T. Schoening. A probabilistic algorithm for k-SAT and constraint satisfaction problems. In *The 40th Annual Symposium on Foundations of Computer Science (FOCS 1999)*, pp.410–414, 1999.

62) B. Selmana, D. G.Mitchell, and H. J.Levesque. Generating hard satisfiability problems. *Artif. Intell.*, Vol. 81, pp.17–29, 1996.

63) 平井有三. はじめてのパターン認識. 森北出版, 2012.

64) C. M. ビショップ（著）, 元田 浩, 栗田多喜夫, 樋口知之, 松本裕治, 村田昇（監訳）. パターン認識と機械学習（上・下）. 丸善出版, 2012.

65) 麻生英樹, 安田宗樹, 前田新一, 岡野原大輔, 岡谷貴之, 久保陽太郎, ボレガラダヌシカ（著）, 神嶌敏弘（編）, 人工知能学会（監修）. 深層学習 Deep Learning. 近代科学社, 2015.

66) 岡谷貴之. 深層学習 (機械学習プロフェッショナルシリーズ). 講談社, 2015.

67) 増田知彰. 図解速習 DEEP LEARNING. シーアンドアール研究所, 2019.

68) D. Silver, et al. Mastering the game of go with deep neural networks and tree search. *Nature*, Vol. 529, pp.484–489, 2016.

69) I. W. Tsang, J. T. Kwok, and P.-M. Cheung. Core vector machines: Fast SVM training on very large data sets. *J. Mach. Learn. Res.*, Vol. 6, pp.363–392, 2005.

70) A. Abdiansah and R. Wardoyo. Time complexity analysis of support vector machines (SVM) in LIBSVM. *Int. J. Comput. Appl.*, Vol. 128, pp.28–34, 2015.

71) A. W. Harrow, A. Hassidim, and S. Lloyd. Quantum algorithm for linear systems of equations. *Phys. Rev. Lett.*, Vol. 103, p.150502, 2009.

72) 日本応用数理学会（監修）, 櫻井鉄也, 松尾宇泰, 片桐 孝洋（編）. 数値線形代数の数理とHPC. 共立出版, 2018.

73) P. Wittek. *Quantum Machine Learning*. Elsevier, 2014.

74) J. Biamonte, et al. Quantum machine learning. *Nature*, Vol. 549, p.195, 2017.

75) P. W. Shor. Polynomial-time algorithms for prime factorization and discrete logarithms on a quantum computer. *SIAM J. Comput.*, Vol. 26, No. 5, pp.1484–1509, 1997.

76) B. P. Lanyon, et al. Towards quantum chemistry on a quantum computer. *Nat. Chem.*, Vol. 2, pp.106–111, 2010.

77) L. K. Grover. A fast quantum mechanical algorithm for database search. In *The 28th Annual ACM Symposium on the Theory of Computing (STOC '96)*, pp.212–219, 1996.

78) N. Wiebe, D. Braun, and S. Lloyd. Quantum algorithm for data fitting. *Phys. Rev. Lett.*, Vol. 109, p.050505, 2012.

79) M. Schuld, I. Sinayskiy, and F. Petruccione. Prediction by linear regression

on a quantum computer. *Phys. Rev. A*, Vol. 94, p.022342, 2016.

80) N. Wiebe, A. Kapoor, and K. Svore. Quantum algorithms for nearest-neighbor methods for supervised and unsupervised learning. *Quantum Inf. Comput.*, Vol. 15, No. 3-4, pp.0318–0358, 2015.

81) D. Anguita, et al. Quantum optimization for training support vector machines. *Neural Netw.*, Vol. 16, No. 5, pp.763–770, 2003.

82) P. Rebentrost, M. Mohseni, and S. Lloyd. Quantum support vector machine for big data classification. *Phys. Rev. Lett.*, Vol. 113, p.130503, 2014.

83) S. Lloyd, M. Mohseni, and P. Rebentrost. Quantum algorithms for supervised and unsupervised machine learning, 2013.

84) E. Aïmeur, G. Brassard, and S. Gambs. Quantum speed-up for unsupervised learning. *Mach. Learn.*, Vol. 90, No. 2, pp.261–287, 2013.

85) D. Dong, et al. Quantum reinforcement learning. *IEEE Transactions on Systems Man and Cybernetics Part B: Cybernetics*, Vol. 38, No. 5, pp.1207–1220, 2008.

86) V. Dunjko, J. M. Taylor, and H. J. Briegel. Quantum-enhanced machine learning. *Phys. Rev. Lett.*, Vol. 117, p.130501, 2016.

87) S. Jerbi, et al. Quantum Enhancements for Deep Reinforcement Learning in Large Spaces. PRX Quantum, Vol. 2, p.010328, 2021.

88) A. M. Childs. On the relationship between continuous- and discrete-time quantum walk. *Commun. Math. Phys.*, Vol. 294, pp.581–603, 2010.

89) 森前智行. 量子計算理論 量子コンピュータの原理. 森北出版, 2017.

90) J. Watrous. Meyers R. (*eds*) *Encyclopedia of Complexity and Systems Science*, chapter Quantum Computational Complexity. Springer, 2009.

91) C. H. Bennett, et al. Strengths and weaknesses of quantum computing. *SIAM J. Comput.*, Vol. 26, No. 5, pp.1510–1523, 1997.

92) A. Y. Kitaev, A. Shen, and M. N. Vyayli. *Classical and Quantum Computation*. American Mathematical Society, 1st edition, 2002.

93) J. Kempe, A. Kitaev, and O. Regev. The complexity of the local hamiltonian problem. *SIAM J. Comput.*, Vol. 35(5), pp.1070–1097, 2006.

94) A. D. Bookatz. QMA-complete problems. *Quantum Inf. Comput.*, Vol. 14, pp.5–6, 2014.

95) A. W. Harrow and A. Montanaro. Quantum computational supremacy. *Nature*, Vol. 549, p.203, 2017.

96) 森前智行. 量子計算で出来ること・出来ないこと. 日本物理学会誌, Vol. 74, No. 2, pp.98–101, 2019.

97) M. J. Bremner, R. Jozsa, and D. J. Shepherd. Classical simulation of commuting quantum computations implies collapse of the polynomial hierarchy. *Proc. R. Soc. A.*, Vol. 467, pp.459–472, 2010.

98) S. Aaronson. Quantum computing, postselection, and probabilistic polynomial-time. *Proc. R. Soc. A.*, Vol. 461, pp.3473–3482, 2005.

99) S. Aaronson and A. Arkhipov. The computational complexity of linear optics.

In *The 43rd Annual ACM symposium on Theory of computing* (*STOC '11*), pp.333–342, 2011.

100) B. M. Terhal and D. P. DiVincenzo. Adaptive quantum computation, constant depth quantum circuits and Arthur-Merlin games. *Quant. Inf. Comp.*, Vol. 4, No. 2, pp.134–145, 2004.

101) T. Morimae, K. Fujii, and J. F. Fitzsimons. Hardness of classically simulating the one-clean-qubit model. *Phys. Rev. Lett.*, Vol. 112, p.130502, 2014.

102) A. Bouland, et al. Quantum supremacy and the complexity of random circuit sampling. arXiv:1803.04402, 2018.

103) Y. Kurashige and T. Yanai. Second-order perturbation theory with a density matrix renormalization group self-consistent field reference function: Theory and application to the study of chromium dimer. *J. Chem. Phys.*, Vol. 135, p.094104, 2011.

104) A. Peruzzo, et al. A variational eigenvalue solver on a photonic quantum processor. *Nat. Commun*, Vol. 5, p.4213, 2014.

105) J. Romero, et al. Strategies for quantum computing molecular energies using the unitary coupled cluster ansatz. *Quantum Sci. Technol.*, Vol. 4, p.014008, 2019.

106) A. Kandala, et al. Hardware-efficient variational quantum eigensolver for small molecules and quantum magnets. *Nature*, Vol. 549, p.242, 2017.

107) I. H. Kim and B. Swingle. Robust entanglement renormalization on a noisy quantum computer. arXiv:1711.07500, 2017.

108) Pierre-Luc Dallaire-Demers, et al. Low-depth circuit ansatz for preparing correlated fermionic states on a quantum computer. *Quantum Sci. Technol.*, Vol. 4, p.045005, 2019.

109) S. McArdle, et al. Digital quantum simulation of molecular vibrations. *Chem. Sci.*, Vol. 10, p.5275, 2019.

110) J. Lee, et al. Generalized Unitary Coupled Cluster Wave functions for Quantum Computation. J. Chem. Theory Comput., Vol. 15, No. 1, pp.311–324, 2019.

111) J. R. McClean, et al. Hybrid quantum-classical hierarchy for mitigation of decoherence and determination of excited states. *Phys. Rev. A*, Vol. 95, p.042308, 2017.

112) T. Jones, et al. Variational quantum algorithms for discovering hamiltonian spectra. *Phys. Rev. A*, Vol. 99, p.062304, 2019.

113) K. M. Nakanishi, K. Mitarai, and K. Fujii. Subspace-search variational quantum eigensolver for excited states. *Phys. Rev. Res.*, Vol. 1, p.033062, 2019.

114) 御手洗光祐, 藤井啓祐. 量子コンピュータを用いた変分アルゴリズムと機械学習. 日本物理学会誌, Vol. 74, No. 9, p.604, 2019.

115) E. Farhi, J. Goldstone, and S. Gutmann. A quantum approximate optimization algorithm. arXiv:1411.4028, 2014.

116) J. S. Otterbach, et al. Unsupervised machine learning on a hybrid quantum computer. arXiv:1712.05771, 2017.

117) M. X. Goemans and D. P. Williamson. Improved approximation algorithms for maximum cut and satisfiability problems using semidefinite programming. *Journal of the ACM*, Vol. 42, pp.1115–1145, 1995.

118) The University of Waterloo. The traveling salesman problem. `http://www.math.uwaterloo.ca/tsp/index.html`.

119) S. Hadfield, et al. From the quantum approximate optimization algorithm to a quantum alternating operator ansatz. *Algorithms*, Vol. 12, p. 34, 2019.

120) A. Lucas. Ising formulations of many NP problems. *Front. Phys.*, Vol. 2, p. 5, 2014.

121) M. P. Harrigan et al. Quantum approximate optimization of non-planar graph problems on a planar superconducting processor. Nat. Phys., Vol. 17, pp.332–336, 2021.

122) E. Farhi, J. Goldstone, and S. Gutmann. A quantum approximate optimization algorithm applied to a bounded occurrence constraint problem. arXiv:1412.6062, 2014.

123) T. Kadowaki and H. Nishimori. Quantum annealing in the transverse Ising model. *Phys. Rev. E*, Vol. 58, p.5355, 1998.

124) Y. Li and S. C. Benjamin. Efficient variational quantum simulator incorporating active error minimization. *Phys. Rev. X*, Vol. 7, p.021050, 2017.

125) K. Mitarai, et al. Quantum circuit learning. *Phys. Rev. A*, Vol. 98, p.032309, 2018.

126) M. Benedetti, et al. Parameterized quantum circuits as machine learning models. *Quantum Sci. Technol.*, Vol. 4, p.043001, 2019.

127) V. Havlíček, et al. Supervised learning with quantum-enhanced feature spaces. *Nature*, Vol. 567, pp.209–212, 2019.

128) J. C. Spall. Adaptive stochastic approximation by the simultaneous perturbation method. *IEEE Transaction on Automatic Control*, Vol. 45, p.1839, 2000.

129) P.-L. Dallaire-Demers and N. Killoran. Quantum generative adversarial networks. *Phys. Rev. A*, Vol. 98, p.012324, 2018.

130) M. Benedetti, et al. A generative modeling approach for benchmarking and training shallow quantum circuits. *npj Quantum Inf.*, Vol. 5, p. 45, 2019.

131) M. Schuld, et al. Circuit-centric quantum classifiers. *Phys. Rev. A*, Vol. 101, p.032308, 2020.

132) Google. TensorFlow Quantum. `https://www.tensorflow.org/quantum`.

133) Xanadu. PennyLane. `https://pennylane.ai/`.

134) Xanadu. PennyLane Documentation. `https://pennylane.readthedocs.io/en/latest/`.

135) I. Cong, S. Choi, and M. D. Lukin. Quantum convolutional neural networks. *Nat. Phys.*, Vol. 15, pp.1273–1278, 2019.

136) M. Broughton, et al. TensorFlow Quantum: A software framework for quantum machine learning. arXiv:2003.02989, 2020.

137) G. Vidal. Class of quantum many-body states that can be efficiently simulated. *Phys. Rev. Lett.*, Vol. 101, p.110501, 2008.

138) R. Shwartz-Ziv and N. Tishby. Opening the black box of deep neural networks via information. arXiv:1703.00810, 2017.

139) F. Tacchino, et al. An artificial neuron implemented on an actual quantum processor. *npj Quantum Inf.*, Vol. 5, p. 26, 2019.

140) C. Zoufal, A. Lucchi, and S. Woerner. Quantum generative adversarial networks for learning and loading random distributions. *npj Quantum Inf.*, Vol. 5, p.103, 2019.

141) K. E. Hamilton, E. F. Dumitrescu, and R. C. Pooser. Generative model benchmarks for superconducting qubits. *Phys. Rev. A*, Vol. 99, p.062323, 2019.

142) D. Zhu, et al. Training of quantum circuits on a hybrid quantum computer. *Sci. Adv.*, Vol. 5, p.eaaw9918, 2019.

143) Y. Ding, et al. Experimental implementation of a quantum autoencoder via quantum adders. *Adv. Quantum Technol.*, Vol. 2, p.1800065, 2019.

144) J. Li, et al. Hybrid quantum-classical approach to quantum optimal control. *Phys. Rev. Lett.*, Vol. 118, p.150503, 2017.

145) M. Schuld, et al. Evaluating analytic gradients on quantum hardware. *Phys. Rev. A*, Vol. 99, p.032331, 2019.

146) G. E. Crooks. Gradients of parameterized quantum gates using the parameter-shift rule and gate decomposition. arXiv:1905.13311, 2019.

147) R. Sweke, et al. Stochastic gradient descent for hybrid quantum-classical optimization. Quantum, Vol. 4, p.314, 2020.

148) R. Laflamme, et al. Perfect quantum error correcting code. *Phys. Rev. Lett.*, Vol. 77, p.198, 1996.

149) E. Knill and R. Laflamme. Theory of quantum error-correcting codes. *Phys. Rev. A*, Vol. 55, p.900, 1997.

150) S. Aaronson and D. Gottesman. Improved simulation of stabilizer circuits. *Phys. Rev. A*, Vol. 70, p.052328, 2004.

151) X. Zhou, D. W. Leung, and I. L. Chuang. Methodology for quantum logic gate construction. *Phys. Rev. A*, Vol. 62, p.052316, 2000.

152) S. J. Devitt, K. Nemoto, and W. J. Munro. Quantum error correction for beginners. *Rep. Prog. Phys.*, Vol. 76, p.076001, 2013.

153) A. Paler, et al. Fault-tolerant, high-level quantum circuits: form, compilation and description. *Quantum Sci. Technol.*, Vol. 2, No. 2, p.025003, 2017.

154) K. Fujii. *Quantum Computation with Topological Codes: from qubit to topological fault-tolerance*. Springer, 2015.

155) A. G. Fowler, et al. Surface codes: Towards practical large-scale quantum computation. *Phys. Rev. A*, Vol. 86, p.032324, 2012.

156) A. Y. Kitaev. Fault-tolerant quantum computation by anyons. Ann. Phys., Vol. 303, No. 1, pp.2–30, 2003.

157) R. Raussendorf and J. Harrington. Fault-tolerant quantum computation with high threshold in two dimensions. *Phys. Rev. Lett.*, Vol. 98, No. 19, p.190504, 2007.

158) J. Edmonds. Paths, trees, and flowers. *Canad. J. Math.*, Vol. 17, p.449, 1965.

159) E. Dennis, et al. Topological quantum memory. *J. Math. Phys.*, Vol. 43, pp.4452–4505, 2002.

160) P. Baireuther, et al. Machine-learning-assisted correction of correlated qubit errors in a topological code. *Quantum*, Vol. 2, p. 48, 2018.

161) K. Fujii and Y. Tokunaga. Error and loss tolerances of surface codes with general lattice structures. *Phys. Rev. A*, Vol. 86, p.020303(R), 2012.

162) C. Horsman, et al. Surface code quantum computing by lattice surgery. *New J. Phys.*, Vol. 14, p.123011, 2012.

163) D. Herr, F. Nori, and S. J Devitt. Lattice surgery translation for quantum computation. *New J. Phys.*, Vol. 19, p.013034, 2017.

164) A. G. Fowler and C. Gidney. Low overhead quantum computation using lattice surgery. arXiv:1808.06709, 2018.

165) N. Nisan(著), S. Schocken(著), 斎藤 康毅 (訳). コンピュータシステムの理論と実装 -モダンなコンピュータの作り方. オライリー・ジャパン, 2015.

166) J. L. Hennessy and D. A. Patterson. A new golden age for computer architecture. *Commun. ACM*, Vol. 62, pp.48–60, 2019.

167) F. T. Chong, D. Franklin, and M. Martonosi. Programming languages and compiler design for realistic quantum hardware. *Nature*, Vol. 549, p.180, 2017.

168) 蓮尾一郎, 星野直彦. 量子プログラミング言語. 情報処理, Vol. 55, No. 7, p.710, 2014.

169) A. W. Cross, et al. Open quantum assembly language. arXiv:1707.03429, 2017.

170) R. S. Smith, M. J. Curtis, and W. J. Zeng. A practical quantum instruction set architecture. arXiv:1608.03355, 2016.

171) M. Ying （著）, 川辺治之 （訳）. 量子プログラミングの基礎. 共立出版, 2017.

172) 日本ソフトウェア科学会. 機械学習工学研究会. `https://sites.google.com/view/sig-mlse`.

173) B. Ömer. QCL - a programming language for quantum computers. `http://tph.tuwien.ac.at/~oemer/qcl.html`.

174) R. LaRose. Overview and comparison of gate level quantum software platforms. *Quantum*, Vol. 3, p.130, 2019.

175) IBM. Qiskit. `https://qiskit.org/`.

176) Rigetti Computing. pyQuil. `https://pyquil-docs.rigetti.com/en/stable/`.

177) The Cirq Developers. Cirq. `https://cirq.readthedocs.io/en/stable/`.

178) Project Q. `https://projectq.ch/`.

179) T. Altenkirch, A. S. Green, (ed.) S. Gay, and I. Mackie. *Semantic Techniques*

in *Quantum Computation*, chapter 5, p.173. Cambridge University Press, 2010.

180) B. Valiron, et al. Programming the quantum future. *Commun. ACM*, Vol. 58, No. 8, p. 52, 2015.

181) A. van Tonder. A lambda calculus for quantum computation. *SIAM J. Comput.*, Vol. 33, p.1109, 2004.

182) P. Selinger and B. Valiron. A lambda calculus for quantum computation with classical control. *Math. Struct. Comp. Sci.*, Vol. 16, p.527, 2006.

183) Microsoft. The Q# Programming Language. https://docs.microsoft.com/en-us/quantum/language/.

184) A. S. Green, et al. An introduction to quantum programming in quipper. *Lecture Notes in Computer Science*, pp.110–124, 2013.

185) Y. Ding and F. T. Chong. *Quantum Computer Systems: Research for Noisy Intermediate-Scale Quantum Computers*. Morgan & Claypool, 2020.

186) M. Oskin, et al. Building quantum wires: The long and the short of it. In *IEEE the 30th Annual International Symposium on Computer Architecture (ISCA '03)*, pp.374–385, 2003.

187) S. Khatri, et al. Quantum-assisted quantum compiling. *Quantum*, Vol. 3, p.140, 2019.

188) A. Javadi-Abhari, et al. ScaffCC: Scalable compilation and analysis of quantum programs. *Parallel Comput.*, Vol. 45, pp.2–17, 2015.

189) IBM, Qiskit Terra API Reference. https://qiskit.org/documentation/apidoc/terra.html

190) S. S. Tannu and M. K. Qureshi. Not all qubits are created equal: A case for variability-aware policies for NISQ-era quantum computers. In *ACM the 24th International Conference on Architectural Support for Programming Languages and Operating Systems (ASPLOS '19)*, pp. 987–999, 2019.

191) Y. Ding, et al. Square: Strategic quantum ancilla reuse for modular quantum programs via cost-effective uncomputation. In *The 47th Annual International Symposium on Computer Architecture (ISCA '20)*, 2020.

192) P. Murali, et al. Software mitigation of crosstalk on noisy intermediate-scale quantum computers. In *ACM the 25th International Conference on Architectural Support for Programming Languages and Operating Systems (ASPLOS '20)*, pp. 1001–1016, 2020.

193) J. Heckey, et al. Compiler management of communication and parallelism for quantum computation. In *The 20th Int. Conf. on Architectural Support for Programming Languages and Operating Systems (ASPLOS '15)*, p.445, 2015.

194) D. Kudrow, et al. Quantum rotations: a case study in static and dynamic machine-code generation for quantum computers. In *The 40th Ann. Int. Symp. on Computer Architecture (ISCA '13)*, p.166, 2013.

195) Z. Sasanian and D. M. Miller. Reversible and quantum circuit optimization: A functional approach. In *The 4th International Workshop on Reversible Computation*

(*RC 2012*), pp.112–124, 2013.

196) B. Giles and P. Selinger. Exact synthesis of multiqubit clifford $+ T$ circuits. *Phys. Rev. A*, Vol. 87, p.032332, 2013.

197) X. Zhou, D. W. Leung, and I. L. Chuang. Methodology for quantum logic gate constructions. *Phys. Rev. A*, Vol. 62, p.052316, 2000.

198) N. J. Ross and P. Selinger. Optimal ancilla-free clifford$+T$ approximation of z-rotations. *Quantum Inf. Comput.*, Vol. 16, pp.901–953, 2016.

199) M. Amy, D. Maslov, and M. Mosca. Polynomial-time T-depth optimization of clifford$+T$ circuits via matroid partitioning. *IEEE Trans. Comput.-Aided Des. Integr. Circuits Syst.*, Vol. 33, pp.1476–1489, 2014.

200) S. J. Devitt, et al. Requirements for fault-tolerant factoring on an atom-optics quantum computer. *Nat. Commun.*, Vol. 4, p.2524, 2013.

201) 山下茂, 松尾惇士. 量子回路設計と最適化. オペレーションズ・リサーチ, Vol. 63, No. 6, p.342, 2018.

202) A. Matsuo and S. Yamashita. Changing the gate order for optimal LNN conversion. In *The 3rd International Workshop on Reversible Computation* (*RC 2011*), pp.89–101, 2011.

203) A. Lye, R. Wille, and R. Drechsler. Determining the minimal number of swap gates for multi-dimensional nearest neighbor quantum circuits. In *The 20th Asia and South Pacific Design Automation Conference* (*ASP-DAC 2015*), pp.178–183, 2015.

204) D. Ruffinelli and B. Barán. Linear nearest neighbor optimization in quantum circuits: A multiobjective perspective. *Quantum Inf. Process.*, Vol. 16, pp.1–26, 2017.

205) A. D. Corcoles, et al. Challenges and opportunities of near-term quantum computing systems. *Proc. IEEE*, Vol. 108, No. 8, pp.1338–1352, 2020.

206) IBM Research Blog (September 18, 2019). Quantum computation center opens. `https://www.ibm.com/blogs/research/2019/09/quantum-computation-center/`.

207) Rigetti Computing. Introduction to quantum cloud services. `https://www.rigetti.com/qcs-docs`.

208) F. Arute, et al. Supplementary information for "quantum supremacy using a programmable superconducting processor". *Nature*, Vol. 574, pp.505–510, 2019.

209) IBM. Qiskit developer challenge. `https://qe-awards.mybluemix.net/`.

210) QuSoft. Quantum Software Manifesto. `http://www.qusoft.org/quantum-software-manifesto/`.

211) M. Martonosi and M. Roetteler. Computing Community Consortium (CCC) workshop report: Next steps in quantum computing: Computer science's role. arXiv:1903.10541, 2019.

212) Y. Huang and M. Martonosi. Statistical assertions for validating patterns and

finding bugs in quantum programs. In *The 46th Annual International Symposium on Computer Architecture* (*ISCA '19*), p. 22, 2019.

213) S. Bravyi and D. Gosset. Improved classical simulation of quantum circuits dominated by clifford gates. *Phys. Rev. Lett.*, Vol. 116, p.250501, 2016.

214) E. Ardeshir-Larijani, S. J. Gay, and R. Nagarajan. Verification of concurrent quantum protocols by equivalence checking. In *The 20th International Conference on Tools and Algorithms for the Construction and Analysis of Systems* (*TACAS*), p.500, 2014.

215) Y. Li, N. Yu, and M. Ying. Termination of nondeterministic quantum programs. *Acta Informatica*, Vol. 51, p. 1, 2014.

216) J. Liu, et al. Formal verification of quantum algorithms using quantum Hoare logic. In *The 31st International Conference on Computer Aided Verification* (*CAV*), p.187, 2019.

217) Microsoft. The Microsoft Quantum Development Kit. `https://www.microsoft.com/en-us/quantum/development-kit`.

218) Rigetti Computing. `https://www.rigetti.com/`.

219) Learn quantum computation using Qiskit. `https://qiskit.org/textbook/preface.html`.

220) PennyLane QML Demos. `https://pennylane.ai/qml/demonstrations.html`.

221) D. P. DiVincenzo. The physical implementation of quantum computation. arXiv:quant-ph/0002077, 2000.

222) R. Van Meter. Architecture of a quantum multicomputer optimized for Shor's factoring algorithm. *Ph.D. thesis, Keio University*, 2006.

223) 科学技術振興機構研究開発戦略センター. 科学技術未来戦略ワークショップ報告書「みんなの量子コンピューター〜情報・数理・物理で拓く新しい量子アプリ〜」. CRDS-FY2018-WR-09, 2018.

224) R. Van Meter and C. Horsman. A blueprint for building a quantum computer. *Commun. ACM*, Vol. 56, No. 10, p. 84, 2013.

225) M. H. Devoret, A. Wallraff, and J. M. Martinis. Superconducting qubits: A short review. arXiv:cond-mat/0411174, 2004.

226) 古田彩. クラウド時代の幕開け. 日経サイエンス, Vol. 48, No. 4, p. 33, 2018.

227) 根本香絵, S. Devitt, W. J. Munro. スケーラブル量子コンピュータの最先端と量子情報技術の展望. 情報処理, Vol. 55, No. 7, p.702, 2014.

228) K. Nemoto, et al. Photonic architecture for scalable quantum information processing in NV-diamond. *Phys. Rev. X*, Vol. 4, p.031022, 2014.

229) K. S. Chou, et al. Deterministic teleportation of a quantum gate between two logical qubits. *Nature*, Vol. 561, pp.368–373, 2018.

230) C. Monroe, et al. Large-scale modular quantum-computer architecture with atomic memory and photonic interconnects. *Phys. Rev. A*, Vol. 89, p.022317, 2014.

231) M. Mariantoni, et al. Implementing the quantum von Neumann architecture

with superconducting circuits. *Science*, Vol. 334, pp.61–65, 2011.

232) A. Wallraff, et al. Strong coupling of a single photon to a superconducting qubit using circuit quantum electrodynamics. *Science*, Vol. 431, pp.162–167, 2004.

233) M. H. Devoret and R. J. Schoelkopf. Superconducting circuits for quantum information: An outlook. *Science*, Vol. 339, pp.1169–1174, 2013.

234) 田渕豊, 杉山太香典, 中村泰信. 超伝導技術を用いた量子コンピュータの開発動向と展望. 電子情報通信学会誌, Vol. 101, No. 4, pp.400–405, 2018.

235) 向井寛人, 朝永顕成, 蔡兆申. 超伝導量子コンピュータの基礎と最先端. 低温工学, Vol. 53, No. 5, 278–286, 2018.

236) Riken. Wiring a new path to scalable quantum computing (Research News, Jul. 3, 2020). https://www.riken.jp/en/news_pubs/research_news/rr/20200703_2/.

237) X. Fu, et al. An experimental microarchitecture for a superconducting quantum processor. In *The 50th International Symposium on Microarchitecture (MICRO-50)*, 2017.

238) N. C. Jones, et al. Layered architecture for quantum computing. *Phys. Rev. X*, Vol. 2, p.031007, 2012.

239) S. Nagayama, et al. Surface code error correction on a defective lattice. *New J. Phys.*, Vol. 19, p.023050, 2017.

240) T. S. Metodi, et al. A quantum logic array microarchitecture: Scalable quantum data movement and computation. In *The 38th International Symposium on Microarchitecture (MICRO-38)*, p. 12, 2005.

241) A. Stephens, A. G. Fowler, and L. C. L. Hollenberg. Universal fault-tolerant computation on bilinear nearest neighbor arrays. *Quant. Inf. Comp.*, Vol. 8, p.330, 2008.

242) A. G. Fowler, et al. Long-range coupling and scalable architecture for superconducting flux qubits. *Phys. Rev. B*, Vol. 76, p.174507, 2007.

243) N. Y. Yao, et al. Scalable architecture for a room temperature solid-state quantum information processor. *Nat. Commun.*, Vol. 3, p.800, 2012.

244) A. Javadi-Abhari, et al. Optimized surface code communication in superconducting quantum computers. In *The 50th International Symposium on Microarchitecture (MICRO-50)*, pp.692–705, 2017.

245) R. Raussendorf, J. Harrington, and K. Goyal. Topological fault-tolerance in cluster state quantum computation. *New J. Phys.*, Vol. 9, p.199, 2007.

246) S. J. Devitt, et al. Architectural design for a topological cluster state quantum computer. *New. J. Phys.*, Vol. 11, p.083032, 2009.

247) M. Mirrahimi, et al. Dynamically protected cat-qubits: a new paradigm for universal quantum computation. *New J. Phys.*, Vol. 16, p.045014, 2014.

248) D. S. Wang, et al. Threshold error rates for the toric and surface codes. *Quant. Inf. Comput.*, Vol. 10, p.456, 2010.

249) C. R. Clark, et al. Resource requirements for fault-tolerant quantum simulation: The transverse Ising model ground state. *Phys. Rev. A*, Vol. 79, p.062314, 2009.

250) C. Gidney and M. Ekerå. How to factor 2048 bit RSA integers in 8 hours using 20 million noisy qubits. Quantum, Vol. 5, p.433, 2021.

251) I. L. Markov, et al. Quantum supremacy is both closer and farther than it appears. arXiv:1807.10749, 2018.

252) S. Aaronson and L. Chen. Complexity-theoretic foundations of quantum supremacy experiments. arXiv:1612.05903, 2016.

253) Shtetl-Optimized (2019.9.23). Scott's supreme quantum supremacy FAQ `https://www.scottaaronson.com/blog/?p=4317`.

254) 森前智行. Google 論文について (2019 年 11 月 8 日). `http://tomoyukimorimae.web.fc2.com/Googlepaper.pdf`.

255) IBM Research Blog (October 21, 2019). On "quantum supremacy". `https://www.ibm.com/blogs/research/2019/10/on-quantum-supremacy/`.

256) C. Huang, et al. Classical simulation of quantum supremacy circuits. arXiv:2005.06787, 2020.

257) A. Gheorghiu, T. Kapourniotis, and E. Kashefi. Verification of quantum computation: An overview of existing approaches. *Theory Comput. Syst.*, Vol. 63, pp.715–808, 2019.

258) J. Eisert, et al. Quantum certification and benchmarking. *Nat. Rev. Phys.*, Vol. 2, pp.382–390, 2020.

259) I. L. Chuang and M. A. Nielsen. Prescription for experimental determination of the dynamics of a quantum black box. *J. Mod. Opt.*, Vol. 44, pp.2455–2467, 1997.

260) M. Paris and J Rehacek (eds.). *Quantum State Estimation*. Springer-Verlag, 2014.

261) E. Knill, et al. Randomized benchmarking of quantum gates. *Phys. Rev. A*, Vol. 77, p.012307, 2008.

262) E. Magesan, J. M. Gambetta, and J. Emerson. Characterizing quantum gates via randomized benchmarking. *Phys. Rev. A*, Vol. 85, p.042311, 2012.

263) H. Ball, et al. Effect of noise correlations on randomized benchmarking. *Phys. Rev. A*, Vol. 93, p.022303, 2016.

264) A. Cross, et al. Validating quantum computers using randomized model circuits. Phys. Rev. A, Vol. 100, p.032328, 2019.

265) R. Blume-Kohout and K. Young. A volumetric framework for quantum computer benchmarks. Quantum, Vol. 4, p.362, 2020.

266) S. T. Merkel, et al. Self-consistent quantum process tomography. *Phys. Rev. A*, Vol. 87, p.062119, 2013.

267) R. Blume-Kohout, et al. Robust, self-consistent, closed-form tomography of quantum logic gates on a trapped ion qubit. arXiv:1310.4492, 2013.

268) D. Greenbaum. Introduction to quantum gate set tomography. arXiv:1509. 02921, 2015.

269) pyGSTi: A python implementation of Gate Set Tomography. `https://www.pygsti.info/`.

270) J. P Dehollain, et al. Optimization of a solid-state electron spin qubit using gate set tomography. *New J. Phys.*, Vol. 18, No. 10, p.103018, 2016.

271) K. Rudinger, et al. Experimental demonstration of a cheap and accurate phase estimation. *Phys. Rev. Lett.*, Vol. 118, p.190502, 2017.

272) S. Mavadia, et al. Experimental quantum verification in the presence of temporally correlated noise. *npj Quantum Inf.*, Vol. 4, p. 7, 2018.

273) J. J. Dongarra, P. Luszczek, and A. Petitet. The LINPACK benchmark: past, present and future. *Concurr. Comp.-Pract. E.*, Vol. 15, No. 9, pp.803–820, 2003.

274) TOP500. `https://www.top500.org/`.

275) A. Erhard, et al. Characterizing large-scale quantum computers via cycle benchmarking. *Nat. Commun.*, Vol. 10, p.5347, 2019.

276) Quantum Benchmark Inc. True-Q. `https://trueq.quantumbenchmark.com/`.

277) P. Murali, et al. Full-stack, real-system quantum computer studies: Architectural comparisons and design insights. In *The 46th Annual International Symposium on Computer Architecture* (*ISCA '19*), pp.527–540, 2019.

278) IEEE Standards Association. P7131 - standard for quantum computing performance metrics & performance benchmarking. `https://standards.ieee.org/project/7131.html`.

279) E. Grumbling, M. Horowitz(編), 西森秀稔 (訳). 米国科学・工学・医学アカデミーによる量子コンピュータの進歩と展望. 共立出版, 2020.

280) J. Martinis. Quantum Computing and Quantum Supremacy (HPC user forum in Tucson). `https://www.slideshare.net/insideHPC/quantum-computing-and-quantum-supremacy-at-google`.

281) D. J. Bernstein and T. Lange. Post-quantum cryptography. *Nature*, Vol. 549, pp.188–194, 2017.

282) 高木剛. 暗号と量子コンピュータ -耐量子計算機暗号入門-. オーム社, 2019.

283) NIST. SP 800-57, Recommendation for key management, part 1: General. `https://doi.org/10.6028/NIST.SP.800-57pt1r4`.

284) NIST. Post-quantum cryptography. `https://csrc.nist.gov/Projects/Post-Quantum-Cryptography`.

285) 内閣府統合イノベーション戦略推進会議. 量子技術イノベーション戦略(最終報告). `https://www.kantei.go.jp/jp/singi/tougou-innovation/pdf/ryoushisenryaku2020.pdf`.

286) H. J. Kimble. The quantum internet. *Nature*, Vol. 453, pp.1023–1030, 2008.

287) S. Wehner, D. Elkouss, and R. Hanson. Quantum internet: A vision for the road ahead. *Science*, Vol. 362, p.6412, 2018.

288) 小柴健史, 藤井啓祐, 森前智行. 観測に基づく量子計算. コロナ社, 2017.

289) ITU-T. Y.3800 : Overview on networks supporting quantum key distribution.

https://www.itu.int/rec/T-REC-Y.3800-201910-I/en.

290) ETSI. ETSI white paper No. 27: Implementation security of quantum cryptography. https://www.etsi.org/images/files/ETSIWhitePapers/etsi_wp27_qkd_imp_sec_FINAL.pdf.

291) W. J. Munro, et al. Inside quantum repeaters. *IEEE J. Sel. Top. Quant. Electron.*, Vol. 21, No. 3, pp.78–90, 2015.

292) K. Azuma and G. Kato. Aggregating quantum repeaters for the quantum internet. *Phys. Rev. A*, Vol. 96, p.032332, 2017.

293) K. Azuma, K. Tamaki, and H.-K. Lo. All-photonic quantum repeaters. *Nat. Commun.*, Vol. 6, p.6787, 2015.

294) Quantum Internet Alliance. http://quantum-internet.team/.

（Web サイトは 2020 年 9 月 1 日時点）

索　引

あ 行

か 行

た　行

な　行

〈著者略歴〉

嶋 田 義 皓（しまだ　よしあき）

博士（工学、公共政策分析）

2008 年　東京大学大学院工学系研究科物理工学専攻博士課程修了 博士（工学）
2008 年　日本科学未来館 科学コミュニケーター
2012 年　科学技術振興機構 戦略研究推進部 主査
2017 年　科学技術振興機構 研究開発戦略センター フェロー
2018 年　政策研究大学院大学 科学技術イノベーション政策プログラム博士課程修了
　　　　　博士（公共政策分析）

量子コンピューティング
―基本アルゴリズムから量子機械学習まで―

2020 年 11 月 6 日　　第 1 版第 1 刷発行
2023 年 9 月 10 日　　第 1 版第 6 刷発行

監　　修　情報処理学会 出版委員会
著　　者　嶋 田 義 皓
発 行 者　村 上 和 夫
発 行 所　株式会社 オーム社
　　　　　郵便番号　101-8460
　　　　　東京都千代田区神田錦町 3-1
　　　　　電話　03(3233)0641(代表)
　　　　　URL　https://www.ohmsha.co.jp/

© 嶋田義皓 2020

印刷 三美印刷　製本 協栄製本
ISBN978-4-274-22621-2　Printed in Japan

本書の感想募集　https://www.ohmsha.co.jp/kansou/
本書をお読みになった感想を上記サイトまでお寄せください．
お寄せいただいた方には，抽選でプレゼントを差し上げます．

もっと詳しい情報をお届けできます.
◎書店に商品がない場合または直接ご注文の場合も
　右記宛にご連絡ください.

ホームページ　https://www.ohmsha.co.jp/
TEL／FAX　TEL.03-3233-0643　FAX.03-3233-3440

（本体価格は変更される場合があります）

F-2011-285-3